Excel 2010 教程

成　昊　编著

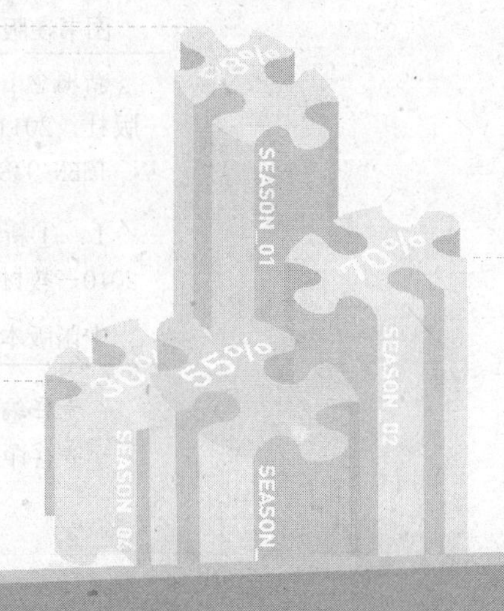

科学出版社

内 容 简 介

本书采用项目化教学模式，精选实用、够用的案例与实训，强调了理论与实践相结合，重点培养学生的Excel 2010基本技能、实际操作能力及职业能力。

全书共9个项目，主要讲解了Excel 2010在办公、统计、管理等相关领域的应用，包括日常操作、编辑工作表、设置单元格、公式和函数的使用、数据的管理和分析、图表的制作、工作表的打印等内容。本书图文并茂，层次分明，语言通俗易懂，在内容上突出实用性和可操作性，帮助读者轻松制作出美观、实用的电子表格，加速实现办公自动化，并在最后提供综合案例——学生成绩管理系统和4个课程设计。

为方便教学，本书为用书教师提供超值的立体化教学资源包，主要包含素材与源文件、与书中内容同步的多媒体教学视频（56小节，112分钟）、电子课件、128个Excel实用模板等内容。

本书以实践技能为核心，倡导以读者为本位的教育理念，注重全面提高读者的职业实践能力和职业素养，非常适合Excel的初、中级用户学习，配合立体化教学资源包，特别适合作为职业院校、成人教育、大中专院校和计算机培训学校相关课程的教材。

图书在版编目（CIP）数据

新概念Excel 2010教程/成昊编著. —北京：科学出版社，2011.5

ISBN 978-7-03-030777-4

Ⅰ. ①新… Ⅱ. ①成… Ⅲ. ①表处理软件，Excel 2010—教材 Ⅳ. ①TP391.13

中国版本图书馆CIP数据核字（2011）第067506号

责任编辑：桂君莉　刘秀青 / 责任校对：刘雪连

责任印刷：新世纪书局　/ 封面设计：彭琳君

科学出版社 出版

北京东黄城根北街16号

邮政编码：100717

http://www.sciencep.com

中国科学出版集团新世纪书局策划

北京市艺辉印刷有限公司印刷

中国科学出版集团新世纪书局发行　各地新华书店经销

*

2011年7月 第 一 版　开本：16开

2011年7月第一次印刷　印张：11.5

印数：1—4 000　字数：280 000

定价：24.80元

（如有印装质量问题，我社负责调换）

第6版新概念 丛书使用指南

一、编写目的

“新概念”系列教程于2000年初上市，当时是图书市场中唯一的IT多媒体教学培训图书，以其易学易用、高性价比等特点倍受读者欢迎。在历时11年的销售过程中，我们按照同时期最新、最实用的多媒体教学理念，根据用书教师和读者需求对图书的内容、体例、写法进行过4次改进，丛书发行量早已超过300万册，是深受计算机培训学校、职业教育院校师生喜爱的首选教学用书。

随着《国家中长期教育改革和发展规划纲要（2010～2020年）》的制定和落实，我国职业教育改革已进入一个活跃期，地方的教育改革和制度创新的案例日渐增多。为了顺应教改的大潮流，我们迎来了本系列教程第6版的深度改版升级。

为此，**我们组织国内26名职业教育专家、43所著名职业院校和职业培训机构的一线优秀教师联合策划与编写了“第6版新概念”系列丛书——“十二五”职业教育计算机应用型规划教材。**

二、丛书的特色

本丛书作为“十二五”职业教育计算机应用型规划教材，根据《国家中长期教育改革和发展规划纲要（2010～2020年）》职业教育的重要发展战略，按照现代化教育的新观念开发而来，为您的学习、教学、工作和生活带来便利，主要有如下特色。

- **强大的编写团队。**由26名职业教育专家、43所著名职业院校和职业培训机构的一线优秀教师联合组成。
- **满足教学改革的新需求。**在《国家中长期教育改革和发展规划纲要（2010～2020年）》职业教育重要发展战略的指导下，针对当前的教学特点，以职业教育院校为对象，以“实用、够用、好用、好教”为核心，通过课堂实训、案例实训强化应用技能，最后以来自行业应用的综合案例，强化学生的岗位技能。
- **秉承“以例激趣、以例说理、以例导行”的教学宗旨。**通过对案例的实训，激发读者兴趣，鼓励读者积极参与讨论和学习活动，让读者可以在实际操作中掌握知识和方法，提高实际动手能力、强化与拓展综合应用技能。
- **好教、好用。**每章均按内容讲解、课堂实训、案例实训、课后习题和上机操作的结构组织内容，在领悟知识的同时，通过实训强化应用技能。在开始讲解之前，归纳出所讲内容的知识要点，便于读者自学，方便学生预习、教师讲课。

三、立体化教学资源包

为了迎合现代化教育的教学需求，我们为丛书中的每一本书都开发了一套立体化多媒体教学资源包，为教师的教学和学生的学习提供了极大的便利，主要包含以下元素。

- **素材与效果文件。**为书中的实训提供必要的操作文件和最终效果参考文件。
- **与书中内容同步的教学视频。**在授课中配合此教学视频演示，可代替教师在课堂上的演示操作，这样教师就可以将授课的重心放在讲授知识和方法上，从而大大增强课堂授课效果，同时学生课后还可以参考教学视频，进行课后演练和复习。
- **电子课件。**完整的PowerPoint演示文档，协助用书教师优化课堂教学，提高课堂质量。

✪ **附赠的教学案例及其使用说明**。为教师课堂上的举例和教学拓展提供多个实用案例，丰富课堂内容。

✪ **习题的参考答案**。为教师评分提供参考。

✪ **课程设计**。提供多个综合案例的实训要求，为教师布置期末大作业提供参考。

用书教师请致电(010)64865699 转 8067/8082/8081/8033 或发送 E-mail 至 bookservice@126.com 免费索取此教学资源包。

四、丛书的组成

新概念 Office 2003 三合一教程
新概念 Office 2003 六合一教程
新概念 Photoshop CS5 平面设计教程
新概念 Flash CS5 动画设计与制作教程
新概念 3ds Max 2011 中文版教程
新概念网页设计三合一教程——Dreamweaver CS5、Flash CS5、Photoshop CS5
新概念 Dreamweaver CS5 网页设计教程
新概念 CorelDRAW X5 图形创意与绘制教程
新概念 Premiere Pro CS5 多媒体制作教程
新概念 After Effects CS5 影视后期制作教程
新概念 Office 2010 三合一教程
新概念 Excel 2010 教程
新概念计算机组装与维护教程
新概念计算机应用基础教程
新概念文秘与办公自动化教程
新概念 AutoCAD 2011 教程
新概念 AutoCAD 2011 建筑制图教程
……

五、丛书的读者对象

"第 6 版新概念"系列教材及其配套的立体化教学资源包面向初、中级读者，尤其适合用作职业教育院校、大中专院校、成人教育院校和各类计算机培训学校相关课程的教材。即使没有任何基础的自学读者，也可以借助本套丛书轻松入门，顺利完成各种日常工作，尽情享受 IT 的美好生活。对于稍有基础的读者，可以借助本套丛书快速提升综合应用技能。

六、编者寄语

"第 6 版新概念"系列教材提供满足现代化教育新需求的立体化多媒体教学环境，配合一看就懂、一学就会的图书，绝对是计算机职业教育院校、大中专院校、成人教育院校和各类计算机培训学校以及计算机初学者、爱好者的理想教程。

由于编者水平有限，书中疏漏之处在所难免。我们在感谢您选择本套丛书的同时，也希望您能够把对本套丛书的意见和建议告诉我们。联系邮箱：l-v2008@163.com。

丛书编者
2011 年 4 月

Contents 目录

项目1

Excel 2010 基础入门

项目导读

本章介绍 Excel 2010 工作界面及单元格的基本操作，使读者可以对 Excel 进行初步的了解，熟悉 Excel 基本操作。

知识要点

- 启动 Excel 2010
- Excel 2010 窗口的组成
- 退出 Excel 2010
- 设置屏幕显示方式
- 创建工作簿
- 保存工作簿
- 关闭工作簿
- 单元格数据输入

任务 1 Excel 2010 日常操作

实训 1 启动 Excel 2010

当计算机中安装了 Office 2010 之后，便可以使用 Excel 2010 了。启动 Excel 2010 的方法有多种，下面介绍其中常用的两种。

方法 1：从“开始”菜单启动 Excel 2010。

这是最常用的一种启动方法。当用户在计算机中安装了 Excel 2010 后，该程序对应的图标会出现在“所有程序”级联菜单中。

要从“开始”菜单启动 Excel 2010，其具体操作步骤如下。

Step 01 单击“开始”按钮，弹出“开始”菜单。

Step 02 选择“所有程序”|Microsoft Office|Microsoft Office Excel 2010 命令，即可启动 Excel 2010。

方法 2：通过双击工作簿文件启动。

若想在启动 Excel 2010 的同时打开工作簿文件，只需在“我的电脑”或“Windows 资源管理器”窗口中找到目标工作簿文件，然后双击它即可。

实训 2 浏览 Excel 2010 窗口

通过“开始”菜单启动 Excel 2010 后，系统会自动创建一个名为“工作簿 1”的空白工作簿，

Excel 2010 的操作窗口包括标题栏、自定义快速访问工具栏、功能区、单元格名称框、编辑栏、行标题栏、列标题栏、工作区、工作表标签栏和状态栏等组成部分，如图 1.1 所示。

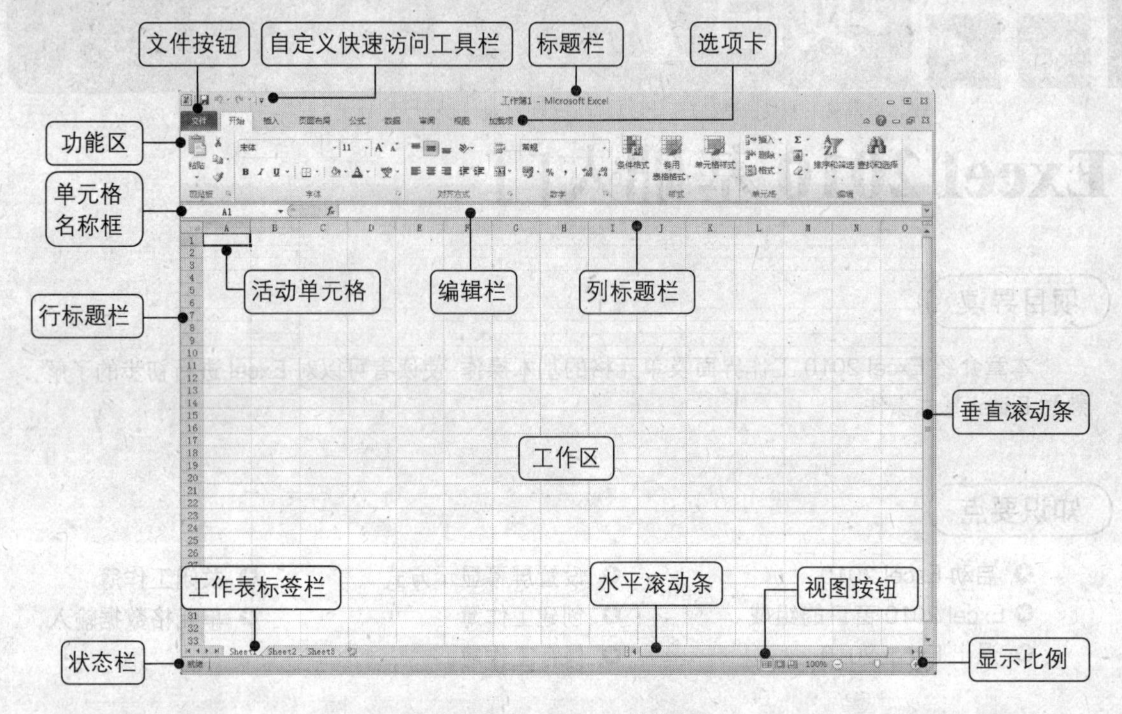

图 1.1　Excel 2010 的操作窗口

1. 文件按钮

文件按钮是 Excel 2010 等办公组件中相同的菜单，用于进行文件的“新建”、“打开”及“保存”等操作。

2. 标题栏

Excel 2010 的标题栏位于程序窗口的顶端，可以显示 Excel 标题，还可以查看当前处于活动状态的文件名。

标题栏的右端有 3 个按钮，分别是最小化、最大化/向下还原、关闭按钮，使用这些按钮，可以控制窗口的显示状态。

当单击“最小化”按钮后，Excel 窗口即缩小为一个图标按钮并显示在任务栏中，单击该图标按钮，可以恢复为原窗口大小。当单击“向下还原”按钮后，即可缩小窗口，此时“向下还原”按钮变为“最大化”按钮；再单击“最大化”按钮，即可实现 Excel 窗口的最大化。当单击“关闭”按钮时，即退出 Excel 2010。当 Excel 的窗口没有达到所需要的大小时，用户可以使用鼠标拖动窗口的边框来改变窗口的大小。

3. 自定义快速访问工具栏

自定义快速访问工具栏集成了“保存”、“撤销”和“恢复”等很多常用按钮，用户还可以根据需要添加按钮。单击“文件”按钮，在弹出的菜单中选择“选项”按钮，在打开的“Excel 选项”对话框中单击“自定义功能区”选项，切换到“自定义功能区”选项卡，单击“从下列位置选择命令”下面的下三角按钮，选择合适的命令选项，然后在其下面的列表框中选择合适的命令，单击“添加”按钮，添加到自定义功能区中，然后单击“确定”按钮即可，如图 1.2 所示。

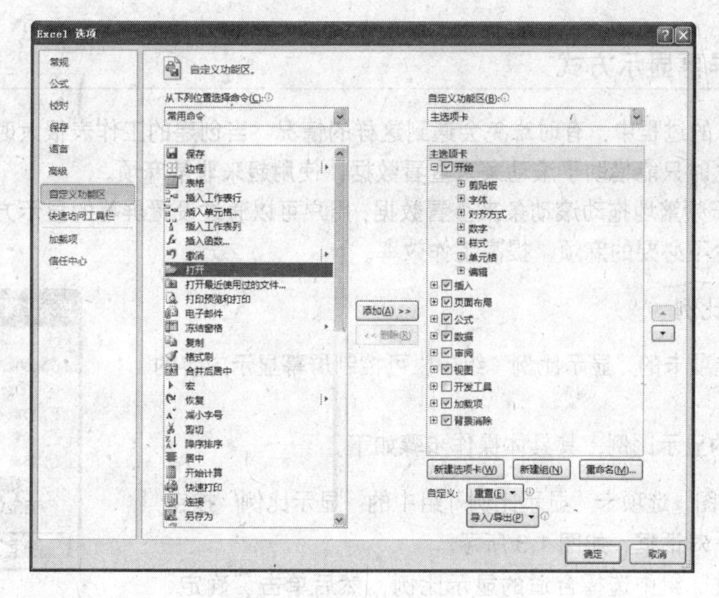

图 1.2 “Excel 选项”对话框

4. 选项卡

单击选项卡名即可打开相应的选项卡。Excel 2010 提供了“开始”、“插入”、“页面布局”、“公式”、“数据”、“审阅”、“视图”等选项卡。

5. 功能区

功能区由选项卡、选项组和命令 3 部分组成，集成了 Excel 的很多功能按钮，单击相应的功能标签，在功能区就会显示出相应的命令。

6. 行标题栏

行标题栏是位于工作表各行左侧纵向的数字编号栏，用于显示工作表的行号。行号以数字表示。单击某一行号，可选定该行。

7. 列标题栏

列标题栏是位于工作表各列上方的字母编号栏，用于显示工作表的列标。列标以英文字母表示。单击某一列标，可选定该列。

8. 工作区

工作区即工作表的编辑区域，由一个个单元格组成，同时包括网格线、滚动条和工作表标签等元素。用户可以在其中输入数字、文本、日期等各种数据，并对其进行格式化等操作。

9. 工作表标签栏

工作表标签栏位于工作区的左下端，由工作表标签组成，用于显示当前工作簿中各个工作表标签名。单击某一标签，即可切换到该标签所对应的工作表。被激活的工作表标签以白色显示，而未被激活的则以灰色显示。

10. 状态栏

状态栏是位于应用程序窗口底部的信息栏，用于显示当前窗口操作进程和工作状态的信息。

实训 3　设置屏幕显示方式

在使用 Excel 的过程中，有时难免会遇到这样的情况：当创建的工作表很大时，由于屏幕能显示的数据有限，这时只能借助于滚动条来查看数据，使用起来非常麻烦。

为了避免过于频繁地拖动滚动条来查看数据，用户可以通过设置屏幕的显示方式来充分利用屏幕空间，从而减少不必要的麻烦，提高工作效率。

1. 设置显示比例

在“视图”选项卡的“显示比例”组中，可控制屏幕显示内容的多少。

要设置屏幕的显示比例，其具体操作步骤如下。

Step 01 单击“视图”选项卡“显示比例”组中的“显示比例”按钮，打开“显示比例”对话框，如图 1.3 所示。

Step 02 在“缩放”组中选择合适的显示比例，然后单击“确定”按钮。

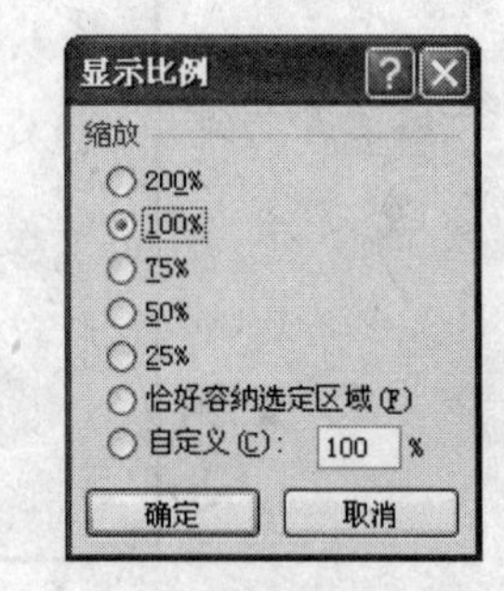

图 1.3　“显示比例”对话框

提 示

在“显示比例”对话框中，如果单击“恰好容纳选定区域”单选按钮，那么选定区域会扩大至整个窗口进行显示。也可以在“自定义”文本框中输入所需的显示比例，取值范围只能是 10～400。如果输入的数字小于 10 或大于 400，那么单击“确定”按钮后，则会出现如图 1.4 所示的提示框。

除了可在“显示比例”对话框中选择合适的缩放比例外，还有一种更快捷的方法，那就是在状态栏的“显示比例”栏中拖动滑块，设置显示比例，如图 1.5 所示。

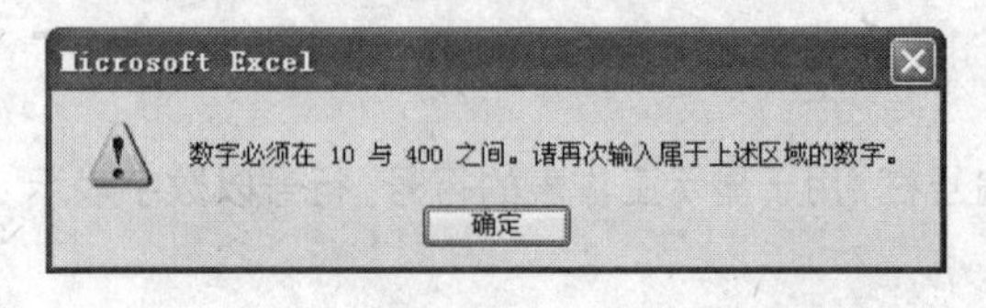

图 1.4　提示框

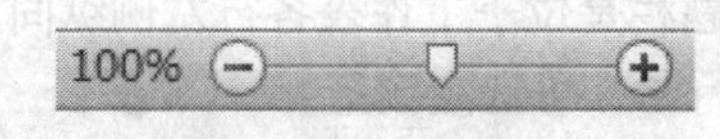

图 1.5　“显示比例”栏

2. 全屏显示

如果用户觉得功能区等占用的屏幕空间过大，则可单击“视图”选项卡“工作簿视图”组中的“全屏显示”按钮，全屏显示工作表，如图 1.6 所示。

提 示

如果想恢复到原来的显示状态，只需按 Esc 键即可。

实训 4　创建与保存工作簿

1. 创建工作簿

工作簿是 Excel 用来运算和存储数据的文件。每一个工作簿可以包含多个工作表，默认状态下为 3 个。用户可以在单个工作簿文件中管理多种类型的相关信息。

工作表是工作簿的一部分，是 Excel 用来处理和存储数据的最主要的文档，俗称电子表格。工作表用于对数据进行组织和分析，由排列成行和列的单元格组成。工作表的名称显示在工作表标签上。

图 1.6　全屏显示

对于 Excel 2010 的使用，是从创建工作簿开始的。在 Excel 2010 中，可以使用多种方法来创建工作簿，这里介绍常用的两种方法。

方法 1：创建默认的空白工作簿。

启动 Excel 2010 时，系统会自动创建一个默认名为“工作簿 1”的空白工作簿。该工作簿包含的 3 个工作表的默认名称分别为“Sheet1”、“Sheet2”和“Sheet3”（见图 1.1）。

提 示

单击自定义快速访问工具栏右侧下三角按钮中的“新建”按钮，可快速创建空白工作簿。

方法 2：根据已安装的模板创建工作簿。

在 Excel 2010 中，用户可以根据已安装的模板创建工作簿，其具体操作步骤如下。

Step 01 单击“文件”按钮，在打开的菜单中选择“新建”选项，打开“新建工作簿”面板，单击“可用模板”栏中的“根据现有内容新建”选项，打开“根据现有工作簿新建”对话框，如图 1.7 所示。

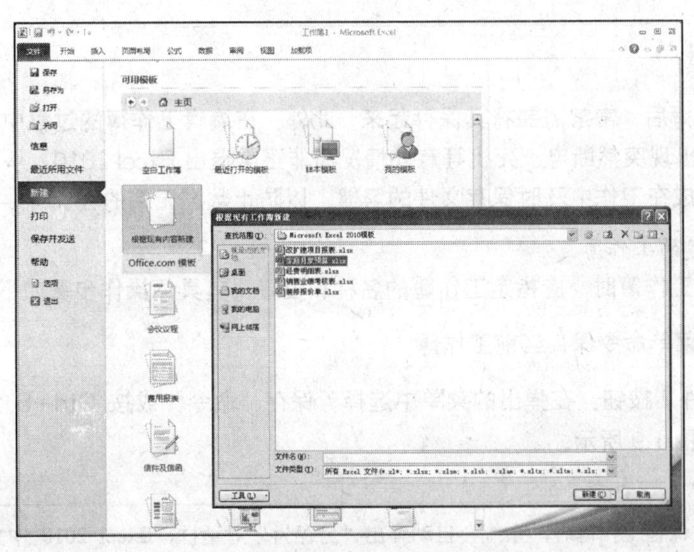

图 1.7　“根据现有工作簿新建”对话框

Step 02 在“根据现有工作簿新建”对话框中单击“家庭月度预算”模板，然后单击“新建”按钮即可创建工作簿，效果如图 1.8 所示。

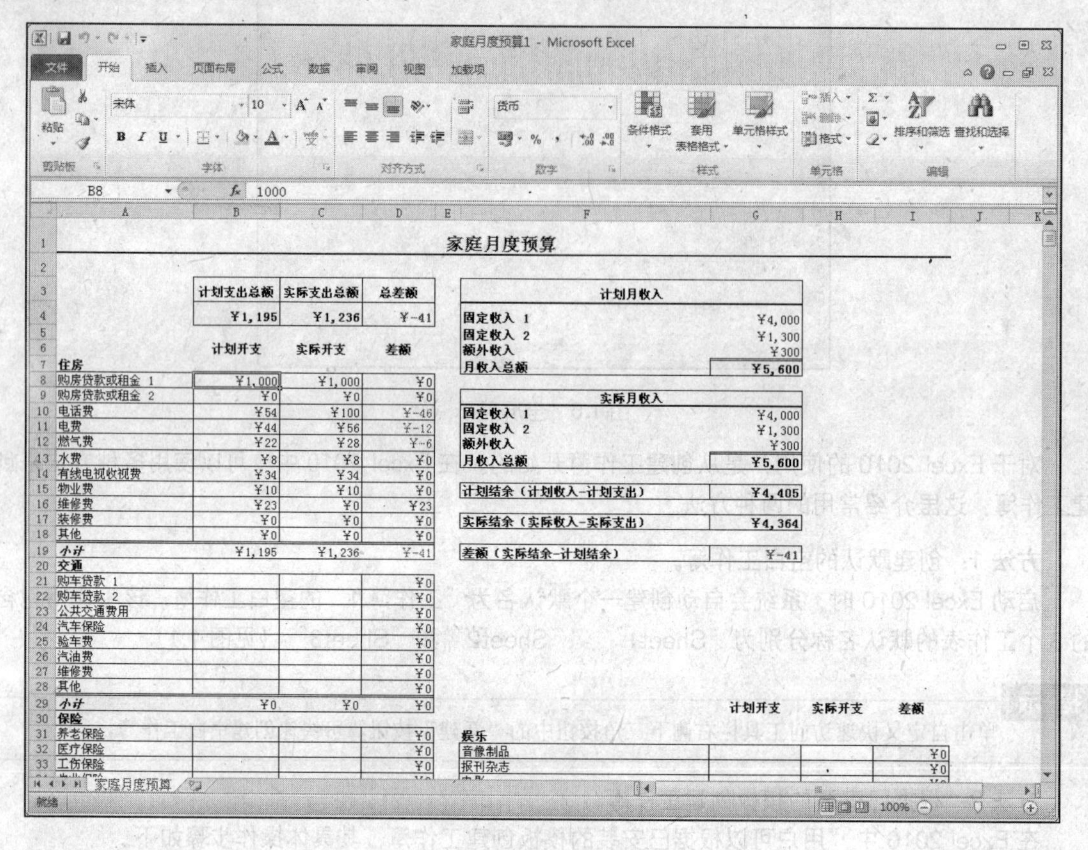

图 1.8　根据已安装的模板创建的工作簿

知识拓展

还可以根据在线模板创建工作簿，请参见“素材和源文件\知识拓展\第 1 章\在线模板创建工作簿.doc”。

2. 保存工作簿

创建新的工作簿后，常常需要将其保存起来。此外，在编辑工作簿的过程中，应及时进行保存操作，因为有时会出现突然断电、死机等意外情况而非正常退出 Excel 2010，从而白白丢失一些数据，所以用户要养成在工作中及时保存文件的习惯，以防止数据无谓的丢失。

（1）保存新建的工作簿

在保存新建的工作簿时，应指定工作簿的名称和位置，其具体操作步骤如下。

方法 1：使用菜单命令保存当前工作簿。

Step 01 单击“文件”按钮，在弹出的菜单中选择“保存”命令，或按 Ctrl+S 组合键，打开“另存为”对话框，如图 1.9 所示。

提 示

用户第一次保存工作簿时，系统会自动弹出“另存为”对话框，Excel 2010 中默认的文件保存类型为“.xlsx”。

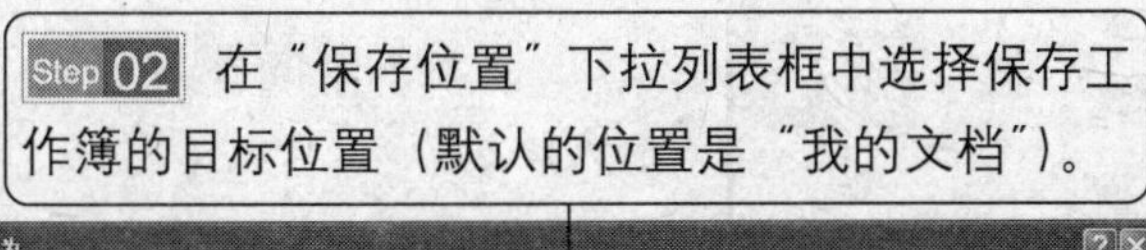

Step 03 在“文件名”文本框中输入工作簿的名称。如果要以其他文件格式保存，可以在“保存类型”下拉列表中选择适当的类型。

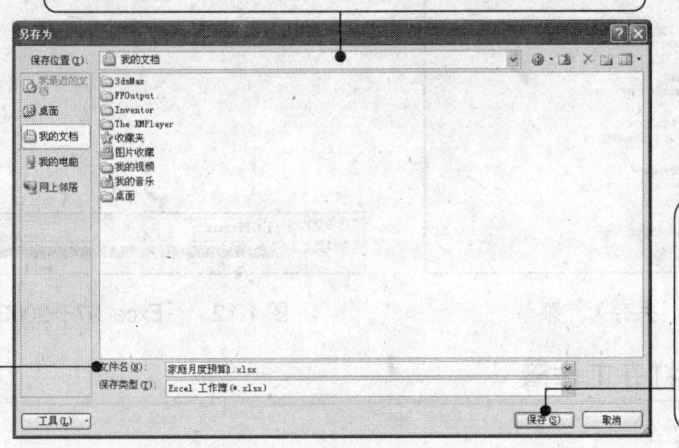

Step 04 单击“保存”按钮，保存后标题栏中会显示出该工作簿的名称。

图 1.9 “另存为”对话框

方法 2：使用自定义快速访问工具栏保存当前工作簿。

单击自定义快速访问工具栏上的“保存”按钮，打开“另存为”对话框（见图 1.9），在该对话框中选择文件的保存位置、文件的保存类型并输入文件名，单击“保存”按钮即可保存当前工作簿。

提 示

用户还可以利用 Alt 键保存当前工作簿。按 Alt 键，在工作簿的功能区中会显示出相应的快捷符号，如图 1.10 所示，接着按“保存”的快捷键“1”即可打开“另存为”对话框，进行保存操作。

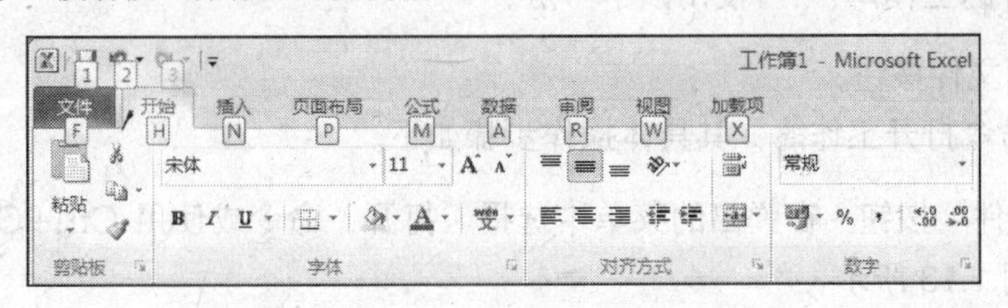

图 1.10 功能区显示的快捷符号

（2）保存已有的工作簿

如果要保存已有的正在编辑的工作簿，而且工作簿名称和保存位置不变，可直接单击自定义快速访问工具栏中的“保存”按钮，或按 Ctrl+S 组合键。

如果要对当前正在编辑的工作簿使用新文件名保存，或者以新的位置保存，需要将文件另存，具体的操作步骤如下。

方法 1：另存为默认格式。

Step 01 单击“文件”按钮，在弹出的菜单中选择“另存为”命令，如图 1.11 所示。

Step 02 此时打开“另存为”对话框，在该对话框中选择文件的保存位置或输入新的文件名，然后单击“保存”按钮即可。

方法 2：另存为 Excel 97-2003 格式。

当需要在低版本的 Excel 程序中打开 Excel 2010 版本的文件时，可以将工作簿保存为 Excel 97—2003 格式。单击“文件”按钮，在弹出的菜单中选择“另存为”命令，此时，在打开的对话框中的“保存类型”下拉列表框中选择保存类型为“Excel 97-2003 工作簿”，如图 1.12 所示。

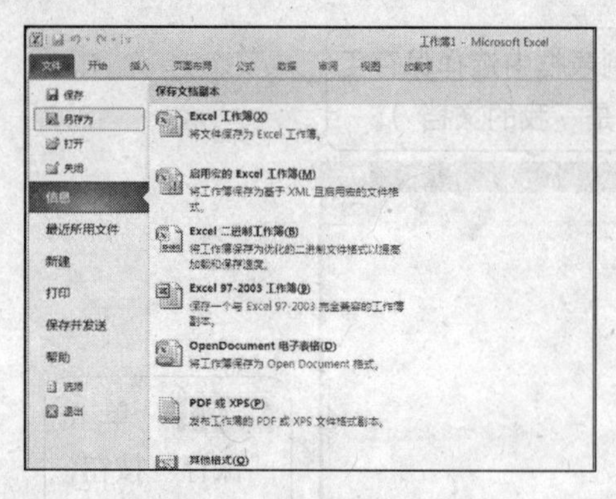

图 1.11 “另存为”菜单

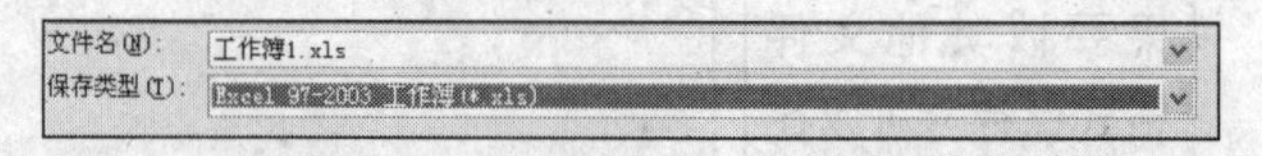

图 1.12 “Excel 97—2003 工作簿”保存类型

实训 5 关闭与打开工作簿

1. 关闭工作簿

在 Excel 2010 中，如果用户同时打开了多个工作簿文件，则每个工作簿都将单独占用一个窗口，并在 Windows 任务栏上显示出来。如果要关闭当前的工作簿，有以下两种方法。

方法 1：单击标题栏最右边的“关闭”按钮。

方法 2：单击“文件”按钮，在弹出的菜单中选择“关闭”命令。

2. 打开工作簿

要打开已保存的工作簿，可使用以下方法。

方法 1：使用文件按钮。

要使用菜单命令打开工作簿，其具体操作步骤如下。

Step 01 单击“文件”按钮，在弹出的菜单中选择“打开”命令或使用 Ctrl+O 组合键，打开“打开”对话框，如图 1.13 所示。

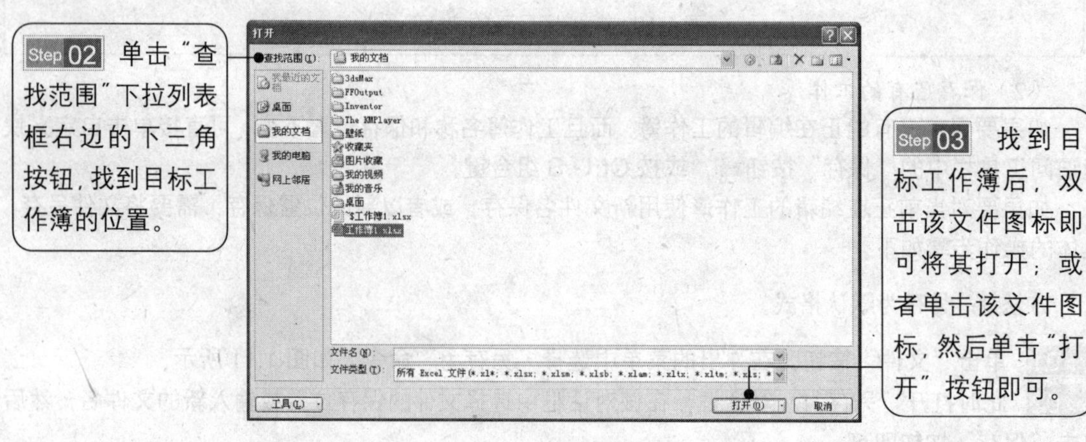

图 1.13 “打开”对话框

方法 2：使用自定义快速访问工具栏。

要使用自定义快速访问工具栏打开目标工作簿，可以单击快速访问工具栏上的“打开”按钮，在出现的“打开”对话框中选择要打开的工作簿即可。

提 示

如果自定义快速访问工具栏中没有“打开”按钮，可以自行添加该按钮。方法是：单击自定义快速访问工具栏右侧的下拉按钮，在出现的菜单中选择“打开”项。

实训 6　退出 Excel 2010

在对工作簿进行操作并保存之后，如果不再使用 Excel 2010，有 5 种方法可退出，下面分别加以介绍。

方法 1：单击 Excel 2010 标题栏最右侧的“关闭”按钮☒。

方法 2：右击标题栏中的空白位置，在弹出的快捷菜单中选择“关闭”命令。

方法 3：按 Alt+F4 组合键。

方法 4：单击“文件”按钮，在弹出的菜单中单击“退出”选项。

方法 5：右击任务栏中的 Excel 文件，在弹出的快捷菜单中选择“关闭”命令。

任务 2　单元格的基础操作

实训 1　移动单元格指针

在 Excel 2010 中，用户所进行的各种操作针对的都是当前工作表内的活动单元格。在一张新建的工作表中，默认的活动单元格为列 A 和行 1 的交点（其名称为 A1），且活动单元格被一个黑框框住，该黑框称为单元格指针。

要在单元格中输入数据，或者对单元格中的数据进行编辑，就必须掌握移动单元格指针的操作技巧。一般说来，移动单元格指针的方法有以下 3 种。

方法 1：使用鼠标移动。

这是最常用的移动单元格指针的方法，只需将形状为✚的鼠标指针指向目标单元格，然后单击即可激活该单元格。

在 Excel 2010 屏幕上显示的只是工作表的极小一部分。如果要显示其他单元格，可以单击水平滚动条右边的按钮▶（或左边的按钮◀）和垂直滚动条底端的按钮▼（或顶端的按钮▲）将它们显示出来。

方法 2：使用键盘移动。

使用键盘上的光标移动键、PageUp 键、PageDown 键、Home 键、End 键或其他组合键，可以迅速移动单元格指针。表 1.1 列出了用于移动单元格指针的按键及其功能。

表1.1　用于移动单元格指针的按键及其功能

按键	功能
←、→、↑、↓	按箭头方向移动一个单元格
Ctrl+ ←	向左移到当前行的第一个单元格
Ctrl+ →	向右移到当前行的最后一个单元格
Ctrl+ ↑	向上移到当前列的第一个单元格

（续表）

按键	功能
Ctrl+↓	向下移到当前列的最后一个单元格
Home	移到当前行的第一个单元格
Ctrl+Home	移到当前工作表的第一个单元格
Ctrl+End	移到当前工作表中刚使用过的最后一个单元格
PageUp	向上移动一屏
PageDown	向下移动一屏
Alt+PageUp	向左移动一屏
Alt+PageDown	向右移动一屏

方法 3：使用“名称框”移动。

单击编辑栏左侧的名称框，并在其中输入目标单元格引用（即单元格名称，如 A1、C5 等，由列标和行号构成，用于指定单元格的位置），然后按 Enter 键，即可移到该单元格。

实训 2　选定单元格或区域

在对单元格进行操作之前，必须要选定单元格，使它处于活动状态。通常，同时被选定的多个单元格称为单元格区域。在单元格区域中，用户可以进行编辑、删除、编辑格式和打印等操作。

1. 选定单个单元格

要选定单个单元格，其操作方法非常简单：只要将鼠标指针指向目标单元格，然后单击即可。

2. 选定相邻的单元格区域

要使用鼠标选定相邻的单元格区域，其具体操作步骤如下。

Step 01 单击要选定区域中的第 1 个单元格。

Step 02 按住鼠标左键并拖动鼠标指针到目标区域的最后一个单元格。

Step 03 松开鼠标左键，即可选定单元格区域。选定区域内的第 1 个单元格呈活动状态，而其他单元格则呈亮显状态，如图 1.14 所示。此处选定的单元格区域为 A2:E12（表示从 A2 到 E12 的矩形区域）。

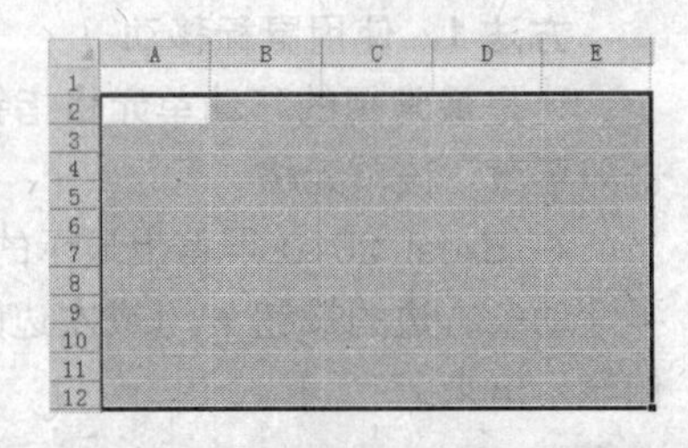

图 1.14　选定相邻的单元格区域

提 示

如果要在被选定的单元格区域中移动单元格，可按 Tab 键；如果要反向移动，需按 Shift+Tab 组合键。

3. 选定不相邻的单元格区域

要使用鼠标选定不相邻的单元格区域，其具体操作步骤如下。

Step 01 单击选定的第 1 个单元格区域。

Step 02 按住 Ctrl 键不放，再选定其他目标单元格区域。

提 示

用户还可以通过单击行号或列标选定工作表中的一行或一列。如果要选定多行或多列，可以在行号或列标上拖动鼠标指针进行选择。如果要选定当前工作表中的所有单元格，则单击工作表区左上角行号和列标的交叉处的图标或使用 Ctrl+Shift+空格组合键。如果要取消选定，只需单击工作表中任意一个单元格或按任意一个光标移动键即可。

实训 3　输入单元格数据

要创建工作表，就必须在单元格中输入数据。当启动用户所需的输入法并选中目标单元格后，即可开始输入数据。在工作表的单元格中，可以使用两种基本的数据格式，即常数和公式。常数是指文字、数字、日期和时间等数据；而公式则指包含“=”号的函数、宏命令等。

在单元格中输入数据时，需要掌握 3 种基本输入方法。

方法 1：单击目标单元格，然后直接输入。

方法 2：双击目标单元格，单元格中会出现插入光标，将光标移到所需位置后，即可输入数据（这种方法多用于修改单元格中的数据）。

方法 3：单击目标单元格，再单击编辑栏，然后在编辑栏中编辑或修改数据。

1. 输入文本

文本包括汉字、英文字母、特殊符号、数字、空格及其他能从键盘输入的符号。在 Excel 2010 中，编辑栏可以显示全部字符。

在单元格中输入文本时，如果相邻单元格中没有数据，那么 Excel 2010 允许长文本覆盖其右边相邻的单元格中；如果相邻单元格中有数据，则当前单元格中只显示该文本的开头部分。要想查看并编辑单元格中的所有内容，可以单击该单元格，此时内容会在编辑栏中显示出来。

输入文本时，文本会同时出现在活动单元格和编辑栏中，按 BackSpace 键可以删除光标左边的字符。如果要取消输入，可单击编辑栏中的“取消”按钮，或按 Esc 键。如果要结束输入，可单击编辑栏中的“输入”按钮。此时，该单元格仍为活动单元格。

在单元格中输入文本后，如果要激活当前单元格右侧相邻的单元格，可按 Tab 键；如果要激活当前单元格下方相邻的单元格，可按 Enter 键。

知识拓展

当内置的数字格式不能满足实际需要时，可以自定义数字格式。关于自定义数字格式的操作，请参见“素材和源文件\知识拓展\第 1 章\文本类型数字的输入.doc”。

2. 输入数字

数字也是一种文本，在数据处理中扮演着极其重要的角色。和输入其他文本一样，在工作表中输入数字也很简单：只需先用鼠标或键盘选定该单元格，然后输入数字，最后按 Enter 键即可。

在 Excel 2010 中，可作为数字使用的字符有：

0 1 2 3 4 5 6 7 8 9 - ( ) . , / $ ￥ % E e

在单元格中输入数字时，有一点与其他文本不同，即与单元格中其他文本的对齐方式不同。默认状态下，单元格中的文本左对齐，而数字却是右对齐。

在单元格中输入某些数字时，由于其格式不同，所以输入方法也不相同。下面着重介绍分数和负数的输入方法。

（1）输入分数

在工作表中，分式常以斜杠“/”来分界分子和分母，其格式为“分子/分母”，但日期的输入方法也是以斜杠来分隔年月日，如“2011 年 03 月 10 日”可以表示为“2010/03/10”。这就可能造成在输入分数时系统将分数当成日期的错误。

为了避免发生这种情况，Excel 2010 规定：在输入分数时，须在分数前输入“0”表示区别于日期，并且“0”和分子之间用空格隔开。例如，要输入分数“2/3”，须输入“0 2/3”，然后再按 Enter 键，如图 1.15 左图所示。如果没有输入“0”和一个空格，Excel 2010 会把该数据作为日期处理，认为输入的是“2 月 3 日”，如图 1.15 右图所示。

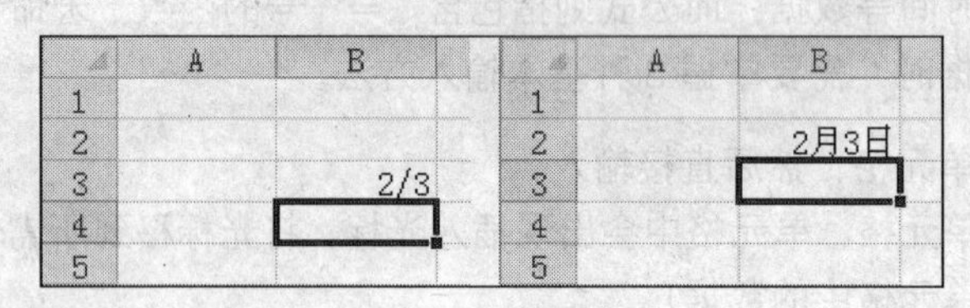

图 1.15　输入与没有输入“0”和空格后的显示结果

（2）输入负数

在输入负数时，可以在负数前输入减号“–”作为标识，也可以将数字置于括号“（）”中，例如，在选定的单元格中输入“（1）”，再按 Enter 键，即显示为“–1”。

知识拓展

当内置的数字格式不能满足实际需要时，可以自定义数字格式。关于自定义数字格式的操作，请参见“素材和源文件\知识拓展\第 1 章\上下标的输入.doc”。

3. 输入日期和时间

日期和时间实际上也是一种数字，只不过有其特定的格式。Excel 能够识别绝大多数用普通表示方法输入的日期和时间格式。在输入了 Excel 可以识别的日期或时间数据之后，该日期或时间在单元格中的格式将改为 Excel 某种内置的日期或时间格式。

（1）输入日期

用户可以使用多种格式来输入一个日期，可以用斜杠“/”或“-”来分隔日期的年、月、日。传统的日期表示方法是以两位数来表示年份的，如 2011 年 3 月 10 日，可表示为 10/3/10 或 10-3-10。当在单元格中输入 10/3/10 或 10-3-10 并按 Enter 键后，Excel 2010 会自动将其转换为默认的日期格式，并将两位数表示的年份更改为 4 位数的年份。

在默认状态下，当用户输入用两位数字表示的年份时，会出现以下两种情况：

- 当输入的年份为 00~29 之间的两位数年份时，Excel 2010 将解释为 2000~2029 年。例如，如果输入日期 29/6/28，则 Excel 2010 将认定日期为 2029 年 6 月 28 日。
- 当输入的年份为 30~99 之间的两位数年份时，Excel 2010 将解释为 1930~1999 年。例如，如果输入日期 30/6/28，则 Excel 2010 将认定日期为 1930 年 6 月 28 日。

提 示

为了尽可能地避免出错，建议用户在输入日期时不要输入两位数字的年份，应该输入 4 位数字的年份。

（2）输入时间

在单元格中输入时间的方式有两种，即按 12 小时制和按 24 小时制。二者的输入方法不同：如果按 12 小时制输入时间，要在时间后面加一个空格，然后输入 a（AM）或 p（PM），字母 a 表示上午，p 表示下午。例如，下午 4 时 30 分 20 秒的输入格式为：4:30:20p。如果按 24 小时制输入时间，则只需输入 16:30:20 即可。如果用户只输入时间，而不输入 a 或 p，则 Excel 将默认是上午的时间。

提 示

在同一单元格中输入日期和时间时，必须用空格隔开，否则 Excel 2010 将把输入的日期和时间当做文本。在默认状态下，日期和时间在单元格中右对齐。如果 Excel 2010 无法识别输入的日期和时间，也会把它们当做文本，并在单元格中左对齐。此外，要输入当前日期，可使用 Ctrl+;组合键；要输入当前时间，可使用 Ctrl+Shift+;组合键。

4. 输入公式

公式是指一个等式，利用它可以从已有的值计算出一个新值。公式中可以包含数值、算术运算符、单元格引用和内置等式（即函数）等。

Excel 2010 最强大的功能之一是计算。用户可以在单元格中输入公式，用于对工作表中的数据进行计算。只要输入正确的计算公式，经过简单的操作步骤后，计算的结果就将显示在对应的单元格中。如果工作表内的数据有变动，系统会自动将变动后的答案算出。

在 Excel 中，所有公式都以等号开始。等号标志着数学计算的开始，它也告诉 Excel 将其后的等式作为一个公式存储。公式中可包含工作表中的单元格引用。这样，单元格中的内容即可参与公式中的计算。单元格引用可与数值、算术运算符及函数一起使用。

要输入公式，其具体操作步骤如下。

Step 01 选定要输入公式的单元格。

Step 02 在单元格中输入一个等号“=”。

Step 03 输入公式的内容，如 3+5，A2+A3，A1+5 等。

Step 04 按 Enter 键或单击编辑栏中的“输入”按钮✓。

知识拓展

在工作表中还可以输入一些符号和特殊字符。关于符号和特殊字符的输入方法，请参见“素材和源文件\知识拓展\第 1 章\输入符号和特殊字符.doc”。

5. 自动填充数据

为了提高数据输入的效率，Excel 2010 提供了自动填充数据的功能。在工作表中，可以通过拖动单元格填充柄，将选定单元格中的内容复制到同行或同列的其他单元格中。如果该单元格中包括 Excel 2010 可扩展序列中的数字、日期或时间段，则在该操作过程中这些数值将按序列变化，而不只是简单的复制。因此，当在一个报表中输入一组有序的数字、日期或时间段时，这种功能可明显节省时间并能减小出错率。

（1）使用鼠标拖动填充柄填充数据

填充柄是指活动单元格或单元格区域右下角的一个黑色四方块。使用鼠标拖动填充柄可以快速地填充数据，其具体操作如下：

选定要进行数据填充的单元格或单元格区域，该单元格或单元格区域中包含要复制的数据，本例选定 A2 单元格。将鼠标指针指向黑框右下角的填充柄，当鼠标指针变为✚形时，按住鼠标左键不放并向下拖动到 A5 单元格，然后松开鼠标左键，即可填充数据，如图 1.16 所示。

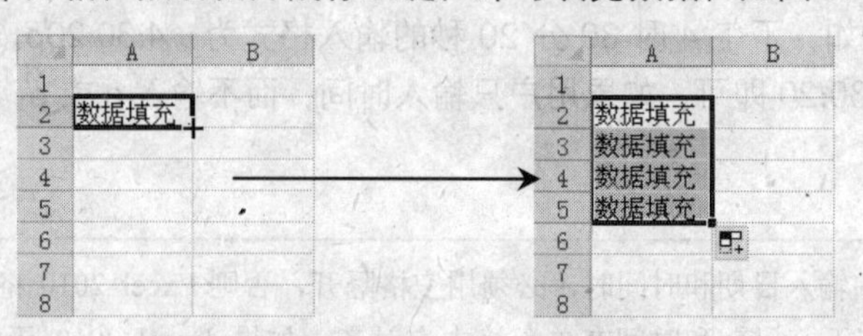

图 1.16　用填充柄填充数据

提 示

在填充数据时，如果被填充的单元格或单元格区域中已有数据，则将会被新填充的数据所替代。

（2）序列填充类型

在创建一些预算报表或进行统计时，常需要输入一系列数据如数字、日期或文本等。例如，某些情况下需要在相邻的单元格中填入一组序号“A01”、“A02”、“A03”等，或插入一个日期序列“星期一”、“星期二”、“星期三”等。通过 Excel 提供的自动填充功能，可以很轻松地完成这个枯燥乏味的工作。

下面介绍 Excel 常用的可扩展序列。

方法 1：等差序列

在等差序列中，在当前数值上加一个固定的量后，就可以得到下一个数值。其中，每次加上的固定量称为步长值。表 1.2 列出了初始值、步长值及由此生成的扩展等差序列。

表1.2　扩展等差序列

初始值	步长值	扩展等差序列
1，2	1	3，4，5，…
-1，2	3	5，8，11，…
9，6	-3	3，0，-3，…

方法 2：等比序列

在等比序列中，每次用当前数值乘以步长值就可以得到下一个数值。表 1.3 列出了初始值、步长值以及由此生成的扩展等比序列。

表1.3　扩展等比序列

初始值	步长值	扩展等比序列
1，2	2	4，8，16，…
1，3	3	9，27，81，…
2，3	1.5	4.5，6.75，10.125，…

方法 3：日期序列

日期序列根据起始单元格的数据填入日期，可以设置以日、工作日（序列中不包含星期六与星期日）、月或年为单位。表 1.4 列出了一些日期序列的示例。

表1.4　扩展日期序列

初始值	日期单位	扩展日期序列
2009-7-1	日	2009-7-2，2009-7-3，2009-7-4，…
2009-7-6	工作日	2009-7-9，2009-7-10，2009-7-11，…
2009-7-1	月	2009-8-1，2009-9-1，2009-10-1，…
2009-7-1	年	2010-7-1，2011-7-1，2012-7-1，…
1-Feb	月	1-Mar，1-Apr，1-May，…

方法 4：自动填充序列

在 Excel 2010 中，自动填充序列会根据初始值决定填充项。如果初始值的第 1 个字符是文字，其后面跟一个数值，当拖动填充柄时，则每个单元格填充的文字不变，数值递增。表 1.5 列出了一些自动填充序列的示例。

表1.5　自动填充序列

初始值	扩展序列
Mon	Tue，Wed，Thu，…
1st	2nd，3rd，4th，…
一月	二月，三月，四月，…
2 月 5 日，4 月 5 日	6 月 5 日，8 月 5 日，10 月 5 日，…
产品 1	产品 2，产品 3，产品 4，…
Qtr1	Qtr2，Qtr3，Qtr4，…

（3）创建序列

用户可以用两种方法来创建一个序列：使用鼠标拖动和使用“序列”对话框。下面分别加以介绍。

方法 1：使用鼠标拖动创建序列。

要使用鼠标拖动创建序列，其具体操作步骤如下。

Step 01 新建一个工作簿。

Step 02 在填充区域的第 1 个单元格中输入第 1 个数据（例如“2”）后，按 Enter 键激活下方的单元格，再输入第 2 个数据（例如“4”）。

Step 03 选定这两个单元格。

Step 04 将鼠标指针移到单元格区域右下角的填充柄，此时鼠标指针变为➕形。

Step 05 按住鼠标左键不放，拖动鼠标到目标单元格区域中的最后一个单元格。

Step 06 松开鼠标左键，数据将自动根据序列和步长值进行填充，如图 1.17 所示。

提 示

如果要指定序列类型，则在执行完 Step 03 操作后按住鼠标右键不放并拖动填充柄，当到达目标单元格区域中的最后一个单元格时，松开鼠标右键，此时会出现快捷菜单，如图 1.18 所示，在快捷菜单中选择所需的填充方式即可。

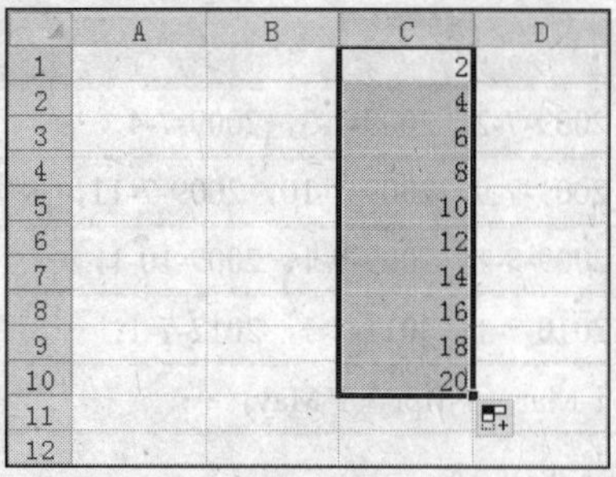

	A	B	C	D
1			2	
2			4	
3			6	
4			8	
5			10	
6			12	
7			14	
8			16	
9			18	
10			20	
11				
12				

图 1.17　根据序列和步长值填充数据

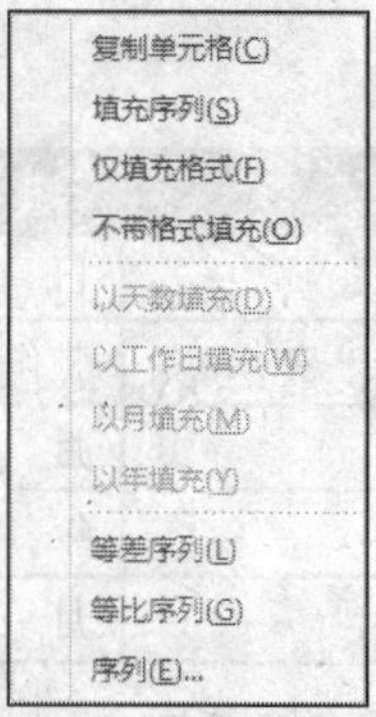

复制单元格(C)
填充序列(S)
仅填充格式(F)
不带格式填充(O)
以天数填充(D)
以工作日填充(W)
以月填充(M)
以年填充(Y)
等差序列(L)
等比序列(G)
序列(E)...

图 1.18　填充快捷菜单

方法 2：使用“序列”对话框创建序列。

要使用“序列”对话框创建序列，其具体操作步骤如下。

Step 01　在填充区域的第 1 个单元格中输入数据序列中的初始值。

Step 02　选中含有初始值的单元格区域。

Step 03　将鼠标指针移到单元格区域右下角的填充柄，此时鼠标指针变为✚形，在弹出的快捷菜单中选择“序列”命令，打开“序列”对话框，如图 1.19 所示。

Step 04　在“序列产生在”选项组中，单击“行”或“列”单选按钮，确定填充方向。

Step 06　如果要指定序列增加或减少的数量，在“步长值”文本框中输入一个正数或负数。此外，在“终止值”文本框中可以限定序列的最后一个值。

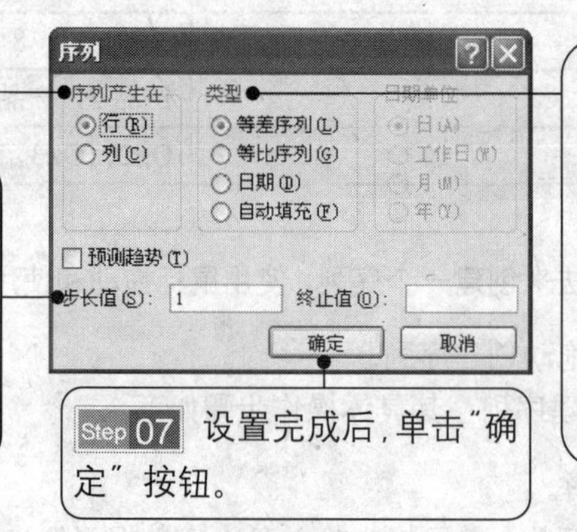

Step 05　在“类型”选项组中，选择序列的类型。如果单击“日期”单选按钮，还必须在“日期单位”选项组中选择所需的单位。

Step 07　设置完成后，单击“确定”按钮。

图 1.19　“序列”对话框

（4）自定义数据序列填充

Excel 2010 提供了许多内置的数据序列，如星期、月份等。此外，用户可以通过工作表中现有的数据项来创建自定义数据序列，其具体操作步骤如下。

Step 01　在工作表内选定已输入的数据项，如图 1.20 所示。

Step 02　单击“文件”按钮，在弹出的菜单中单击“选项”按钮，打开“Excel 选项”对话框。

Step 03　单击“高级”选项，然后在“常规”选项组中单击“编辑自定义列表”按钮，如图 1.21 所示。

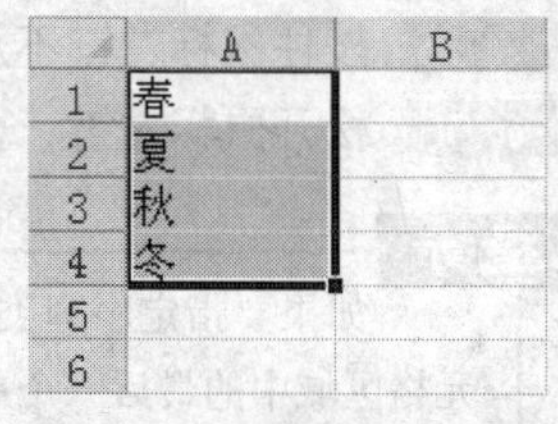

图 1.20　选定数据项

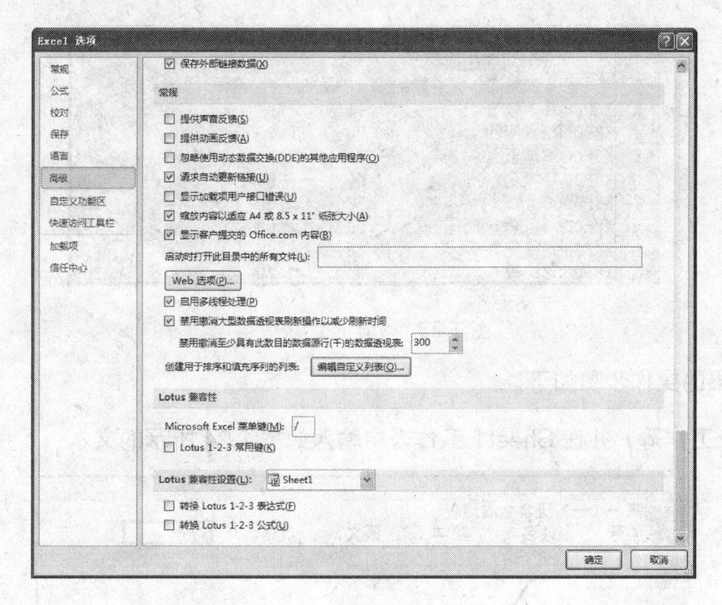

图 1.21 “Excel 选项”对话框

Step 04 此时打开“自定义序列”对话框，在“自定义序列”列表框中选择“新序列”选项，然后单击“导入”按钮，选定的数据项即显示在“输入序列”列表框和“自定义序列”列表框中，如图 1.22 所示。

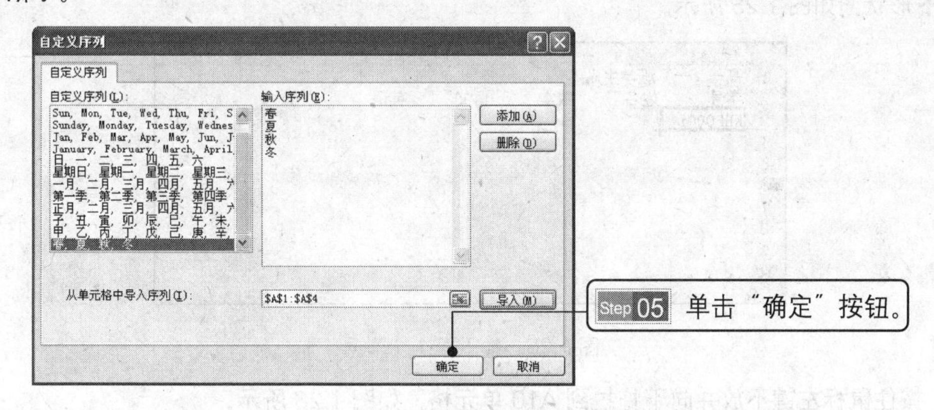

图 1.22 “自定义序列”对话框

创建了自定义数据序列后，用户即可使用自动填充功能在工作表中填充该序列。如果要修改自定义的数据序列，则先在“自定义序列”列表框中选择该序列，然后在“输入序列”列表框中进行修改。如果要将其删除，则先选择该序列，然后单击“删除”按钮。

知识拓展

如果要确认工作表中输入数据的正确性，可以设置单元格中允许输入的数据类型及有效数据的取值范围。关于数据有效性的设置，请参见“素材和源文件\知识拓展\第 1 章\设置数据的有效性.doc”文档。

随堂演练　自动填充数据

本随堂演练以创建一个学生成绩表为例，来练习创建工作表的基本操作，例如手工输入文本、数字、公式、自动填充数据等。本例的效果如图 1.23 所示。

	A	B	C	D	E	F
1	高一（一）班学生成绩表					
2	学号	姓名	数学	语文	英语	总分
3	KHP0001	张三	98	96	100	294
4	KHP0002	李四	90	90	91	271
5	KHP0003	王五	85	99	80	264
6	KHP0004	赵六	66	80	71	217
7	KHP0005	陈七	93	100	74	267
8	KHP0006	贾八	100	100	99	299
9	KHP0007	纪九	88	60	78	226
10	KHP0008	冯十	90	79	100	269

图 1.23　学生成绩表效果

实现上例效果的操作步骤如下。

Step 01 新建一个工作簿，并在 Sheet1 工作表中输入如图 1.24 所示的文本。

	A	B	C	D	E	F	G
1	高一（一）班学生成绩表						
2	学号	姓名	数学	语文	英语	总分	
3							
4							
5							
6							

图 1.24　输入文本

Step 02 在 A3 单元格中输入第 1 个学号，并将鼠标指针指向 A3 单元格的右下角，此时指针由✚形状变为+形状，如图 1.25 所示。

	A	B	C	D	E	F	G
1	高一（一）班学生成绩表						
2	学号	姓名	数学	语文	英语	总分	
3	KHP0001						
4							
5							
6							
7							
8							
9							
10							
11							

图 1.25　输入第 1 个学号

Step 03 按住鼠标左键不放并向下拖拉到 A10 单元格，如图 1.26 所示。

	A	B	C	D	E	F	G
1	高一（一）班学生成绩表						
2	学号	姓名	数学	语文	英语	总分	
3	KHP0001						
4	KHP0002						
5	KHP0003						
6	KHP0004						
7	KHP0005						
8	KHP0006						
9	KHP0007						
10	KHP0008						
11							

图 1.26　拖动填充柄

Step 04 松开鼠标左键后，即在 A4～A10 单元格中填充了相应的学号。

Step 05 在“姓名”、“数学”、“语文”、“英语”各列中输入每位学生的基本数据。

Step 06 在 F3 单元格中输入公式“=C3+D3+E3”，这表示 F3 单元格中的数值等于 C3、D3、E3 这 3 个单元格数值之和。按 Enter 键之后即求出一个总分，如图 1.27 所示。

	A	B	C	D	E	F
1	高一（一）班学生成绩表					
2	学号	姓名	数学	语文	英语	总分
3	KHP0001	张三	98	96	100	=c3+d3+e3
4	KHP0002	李四	90	90	91	
5	KHP0003	王五	85	99	80	
6	KHP0004	赵六	66	80	71	
7	KHP0005	陈七	93	100	74	
8	KHP0006	贾八	100	100	99	
9	KHP0007	纪九	88	60	78	
10	KHP0008	冯十	90	79	100	

	A	B	C	D	E	F
1	高一（一）班学生成绩表					
2	学号	姓名	数学	语文	英语	总分
3	KHP0001	张三	98	96	100	294
4	KHP0002	李四	90	90	91	
5	KHP0003	王五	85	99	80	
6	KHP0004	赵六	66	80	71	
7	KHP0005	陈七	93	100	74	
8	KHP0006	贾八	100	100	99	
9	KHP0007	纪九	88	60	78	
10	KHP0008	冯十	90	79	100	

图 1.27　填入基本数据并求出一个总分

Step 07 将鼠标指针指向 F3 单元格的右下角，此时指针由✚形状变为＋形状。

Step 08 按住鼠标左键不放并向下拖动到 F10 单元格，松开鼠标左键后即得到如图 1.23 所示的结果（最终文件参见“素材和源文件\场景\cha01\学生成绩表.xlsx”）。

技巧案例　巧用 Excel 2010 的“智能鼠标”

单击 Excel 2010“文件”按钮，在弹出的菜单中选择“选项”命令，在弹出的“Excel 选项”对话框中选择“高级”选项，打开“高级”选项卡，在“编辑选项”选项下，选中“用智能鼠标缩放”复选框，单击“确定”按钮，我们再来看看现在的鼠标滚轮都有些怎样的功能：

在“智能鼠标”的默认状态下，上下滚动鼠标滚轮，工作区中的表格会以 15%的比例放大或缩小，只有当我们按住 Ctrl 键，再滚动鼠标滚轮时，工作表才会像往常一样上下翻页。

综合案例　创建简单的电脑配置清单

制作电脑配置清单的操作步骤如下。

Step 01 启动 Excel 2010，系统会自动新建一个工作簿 1 工作表文档。

Step 02 选择 A1～E1 区域中的单元格，单击“开始”选项卡，在“对齐方式”组中单击⊞按钮，将单元格合并后居中，在“字体”组中设置“字体”为“汉仪魏碑简”，“字号”设置为 26，设置完成后在合并的单元格中输入文本，如图 1.28 所示。

图 1.28　设置并输入标题文字

Step 03 在 A2～E2 单元格中分别输入“产品名称”、“品牌型号”、“数量”、“单价”和“备注”文字。将输入的文字全部选中，在“字体”组中设置“字体”为“Adobe 楷体 Std”，“字号”设置为 14，然后在“对齐方式”组中单击“居中”按钮，如图 1.29 所示。

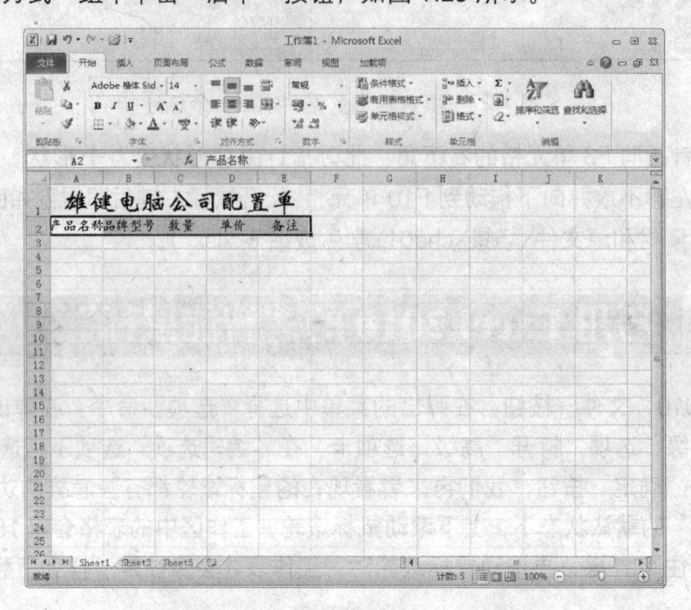

图 1.29　输入并设置列标题文字

Step 04 按住 Ctrl 键选择 A、C、D 列标，选中这三列的所有单元格，在“单元格”组中单击“格式”按钮，在下拉菜单中选择“列宽”选项，然后在弹出的“列宽”对话框中设置“列宽”为 12，设置完成后单击“确定”按钮，如图 1.30 所示。

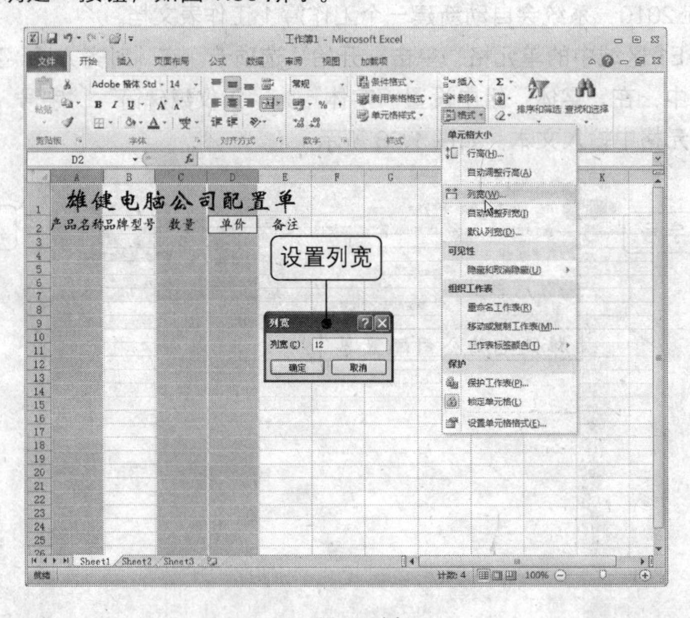

图 1.30　设置列宽（1）

Step 05 选择 B、E 列的所有单元格，在“单元格”组中单击“格式”按钮，在下拉菜单中选择“列宽”选项，然后在弹出的“列宽”对话框中设置“列宽”为 20，设置完成后单击“确定”按钮，如图 1.31 所示。

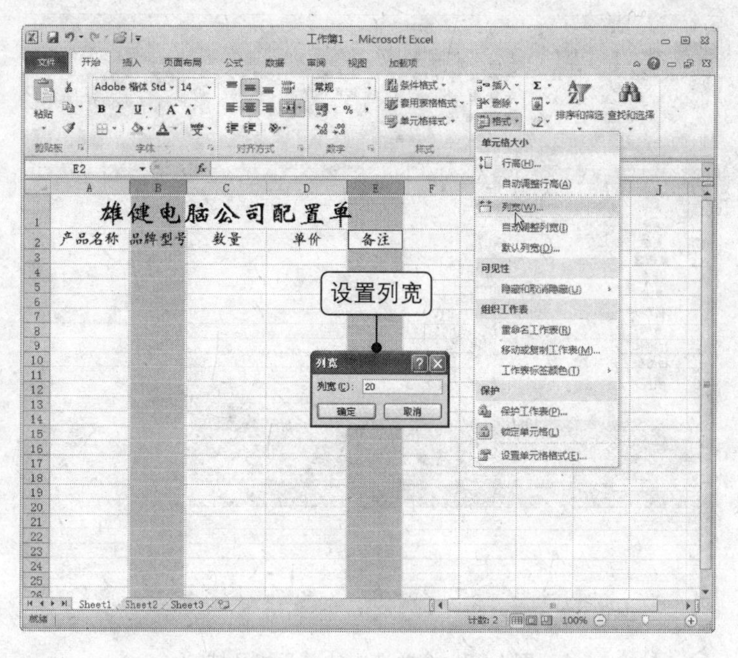

图 1.31　设置列宽（2）

Step 06 在 A3～A18 的单元格中分别输入文字，将所输入的文字全部选中，在“字体”组中设置“字体”为“Adobe 楷体 Std”，“字号”设置为 12，然后在“对齐方式”组中单击“居中”按钮，如图 1.32 所示。

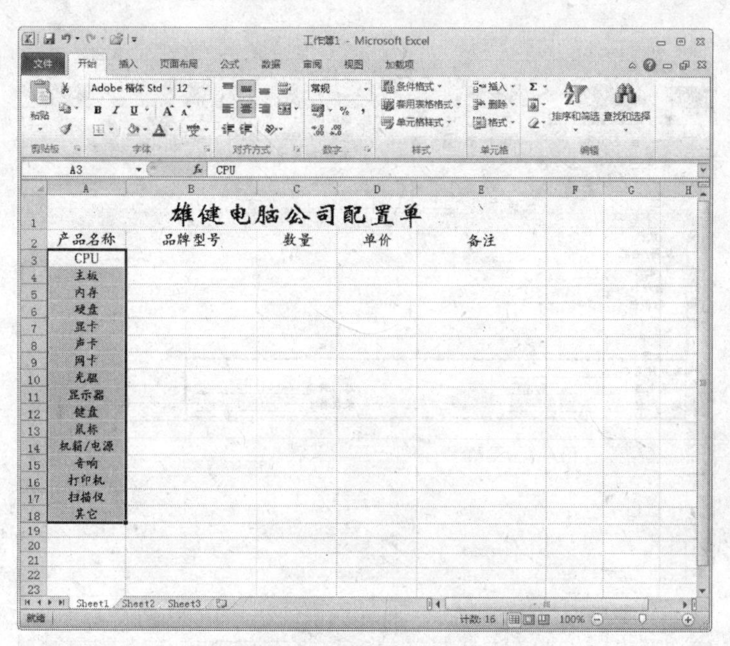

图 1.32　输入并设置文字

Step 07 按住 Ctrl 键选择 A21～E24、A25～E26 区域中的所有单元格，在“对齐方式”组中单击“合并后居中”按钮右侧的▾按钮，在下拉菜单中选择“合并单元格”选项，将选中的单元格区域进行合并，如图 1.33 所示。

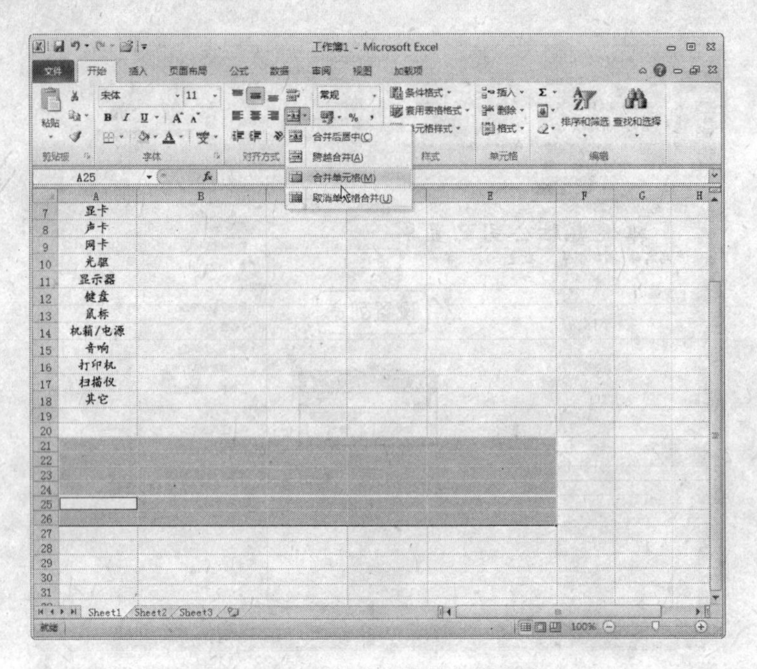

图 1.33　合并选中的单元格区域

Step 08　选择 A21～E24 区域合并后的单元格，在该单元格中输入“客户姓名：＿＿＿＿＿＿＿＿＿＿”，输入完成后按 Alt+Enter 组合键对其进行换行，使用同样的方法输入其他文字。完成后将该单元格中的内容全部选中，在“字体”组中设置“字体”为“Adobe 楷体 Std”，“字号”设置为 12，如图 1.34 所示。

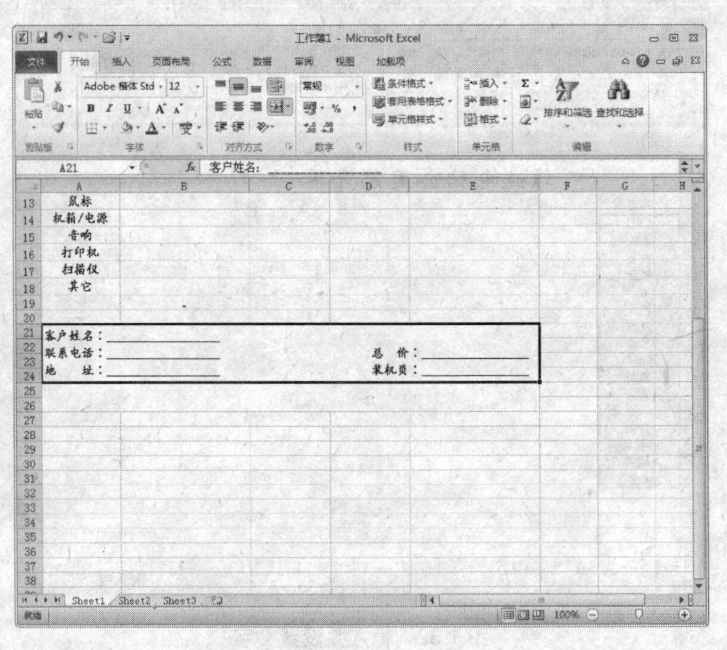

图 1.34　输入并设置文字

Step 09　选择 A25～E26 区域中合并后的单元格，在单元格中输入“我们的宗旨是：快捷、专业、热忱”，创建完成后将“快捷、专业、热忱”文字选中，在“字体”组中设置“字体”为“华文行楷”，“字号”设置为 20，单击 B 按钮，如图 1.35 所示。

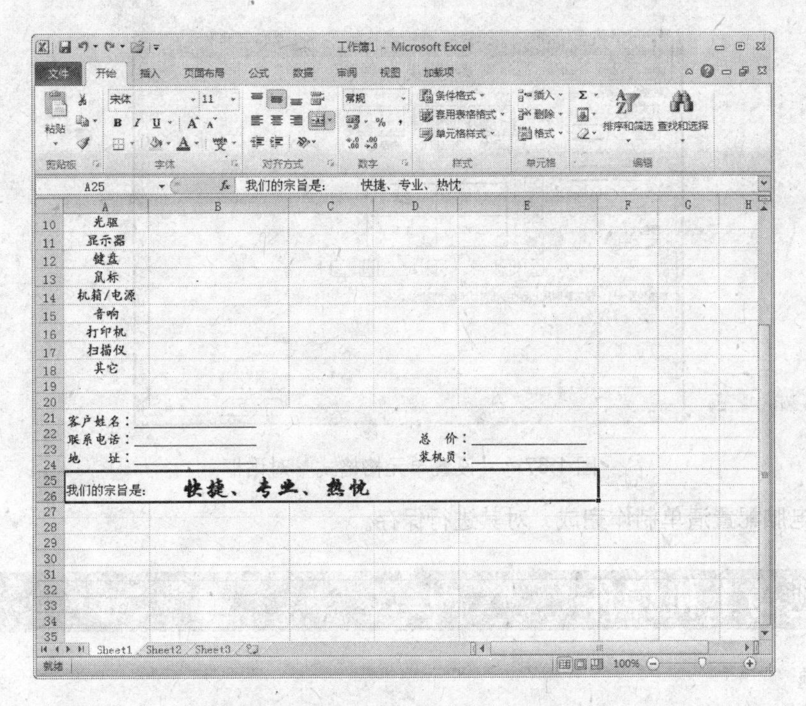

图 1.35　输入并设置文字

Step 10 选中 A2:E26 区域中的所有单元格，然后在选中的单元格上右击鼠标，从弹出的快捷菜单中选择“设置单元格格式”命令，如图 1.36 所示。

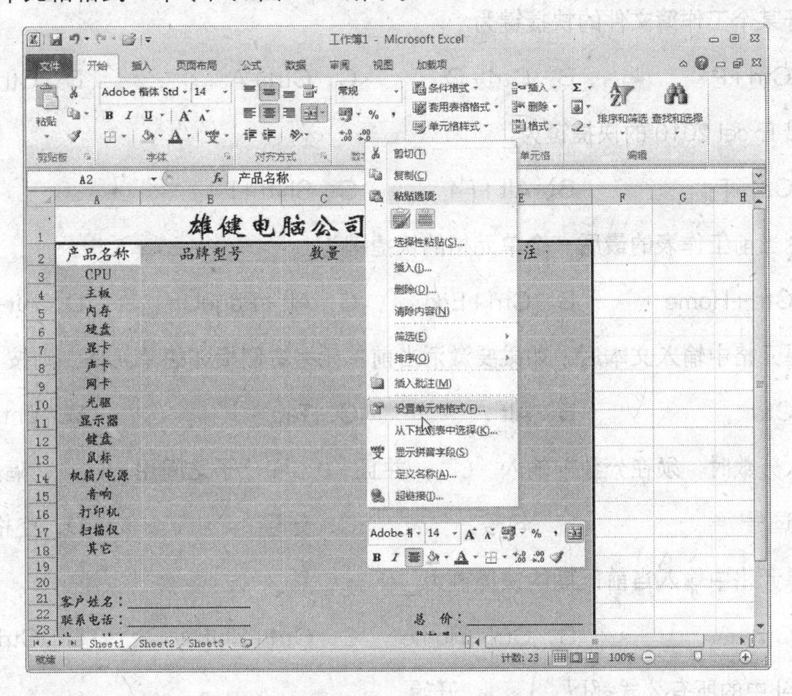

图 1.36　选择“设置单元格格式”命令

Step 11 在弹出的“设置单元格格式”对话框中单击“边框”标签，在“样式”列表中选择一种粗线样式，然后在“预置”栏中单击“外边框”按钮，再在“样式”列表框中选择一种细线样式，在“预置”栏中单击“内部”按钮，设置完成后单击“确定”按钮，如图 1.37 所示。

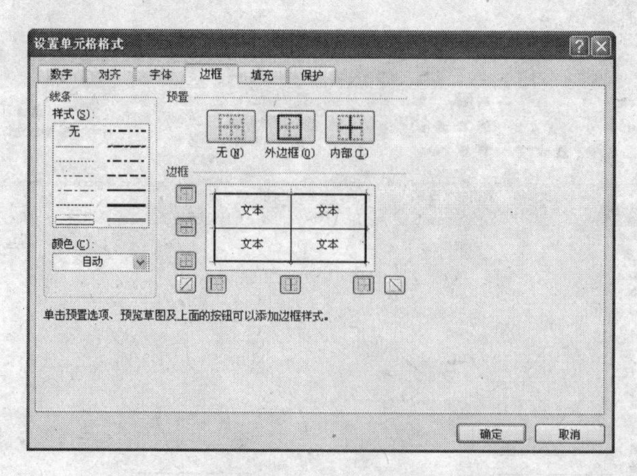

图 1.37 “设置单元格格式”对话框

Step 12 至此电脑配置清单制作完成，对其进行保存。

课后习题与上机操作

1. 选择题

（1）默认状态下，一个工作簿中有________个工作表。

A．2　　B．4　　C．3　　D．5

（2）打开某个工作簿文件的快捷键为________。

A．Ctrl+P　　B．Ctrl+C　　C．Ctrl+A　　D．Ctrl+O

（3）退出 Excel 2010 的快捷键为________。

A．Ctrl+F4　　B．Alt+F4　　C．Shift+F4

（4）移到当前工作表的最后一个单元格的快捷键为________。

A．Ctrl+Home　　B．Ctrl+End　　C．Alt+PageUp　　D．Alt+PageDown

（5）在单元格中输入文本后，如果要激活当前单元格右侧相邻的单元格，则按________键。

A．Ctrl　　B．Alt　　C．Tab　　D．Enter

（6）输入分数时，须在分数前输入“0”，并且“0”和分子之间用________隔开。

A．逗号　　B．句号　　C．分号　　D．空格

（7）在单元格中输入当前日期的快捷键为________。

A．Ctrl+；　　B．Ctrl+Home　　C．Ctrl+Shift+；　　D．Ctrl+PageDown

（8）Excel 中的所有公式都以________开始。

A. =　　B. ~　　C. .　　D．^

2. 简答题

（1）如何保存新建的工作簿？

（2）写出至少 3 种退出 Excel 2010 的方法。

（3）简述使用鼠标选定不相邻的单元格区域的操作步骤。

（4）如何使用鼠标拖动填充柄填充数据？

3. 操作题

（1）新建一个名为“职工考勤表”的工作簿，并将其保存。

（2）练习在工作表中移动单元格指针的操作。

（3）练习在工作表中选定单元格和区域的操作。

（4）练习在单元格中输入数据（文本、数字、时间、日期）的操作。

（5）建立如图 1.38 所示的一张工作表，并将它保存（文件参见“素材和源文件\场景\cha01\图书销售统计表.xlsx”）。

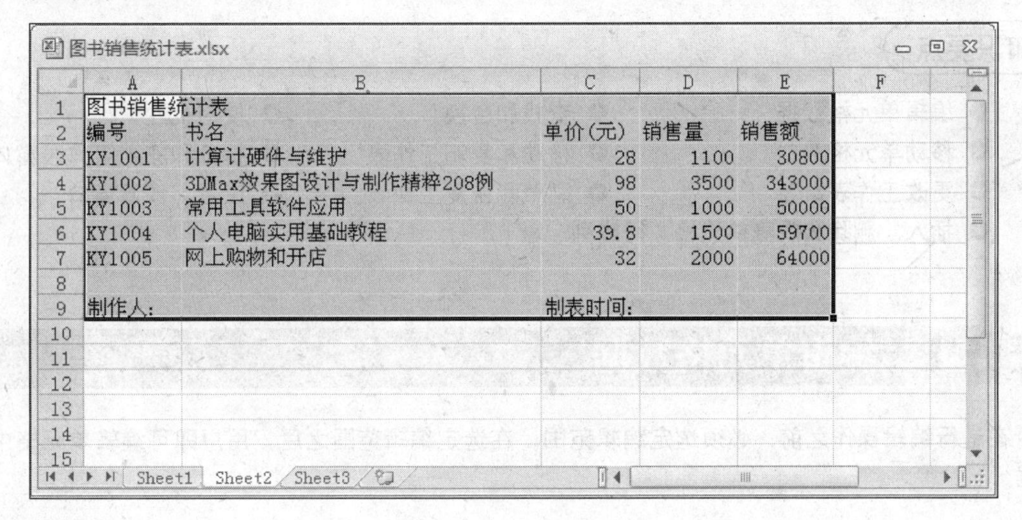

	A	B	C	D	E
1	图书销售统计表				
2	编号	书名	单价(元)	销售量	销售额
3	KY1001	计算计硬件与维护	28	1100	30800
4	KY1002	3DMax效果图设计与制作精粹208例	98	3500	343000
5	KY1003	常用工具软件应用	50	1000	50000
6	KY1004	个人电脑实用基础教程	39.8	1500	59700
7	KY1005	网上购物和开店	32	2000	64000
8					
9	制作人:		制表时间:		

图 1.38　图书销售统计表

提 示

手工输入第 1 个编号后，其余的编号是用拖动填充柄的方式输入的。

项目2

编辑工作表

项目导读

本章介绍数据的移动和复制，插入、删除单元格、行或列，批注的使用，以及对工作表和工作簿的基本操作，使读者掌握对工作表的编辑。

知识要点

- ✪ 编辑单元格数据
- ✪ 查找和替换
- ✪ 使用批注
- ✪ 移动单元格数据
- ✪ 移动和复制工作表
- ✪ 拆分和冻结工作表窗口
- ✪ 更改工作表数量
- ✪ 隐藏和恢复工作表
- ✪ 设置工作簿窗口
- ✪ 插入、删除和隐藏单元格、行或列

任务1 编辑单元格数据

在进行编辑操作之前，必须选定编辑范围。在选定编辑范围之后，用户即可编辑单元格中的数据。

- 编辑某个单元格的所有数据时，先单击该单元格，接着输入新的数据，新数据会覆盖旧数据，再按Enter键或单击编辑栏中的“输入”按钮✓即可。
- 编辑某个单元格中的部分数据时，双击该单元格（或者先单击该单元格，然后按F2键），将光标置入该单元格中，此时可在单元格中移动光标，以编辑数据。当光标为闪烁的竖条时，在要编辑的位置单击，即可将光标移到该处。也可使用键盘上的光标移动键来移动光标。如果要删除光标左侧的字符，可按BackSpace键；如果要删除光标右侧的字符，则按Delete键。

提 示

用户除了可以直接在单元格中编辑数据外，还可以在编辑栏中进行编辑。首先单击含有数据的单元格，该数据将同时显示在编辑栏中，再单击编辑栏，即可编辑其中的数据。

双击某个单元格后，如果该单元格中没有出现光标，则表明“单元格内部直接编辑”功能没有启动。要启动该功能，其具体操作步骤如下。

Step 01 单击“文件”按钮，在弹出的菜单中单击“选项”按钮，打开“Excel选项”对话框。

Step 02 单击“高级”标签，打开“高级”选项卡，然后在“编辑选项”选项组中单击“允许直接在单元格内编辑”复选框，如图 2.1 所示。

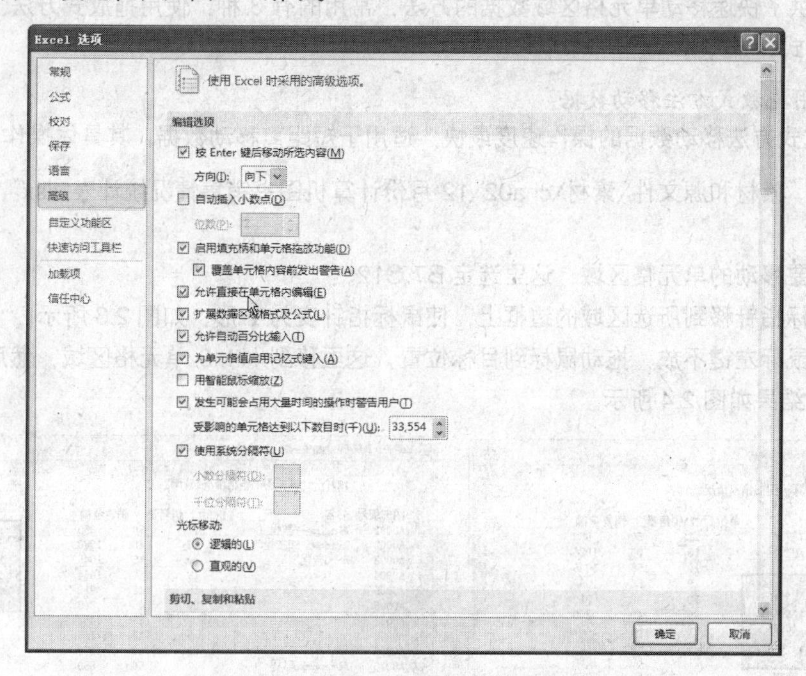

图 2.1 “Excel 选项”对话框

实训 1 移动单元格数据

将某个单元格或区域的数据从一个位置移到另一个位置，这种操作称为移动单元格数据。在移动数据时，可以移动单个单元格中的全部数据或一部分数据，也可以移动单元格区域中的数据。

1. 移动单个单元格中的全部数据

要移动单个单元格中的全部数据，其具体操作步骤如下。

Step 01 选定要移动的单元格，这里选定 C5 单元格。

Step 02 按 Ctrl+X 组合键，或单击“开始”选项卡“剪贴板”组中的“剪切”按钮。

Step 03 单击要粘贴数据的单元格，这里选定 B1 单元格。

Step 04 按 Ctrl+V 组合键，或单击“开始”选项卡“剪贴板”组中的“粘贴”按钮，即可将 C5 单元格中的数据移到 B1 单元格中。如图 2.2 所示的是移动数据前后的对比。

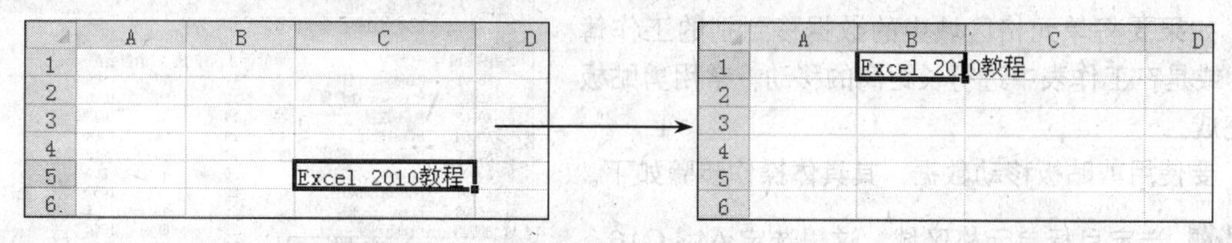

图 2.2 移动数据

提 示

如果只想移动单元格中的部分数据，其操作与移动单元格中的全部数据的操作基本相同，二者的区别仅在于选定的范围不同。

2. 移动单元格区域中的数据

Excel 提供了快速移动单元格区域数据的方法，常用的有 3 种：使用拖放式方法、使用剪贴板和使用插入方式。

（1）使用拖放式方法移动数据

使用拖放式方法移动数据的操作速度最快，适用于短距离移动数据。其具体操作步骤如下。

Step 01 打开“素材和源文件\素材\cha02\12 月份计算机图书销售情况统计表.xlsx”，并将其另存为一份。

Step 02 选定要移动的单元格区域，这里选定 B7:C12。

Step 03 将鼠标指针移到所选区域的边框上，使鼠标指针变为✥形，如图 2.3 所示。

Step 04 按住鼠标左键不放，拖动鼠标到目标位置，这里移到 H4:I9 单元格区域，然后松开鼠标左键，移动后的结果如图 2.4 所示。

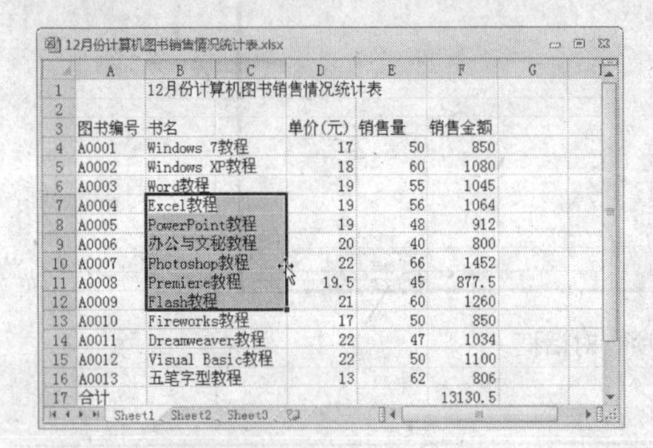

图书编号	书名	单价(元)	销售量	销售金额
A0001	Windows 7教程	17	50	850
A0002	Windows XP教程	18	60	1080
A0003	Word教程	19	55	1045
A0004	Excel教程	19	56	1064
A0005	PowerPoint教程	19	48	912
A0006	办公与文秘教程	20	40	800
A0007	Photoshop教程	22	66	1452
A0008	Premiere教程	19.5	45	877.5
A0009	Flash教程	21	60	1260
A0010	Fireworks教程	17	50	850
A0011	Dreamweaver教程	22	47	1034
A0012	Visual Basic教程	22	50	1100
A0013	五笔字型教程	13	62	806
合计				13130.5

图 2.3　将鼠标指针移到已选定区域的边框上

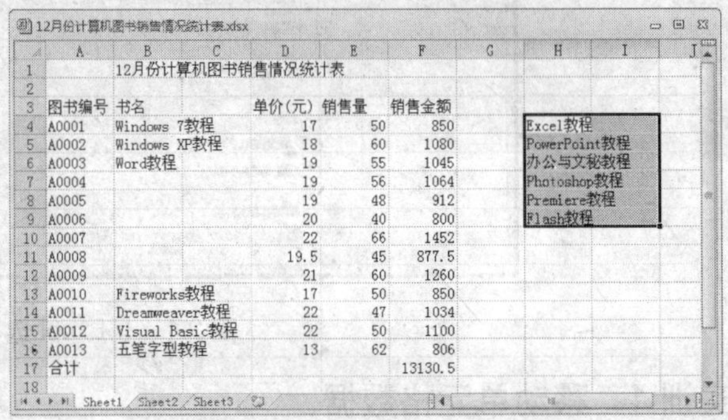

图书编号	书名	单价(元)	销售量	销售金额		
A0001	Windows 7教程	17	50	850		Excel教程
A0002	Windows XP教程	18	60	1080		PowerPoint教程
A0003	Word教程	19	55	1045		办公与文秘教程
A0004		19	56	1064		Photoshop教程
A0005		19	48	912		Premiere教程
A0006		20	40	800		Flash教程
A0007		22	66	1452		
A0008		19.5	45	877.5		
A0009		21	60	1260		
A0010	Fireworks教程	17	50	850		
A0011	Dreamweaver教程	22	47	1034		
A0012	Visual Basic教程	22	50	1100		
A0013	五笔字型教程	13	62	806		
合计				13130.5		

图 2.4　使用拖放式方法移动数据

Step 05 单击自定义快速访问工具栏中的“撤销”按钮，撤销移动操作。

如果要将选定的数据移到同一工作簿的其他工作表中，其具体操作步骤如下。

Step 01 选定要移动的单元格区域。

Step 02 将鼠标指针移到已选定区域的边框上，使鼠标指针变为✥形。

Step 03 按住 Alt 键，同时按住鼠标左键不放，然后将选定的区域拖到目标工作表的标签上，此时即可切换到该工作表中。

Step 04 选定目标单元格区域，然后依次松开鼠标左键和 Alt 键，选定的数据即可移到该工作表中。

（2）使用剪贴板移动数据

如果要将单元格区域中的数据移到别的工作簿中，或是在工作表中进行长距离的移动，常用剪贴板来完成。

要使用剪贴板移动数据，其具体操作步骤如下。

Step 01 选定目标单元格区域，这里选定 A13:C16。

Step 02 单击“开始”选项卡“剪贴板”组中的“剪切”按钮，或按 Ctrl+X 组合键，此时，选定的单元格区域被动态虚框包围，如图 2.5 所示。

图书编号	书名	单价(元)	销售量	销售金额
A0001	Windows 7教程	17	50	850
A0002	Windows XP教程	18	60	1080
A0003	Word教程	19	55	1045
A0004	Excel教程	19	56	1064
A0005	PowerPoint教程	19	48	912
A0006	办公与文秘教程	20	40	800
A0007	Photoshop教程	22	66	1452
A0008	Premiere教程	19.5	45	877.5
A0009	Flash教程	21	60	1260
A0010	Fireworks教程	17	50	850
A0011	Dreamweaver教程	22	47	1034
A0012	Visual Basic教程	22	50	1100
A0013	五笔字型教程	13	62	806
合计				13130.5

图 2.5　选定的单元格区域被动态虚框包围

Step 03 单击目标单元格区域的某个单元格，这里单击 H9 单元格，然后单击“开始”选项卡“剪贴板”组中的“粘贴”按钮，或按 Ctrl+V 组合键，即可完成移动操作，如图 2.6 所示。

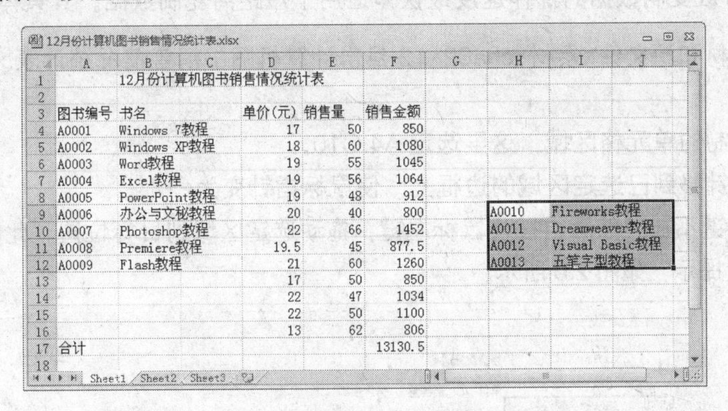

	A	B	C	D	E	F	G	H	I	J
1		12月份计算机图书销售情况统计表								
2										
3	图书编号	书名		单价(元)	销售量	销售金额				
4	A0001	Windows 7教程		17	50	850				
5	A0002	Windows XP教程		18	60	1080				
6	A0003	Word教程		19	55	1045				
7	A0004	Excel教程		19	56	1064				
8	A0005	PowerPoint教程		19	48	912				
9	A0006	办公与文秘教程		20	40	800		A0010	Fireworks教程	
10	A0007	Photoshop教程		22	66	1452		A0011	Dreamweaver教程	
11	A0008	Premiere教程		19.5	45	877.5		A0012	Visual Basic教程	
12	A0009	Flash教程		21	60	1260		A0013	五笔字型教程	
13				17	50	850				
14				22	47	1034				
15				22	50	1100				
16				13	62	806				
17	合计					13130.5				
18										

图 2.6 使用剪贴板移动数据

提 示

如果要将数据移到其他工作表中，在执行 Step 03 之前先切换到该工作表；如果要将数据移到其他工作簿，则在执行 Step 03 之前先打开目标工作簿，并切换到相应的工作表。

实训 2 复制单元格数据

将某个单元格或区域的数据复制到指定位置，原位置的数据仍然存在，称为复制单元格数据。要复制数据，可以单击“开始”选项卡“剪贴板”组中的“复制”按钮，或使用 Ctrl+C 组合键。

1. 复制单个单元格中的全部数据

要复制单个单元格中的全部数据，其具体操作步骤如下。

Step 01 单击要复制的单元格，这里以 A1 单元格为例。

Step 02 单击“开始”选项卡“剪贴板”组中的“复制”按钮。

Step 03 单击要复制到的目标单元格，这里单击 B3 单元格。

Step 04 单击“开始”选项卡“剪贴板”组中的“粘贴”按钮，复制后的结果如图 2.7 所示。

图 2.7 复制单元格中的全部数据

2. 复制单元格中的部分数据

要复制单个单元格中的部分数据，其具体操作步骤如下。

Step 01 双击目标单元格，这里以 A1 单元格为例。

Step 02 选定要复制的数据，例如选定“新概念”3 个字。

Step 03 右击已选定的区域，在弹出的快捷菜单中选择“复制”命令，如图 2.8 所示。

Step 04 双击目标单元格，将光标移到要粘贴数据的位置后右击，在弹出的快捷菜单中选择“粘贴”命令。

图 2.8 复制单元格中的部分数据

3. 复制单元格区域中的数据

常用的复制单元格区域数据的方法有 3 种，即使用拖放式方法、使用剪贴板和使用插入方式。

（1）使用拖放式方法复制数据

使用拖放式方法复制数据的操作速度最快，适用于短距离复制数据。其具体操作步骤如下。

Step 01 打开“素材和源文件\素材\cha02\12 月份计算机图书销售情况统计表.xlsx”，并将其另存一份。

Step 02 选定要复制的单元格区域，这里选定 A4:C10。

Step 03 将鼠标指针移到已选定区域的边框上，使鼠标指针变为✥形。

Step 04 按住 Ctrl 键不放，然后再按住鼠标左键，拖动选定区域到目标位置。此时，屏幕中会显示一个虚线框和位置提示，如图 2.9 所示。

12月份计算机图书销售情况统计表.xlsx

	A	B	C	D	E	F
1		12月份计算机图书销售情况统计表				
2						
3	图书编号	书名		单价(元)	销售量	销售金额
4	A0001	Windows 7教程		17	50	850
5	A0002	Windows XP教程		18	60	1080
6	A0003	Word教程		19	55	1045
7	A0004	Excel教程		19	56	1064
8	A0005	PowerPoint教程		19	48	912
9	A0006	办公与文秘教程		20	40	800
10	A0007	Photoshop教程		22	66	1452
11	A0008	Premiere教程		19.5	45	877.5
12	A0009	Flash教程		21	60	1260
13	A0010	Fireworks教程		17	50	850
14	A0011	Dreamweaver教程		22	47	1034
15	A0012	Visual Basic教程		22	50	1100
16	A0013	五笔字型教程		13	62	806

Sheet1 / Sheet2 / Sheet3　H5:J11

图 2.9　使用拖放式方法复制数据

Step 05 先松开鼠标左键，然后再松开 Ctrl 键，即可将数据复制到目标位置。

（2）使用剪贴板复制数据

当要对数据进行多次复制，或要将数据复制到其他工作簿时，可以使用剪贴板来完成复制工作。其具体操作步骤如下。

Step 01 选定需要复制的单元格区域。

Step 02 单击“开始”选项卡“剪贴板”组中的“复制”按钮，或按 Ctrl+C 组合键。此时，所选定的区域被一个动态虚框包围。

Step 03 单击目标粘贴区域左上角的单元格。

Step 04 单击“开始”选项卡“剪贴板”组中的“粘贴”按钮，或按 Ctrl+V 组合键，完成复制操作。

提 示

如果要将数据复制到其他工作表中，请在执行 Step 03 之前先切换到该工作表；如果要将数据复制到其他工作簿，则在执行 Step 03 之前先打开目标工作簿，然后再切换到相应的工作表。

（3）使用插入方式复制数据

在复制数据的过程中，如果不想覆盖目标区域的数据，可以使用插入方式。其具体操作步骤如下。

Step 01 选定需要复制的单元格区域，这里选定 A4:C7。

Step 02 按 Ctrl+C 组合键。

Step 03 单击目标区域左上角的单元格，这里单击 E11 单元格。

Step 04 单击“开始”选项卡“单元格”组中的“插入”后的下三角按钮，在出现的下拉列表中选择“插入复制的单元格”命令，打开“插入粘贴”对话框，如图 2.10 所示。

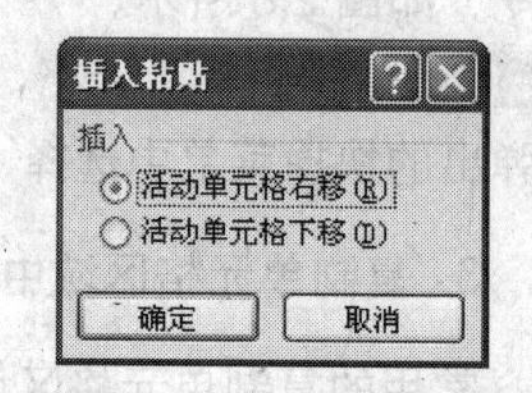

图 2.10　“插入粘贴”对话框

Step 05 指定周围单元格的移动方向：活动单元格右移或活动单元格下移，以便为插入的单元格留出位置。

Step 06 单击“确定”按钮。

本例选择“活动单元格右移”，使用插入方式复制数据前后的对比如图 2.11 和图 2.12 所示。

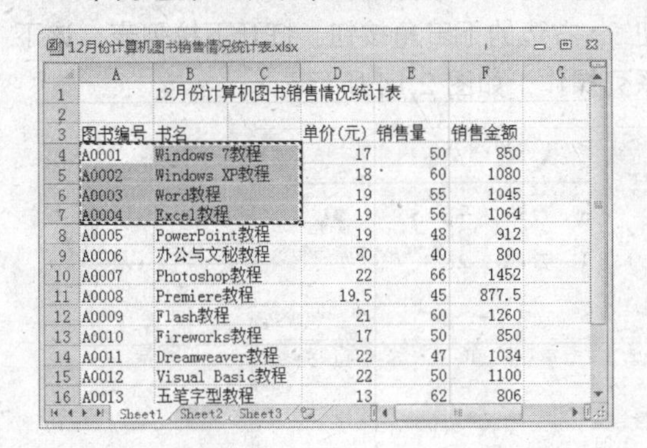

	A	B	C	D	E	F	G
1		12月份计算机图书销售情况统计表					
2							
3	图书编号	书名		单价(元)	销售量	销售金额	
4	A0001	Windows 7教程		17	50	850	
5	A0002	Windows XP教程		18	60	1080	
6	A0003	Word教程		19	55	1045	
7	A0004	Excel教程		19	56	1064	
8	A0005	PowerPoint教程		19	48	912	
9	A0006	办公与文秘教程		20	40	800	
10	A0007	Photoshop教程		22	66	1452	
11	A0008	Premiere教程		19.5	45	877.5	
12	A0009	Flash教程		21	60	1260	
13	A0010	Fireworks教程		17	50	850	
14	A0011	Dreamweaver教程		22	47	1034	
15	A0012	Visual Basic教程		22	50	1100	
16	A0013	五笔字型教程		13	62	806	

图 2.11　使用插入方式复制数据前

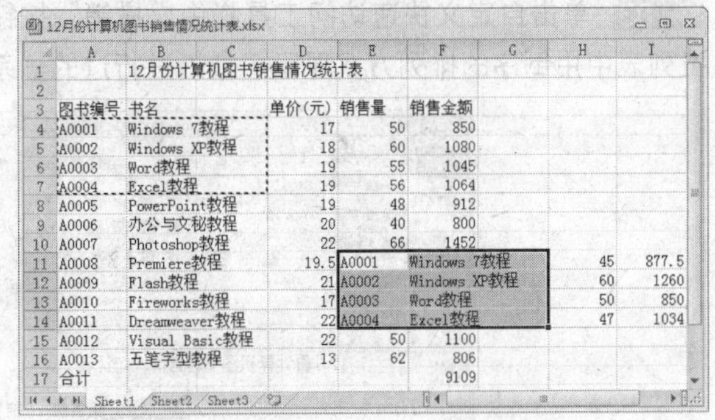

	A	B	C	D	E	F	G	H	I
1		12月份计算机图书销售情况统计表							
2									
3	图书编号	书名		单价(元)	销售量	销售金额			
4	A0001	Windows 7教程		17	50	850			
5	A0002	Windows XP教程		18	60	1080			
6	A0003	Word教程		19	55	1045			
7	A0004	Excel教程		19	56	1064			
8	A0005	PowerPoint教程		19	48	912			
9	A0006	办公与文秘教程		20	40	800			
10	A0007	Photoshop教程		22	66	1452			
11	A0008	Premiere教程		19.5	A0001	Windows 7教程		45	877.5
12	A0009	Flash教程		21	A0002	Windows XP教程		60	1260
13	A0010	Fireworks教程		17	A0003	Word教程		50	850
14	A0011	Dreamweaver教程		22	A0004	Excel教程		47	1034
15	A0012	Visual Basic教程		22	50	1100			
16	A0013	五笔字型教程		13	62	806			
17	合计					9109			

图 2.12　使用插入方式复制数据后

知识拓展

如果想转换行和列数据，可以使用选择性粘贴功能实现，请参见“素材和源文件\知识拓展\第 2 章\使用选择性粘贴实现行、列转换.doc”。

（4）复制单元格中的特定数据

要复制单元格中的特定数据，其具体操作步骤如下。

Step 01 选定需要复制的单元格区域。

Step 02 按 Ctrl+C 组合键。

Step 03 选定目标区域左上角的单元格。

Step 04 单击“开始”选项卡“剪贴板”组中的“粘贴”后的下三角按钮，在出现的下拉菜单中选择“选择性粘贴”命令，打开“选择性粘贴”对话框，如图 2.13 所示。

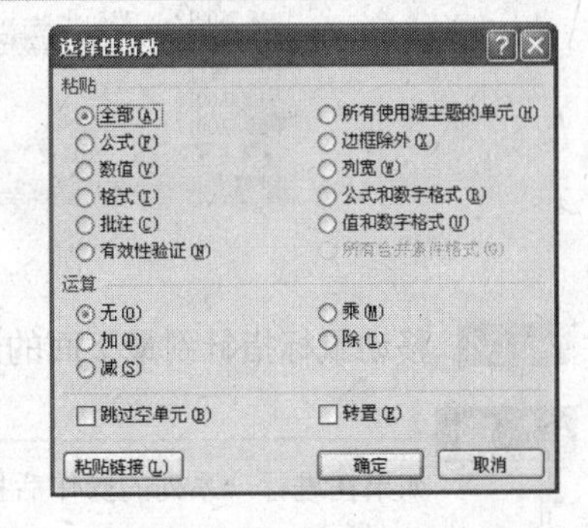

图 2.13　“选择性粘贴”对话框

Step 05 选择所需的选项后，单击“确定”按钮。

知识拓展

如果有多项数据需要复制，并且要进行多次粘贴，可以使用 Office 剪贴板。关于 Office 剪贴板的使用方法，请参见“素材和源文件\知识拓展\第 2 章\使用 Office 剪贴板复制数据.doc”。

实训 3　撤销和恢复操作

在编辑数据时，难免会出现误操作，或者对上次的操作不满意，这时，用户可以利用 Excel 的“撤销”功能撤销这些操作；如果用户不小心删除了有用的数据，或者想还原上次撤销的操作，则可以利用“恢复”功能恢复这些数据或操作。

1. 撤销操作

在编辑数据时，Excel 会记录最近的一系列操作。如果要撤销最近的一次操作，只需单击自定义快速访问工具栏中的“撤销”按钮或按 Ctrl+Z 组合键即可；如果要依次撤销最近的一系列操作，可以连续单击“撤销”按钮。

如果要一次性撤销一系列的操作，其具体操作步骤如下。

Step 01 打开“素材和源文件\素材\cha02\12 月份计算机图书销售情况统计表.xlsx”，并将其另存为一份。

Step 02 在统计表的底部输入两个新编号，并把 A0001 号图书的单价改为 20。

Step 03 单击自定义快速访问工具栏中“撤销”按钮右边的下三角按钮，打开下拉列表，该下拉列表中用倒序的排列方式显示了最近进行过的一系列操作，如图 2.14 所示。

	A	B	C	D	E	F
1		12月份计算机图书销售情况统计表				
2						
3	图书编号	书名		单价(元)	销售量	销售金额
4	A0001	Windows 7教程		20	50	1000
5	A0002	Windows XP教程		18	60	1080
6	A0003	Word教程		19	55	1045
7	A0004	Excel教程		19	56	1064
8	A0005	PowerPoint教程		19	48	912
9	A0006	办公与文秘教程		20	40	800
10	A0007	Photoshop教程		22	66	1452
11	A0008	Premiere教程		19.5	45	877.5
12	A0009	Flash教程		21	60	1260
13	A0010	Fireworks教程		17	50	850
14	A0011	Dreamweaver教程		22	47	1034
15	A0012	Visual Basic教程		22	50	1100
16	A0013	五笔字型教程		13	62	806
17	合计					13280.5
18	A0016					
19	A0017					

图 2.14　撤销以前的操作

Step 04 移动鼠标指针到最下面的选项并单击该选项，即可撤销所有的操作。

注 意

如果在进行一系列的操作后执行了“保存”命令，将无法使用“撤销”功能。

2. 恢复操作

对应于“撤销”操作，Excel 提供了“恢复”操作。如果要恢复最近的一次撤销操作，只需单击自定义快速访问工具栏中的“恢复”按钮或按 Ctrl+Y 组合键即可；如果要依次恢复最近的一系列撤销操作，可以连续单击“恢复”按钮。

如果要一次性恢复一系列的撤销操作，其具体操作步骤如下。

Step 01 假设上一小节中撤销了最近三次的操作。选定任意一个单元格。

Step 02 单击快速访问工具栏中“恢复”按钮右边的下三角按钮，打开下拉列表，该下拉列表中用倒序的排列方式显示了最近进行过的一系列撤销操作，如图 2.15 所示。

Step 03 移动鼠标指针到最下面的选项并单击该选项，即可恢复所有撤销的操作。

注 意

恢复操作必须建立在撤销操作的基础上，否则，“恢复”功能就会失效。此外，撤销和恢复操作是有次数限制的。

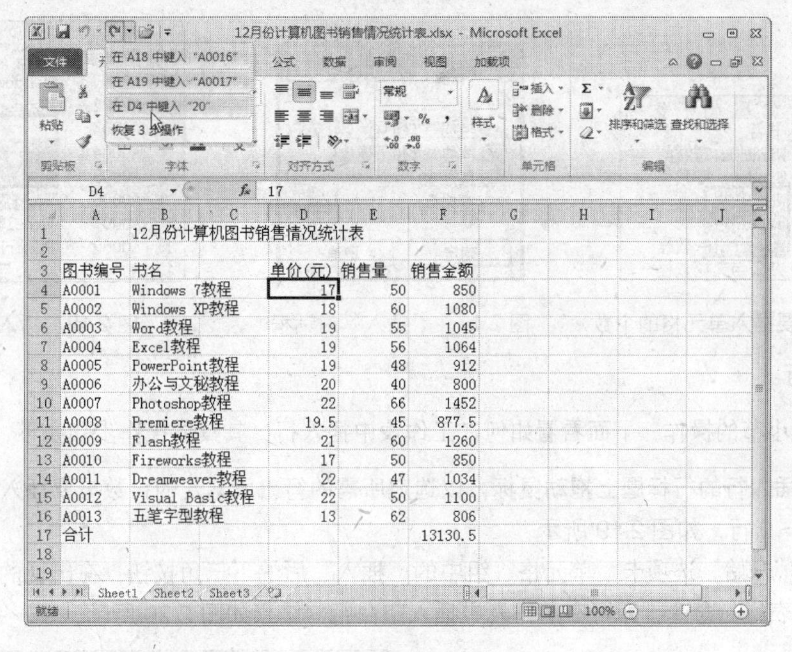

图 2.15　恢复以前的操作

实训 4　插入单元格、行或列

在编辑工作表的过程中，常常需要在工作表中添加数据，因此，在工作表中插入单元格、行或列就成为必须掌握的操作。

1. 插入单元格

要在工作表中插入单元格，其具体操作步骤如下。

Step 01 打开“素材和源文件\素材\cha02\12 月份计算机图书销售情况统计表.xlsx”，并将其另存一份。

Step 02 在要插入单元格的位置选定单元格或单元格区域（选定的单元格个数与要插入单元格的个数相同），这里选定 B6:B8，如图 2.16 所示。

Step 03 单击“开始”选项卡“单元格”组中的“插入”后的下三角按钮，在出现的下拉列表中选择“插入单元格”命令，打开“插入”对话框，如图 2.17 所示。

在该对话框中有 4 个单选按钮，如图 2.17 所示。

- **活动单元格右移：**单击该单选按钮，则新插入的单元格处于原来所选定的单元格的位置，原来所选定的单元格向右移动。
- **活动单元格下移：**单击该单选按钮，则新插入的单元格处于原来所选定的单元格的位置，原来所选定的单元格向下移动。
- **整行：**单击该单选按钮，则新插入的行数与所选定的单元格的行数相同。
- **整列：**单击该单选按钮，则新插入的列数与所选定的单元格的列数相同。

Step 04 单击所需的单选按钮，这里单击“活动单元格下移”单选按钮。

Step 05 单击“确定”按钮，结果如图 2.18 所示。

Step 06 单击自定义快速访问工具栏中的“撤销”按钮，取消刚才的操作。

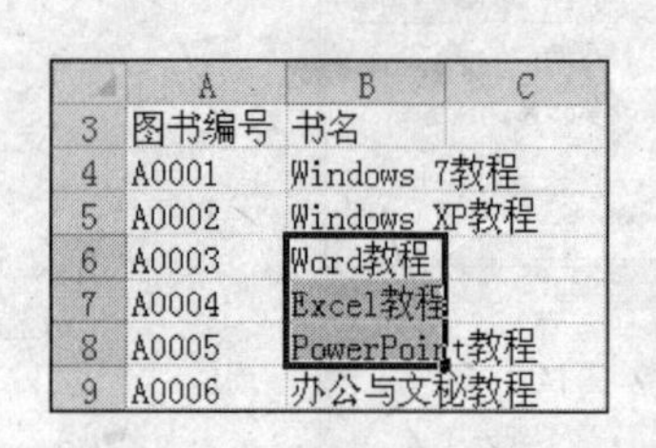

	A	B	C
3	图书编号	书名	
4	A0001	Windows 7教程	
5	A0002	Windows XP教程	
6	A0003	Word教程	
7	A0004	Excel教程	
8	A0005	PowerPoint教程	
9	A0006	办公与文秘教程	

图 2.16　选定要插入单元格的个数

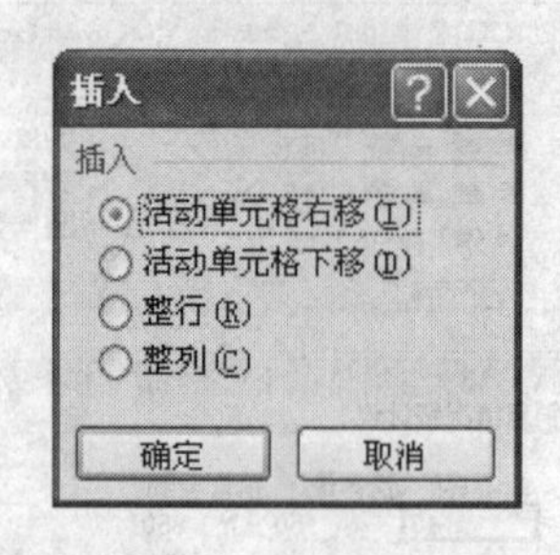

图 2.17　“插入”对话框

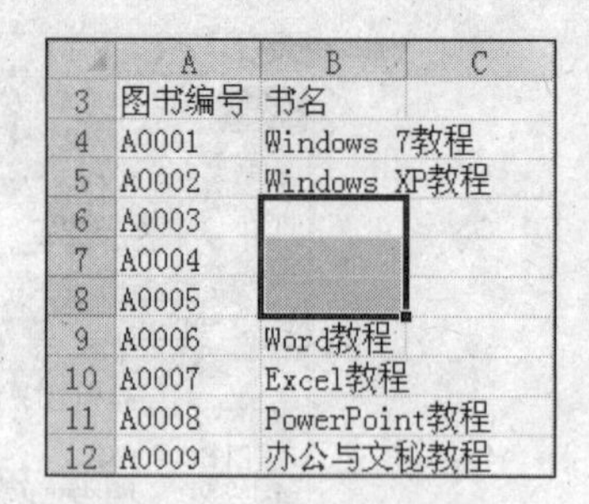

	A	B	C
3	图书编号	书名	
4	A0001	Windows 7教程	
5	A0002	Windows XP教程	
6	A0003		
7	A0004		
8	A0005		
9	A0006	Word教程	
10	A0007	Excel教程	
11	A0008	PowerPoint教程	
12	A0009	办公与文秘教程	

图 2.18　插入单元格

2. 插入行

接着上一小节的操作，下面看看如何在工作表中插入行，其具体操作步骤如下。

Step 01 在要插入行的行标题上拖动鼠标，以选定所需的行（所选定的行数与要插入的行数相同），这里选定第 7~9 行，如图 2.19 所示。

Step 02 单击“开始”选项卡“单元格”组中的“插入”后的下三角按钮，在出现的下拉列表中选择“插入工作表行”命令，即可在工作表中插入空白行，结果如图 2.20 所示。

	A	B	C	D	E	F	G
3	图书编号	书名		单价(元)	销售量	销售金额	
4	A0001	Windows 7教程		17	50	850	
5	A0002	Windows XP教程		18	60	1080	
6	A0003	Word教程		19	55	1045	
7	A0004	Excel教程		19	56	1064	
8	A0005	PowerPoint教程		19	48	912	
9	A0006	办公与文秘教程		20	40	800	
10	A0007	Photoshop教程		22	66	1452	

图 2.19　选定要插入的行数

	A	B	C	D	E	F	G
3	图书编号	书名		单价(元)	销售量	销售金额	
4	A0001	Windows 7教程		17	50	850	
5	A0002	Windows XP教程		18	60	1080	
6	A0003	Word教程		19	55	1045	
7							
8							
9							
10	A0004	Excel教程		19	56	1064	
11	A0005	PowerPoint教程		19	48	912	
12	A0006	办公与文秘教程		20	40	800	
13	A0007	Photoshop教程		22	66	1452	

图 2.20　插入空白行

提 示

上面的 Step 02 也可以这样操作：在选定的任一行内右击鼠标，从弹出的快捷菜单中选择“插入”命令。

3. 插入列

要在已输入数据的工作表中插入列，其具体操作步骤如下。

Step 01 在要插入列的列标题上拖动鼠标，以选定所需的列（所选定的列数和插入的列数相同）。

Step 02 单击“开始”选项卡“单元格”组中的“插入”后的下三角按钮，在出现的下拉列表中选择“插入工作表列”命令，即可在工作表中插入空白列。

提 示

上面的 Step 02 也可以这样操作：在选定的任意列内右击鼠标，在弹出的快捷菜单中选择“插入”命令。

实训 5　删除单元格、行或列

在编辑工作表的过程中，除了需要在工作表中插入单元格、行或列之外，有时还要删除一些无用的单元格、行或列及其数据。

1. 删除单元格

要删除工作表中的单元格，其具体操作步骤如下。

Step 01 打开“素材和源文件\素材\cha02\12 月份计算机图书销售情况统计表.xlsx”，并将其另存为一份。

Step 02 选定要删除的单元格或单元格区域，这里选定 B5:D8，如图 2.21 所示。

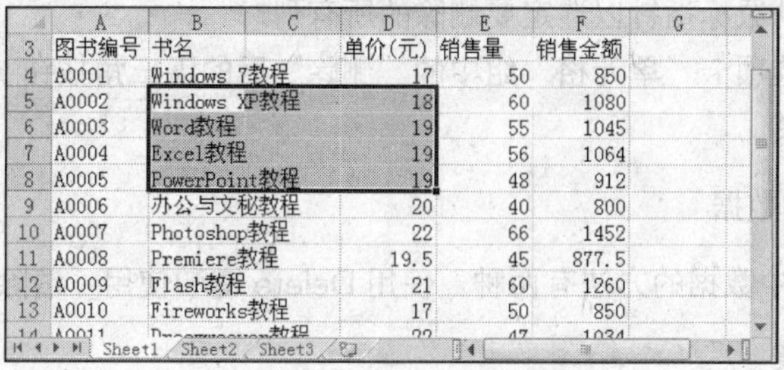

	A	B	C	D	E	F	G
3	图书编号	书名		单价(元)	销售量	销售金额	
4	A0001	Windows 7教程		17	50	850	
5	A0002	Windows XP教程		18	60	1080	
6	A0003	Word教程		19	55	1045	
7	A0004	Excel教程		19	56	1064	
8	A0005	PowerPoint教程		19	48	912	
9	A0006	办公与文秘教程		20	40	800	
10	A0007	Photoshop教程		22	66	1452	
11	A0008	Premiere教程		19.5	45	877.5	
12	A0009	Flash教程		21	60	1260	
13	A0010	Fireworks教程		17	50	850	
14	A0011	Dreamweaver教程		22	47	1034	

Sheet1 Sheet2 Sheet3

图 2.21 选定要删除的单元格

Step 03 在选定的单元格区域中右击，然后在弹出的快捷菜单中选择“删除”命令，打开“删除”对话框。在该对话框中有 4 个单选按钮，其含义如图 2.22 所示。

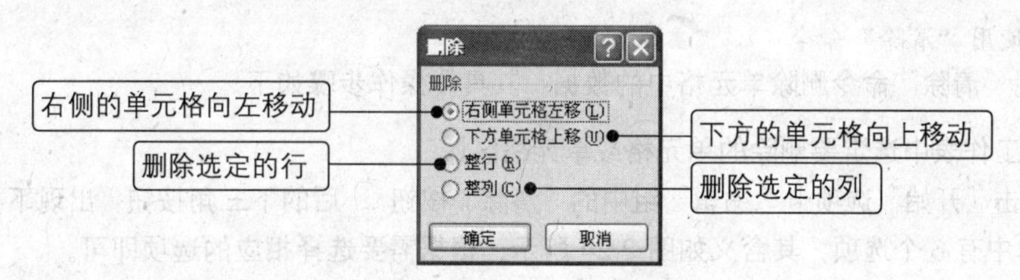

图 2.22 “删除”对话框

Step 04 单击所需的单选按钮，这里单击“右侧单元格左移”单选按钮。

Step 05 单击“确定”按钮，结果如图 2.23 所示。

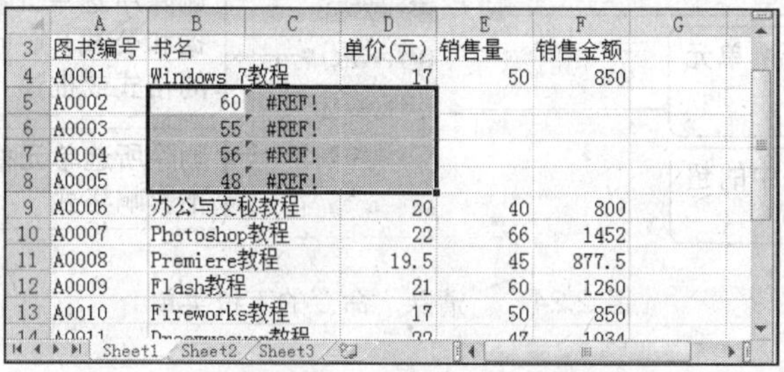

	A	B	C	D	E	F	G
3	图书编号	书名		单价(元)	销售量	销售金额	
4	A0001	Windows 7教程		17	50	850	
5	A0002	60	#REF!				
6	A0003	55	#REF!				
7	A0004	56	#REF!				
8	A0005	48	#REF!				
9	A0006	办公与文秘教程		20	40	800	
10	A0007	Photoshop教程		22	66	1452	
11	A0008	Premiere教程		19.5	45	877.5	
12	A0009	Flash教程		21	60	1260	
13	A0010	Fireworks教程		17	50	850	
14	A0011	Dreamweaver教程		22	47	1034	

Sheet1 Sheet2 Sheet3

图 2.23 删除单元格后的结果

注 意

执行上述操作，会同时删除单元格本身以及单元格中的数据。

Step 06 单击自定义快速访问工具栏中的“撤销”按钮，取消刚才的操作。

2. 删除行

要删除工作表中的行，其具体操作步骤如下。

Step 01 单击行号并拖动鼠标指针以选定要删除的所有行。

Step 02 单击“开始”选项卡“单元格”组中的“删除”后的下三角按钮，在出现的下拉列表中选择“删除工作表行”命令。

3. 删除列

要删除工作表中的列，其具体操作步骤如下。

Step 01 单击列标并拖动鼠标指针以选定要删除的所有列。

Step 02 单击“开始”选项卡“单元格”组中的“删除”后的下三角按钮，在出现的下拉列表中选择“删除工作表列”命令。

4. 删除单元格中的数据

常用的删除单元格中数据的方法有两种：使用 Delete 键和使用“清除”命令。

（1）使用 Delete 键

使用 Delete 键可以快速地删除单个单元格或单元格区域中的数据，其具体操作步骤如下。

Step 01 选定要删除的单元格或单元格区域。

Step 02 按 Delete 键。

（2）使用“清除”命令

要使用“清除”命令删除单元格中的数据，其具体操作步骤如下。

Step 01 在工作表中选定要删除的单元格或单元格区域。

Step 02 单击“开始”选项卡“编辑”组中的“清除”按钮后的下三角按钮，出现下拉菜单。在该下拉菜单中有 6 个选项，其含义如图 2.24 所示，根据需要选择相应的选项即可。

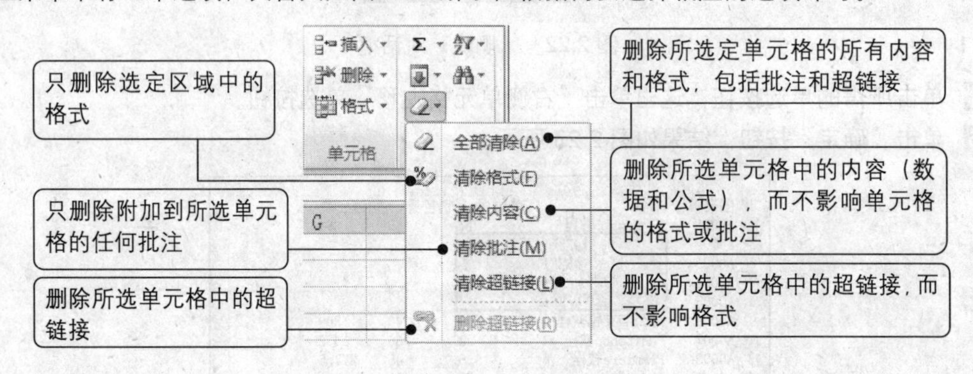

图 2.24　“清除”命令的下拉菜单

实训 6　隐藏行或列

在编辑工作表时，如果发现某些行或列已经不需要修改了，此时可将其隐藏起来，只显示那些要修改的列或行。

用户可以使用“格式”菜单中的命令或者使用鼠标来隐藏列或行。

1. 使用菜单命令隐藏列或行

要使用菜单命令来隐藏列或行，其具体操作步骤如下。

Step 01 选定要隐藏的行或列，例如选定“素材和源文件\素材\cha02\12 月份计算机图书销售情况统计表.xlsx”中的第 8、9 行，如图 2.25 所示。

	A	B	C	D	E	F
1		12月份计算机图书销售情况统计表				
2						
3	图书编号	书名		单价(元)	销售量	销售金额
4	A0001	Windows 7教程		17	50	850
5	A0002	Windows XP教程		18	60	1080
6	A0003	Word教程		19	55	1045
7	A0004	Excel教程		19	56	1064
8	A0005	PowerPoint教程		19	48	912
9	A0006	办公与文秘教程		20	40	800
10	A0007	Photoshop教程		22	66	1452
11	A0008	Premiere教程		19.5	45	877.5
12	A0009	Flash教程		21	60	1260
13	A0010	Fireworks教程		17	50	850
14	A0011	Dreamweaver教程		22	47	1034
15	A0012	Visual Basic教程		22	50	1100
16	A0013	五笔字型教程		13	62	806

Sheet1 Sheet2 Sheet3

图 2.25　选定要隐藏的行

Step 02 单击“开始”选项卡“单元格”组中的“格式”按钮，在出现的下拉菜单中选择“可见性”|“隐藏和取消隐藏”|“隐藏行”选项，这时便隐藏了选定的行，效果如图 2.26 所示。

	A	B	C	D	E	F
1		12月份计算机图书销售情况统计表				
2						
3	图书编号	书名		单价(元)	销售量	销售金额
4	A0001	Windows 7教程		17	50	850
5	A0002	Windows XP教程		18	60	1080
6	A0003	Word教程		19	55	1045
7	A0004	Excel教程		19	56	1064
10	A0007	Photoshop教程		22	66	1452
11	A0008	Premiere教程		19.5	45	877.5
12	A0009	Flash教程		21	60	1260
13	A0010	Fireworks教程		17	50	850
14	A0011	Dreamweaver教程		22	47	1034
15	A0012	Visual Basic教程		22	50	1100

Sheet1 Sheet2 Sheet3

图 2.26　隐藏了选定的行

提 示

若要取消隐藏，单击“开始”选项卡“单元格”组中的“格式”按钮，在出现的下拉列表中选择“可见性”|“隐藏和取消隐藏”|“取消隐藏行”选项即可。

2. 使用鼠标隐藏列或行

要使用鼠标隐藏列或行，其具体操作步骤如下。

Step 01 将鼠标指针指向列标的边界或行号的边界，当鼠标指针变为水平双向箭头或垂直双向箭头时，开始拖动鼠标。

Step 02 要隐藏一列时，从右至左拖动；要隐藏一行时，则从下至上拖动。此时在出现的提示框中会显示相应的列宽和行高值，如图 2.27 所示，当值为 0 时，则说明列或行完全重合了。

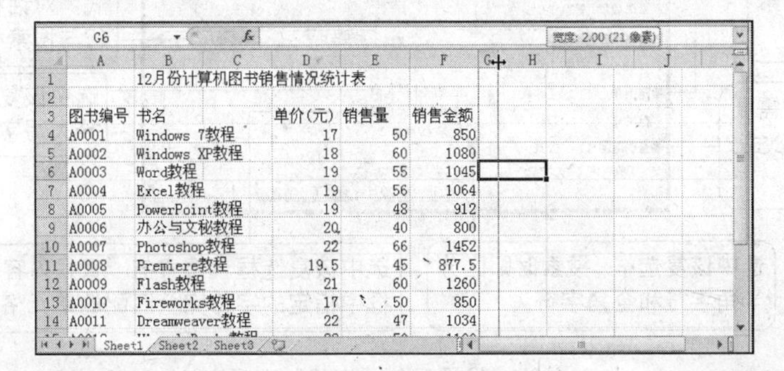

G6　fx　宽度: 2.00 (21 像素)

	A	B	C	D	E	F
1		12月份计算机图书销售情况统计表				
2						
3	图书编号	书名		单价(元)	销售量	销售金额
4	A0001	Windows 7教程		17	50	850
5	A0002	Windows XP教程		18	60	1080
6	A0003	Word教程		19	55	1045
7	A0004	Excel教程		19	56	1064
8	A0005	PowerPoint教程		19	48	912
9	A0006	办公与文秘教程		20	40	800
10	A0007	Photoshop教程		22	66	1452
11	A0008	Premiere教程		19.5	45	877.5
12	A0009	Flash教程		21	60	1260
13	A0010	Fireworks教程		17	50	850
14	A0011	Dreamweaver教程		22	47	1034

Sheet1 Sheet2 Sheet3

图 2.27　从右向左拖动要隐藏的列

提 示

如果要重新显示被隐藏的列，则将鼠标指针移到被隐藏的列相邻的两个列标之间，当鼠标指针变为水平双向箭头时，从左至右拖动鼠标，此时被隐藏的列即会显示出来。

随堂演练　查找和替换

本课堂演练主要练习工作表的编辑操作，包括插入数据、复制、删除单元格以及替换文本等。其操作步骤如下。

Step 01 打开“素材和源文件\素材\cha02\12 月份计算机图书销售情况统计表.xlsx”，并将其另存为一份。该工作表的内容如图 2.28 所示。

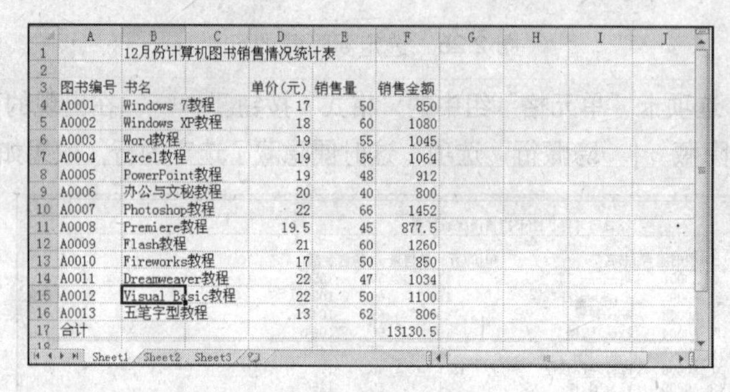

12月份计算机图书销售情况统计表

图书编号	书名	单价(元)	销售量	销售金额
A0001	Windows 7教程	17	50	850
A0002	Windows XP教程	18	60	1080
A0003	Word教程	19	55	1045
A0004	Excel教程	19	56	1064
A0005	PowerPoint教程	19	48	912
A0006	办公与文秘教程	20	40	800
A0007	Photoshop教程	22	66	1452
A0008	Premiere教程	19.5	45	877.5
A0009	Flash教程	21	60	1260
A0010	Fireworks教程	17	50	850
A0011	Dreamweaver教程	22	47	1034
A0012	Visual Basic教程	22	50	1100
A0013	五笔字型教程	13	62	806
合计				13130.5

图 2.28　原始文件

Step 02 单击“开始”选项卡“编辑”组中的“查找和选择”按钮，在弹出的下拉菜单中选择“查找”命令，或按 Ctrl+F 组合键，打开“查找和替换”对话框，如图 2.29 所示。

图 2.29　“查找和替换”对话框

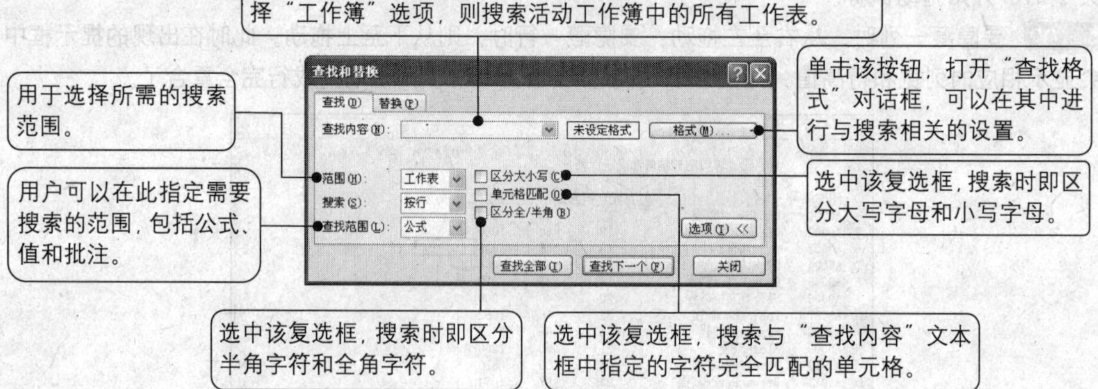

图 2.30　扩展后的“查找”选项卡

Step 03 在“查找内容”文本框中输入要查找的内容，例如“W”，并选中“区分大小写”复选框，单击“查找全部”按钮，如图 2.31 所示。

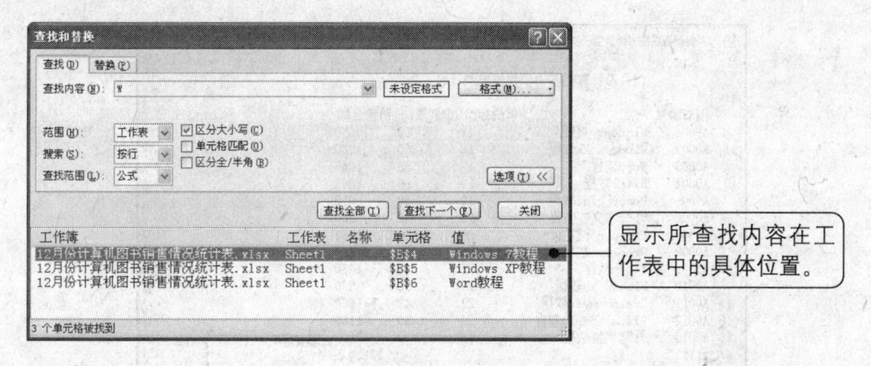

图 2.31　查找结果

Step 04 打开“替换”选项卡，在“查找内容”文本框中输入“A”，在“替换为”文本框中输入“JSJ”，单击“全部替换”按钮，将工作表中符合要求的内容全部替换，如图 2.32 所示。

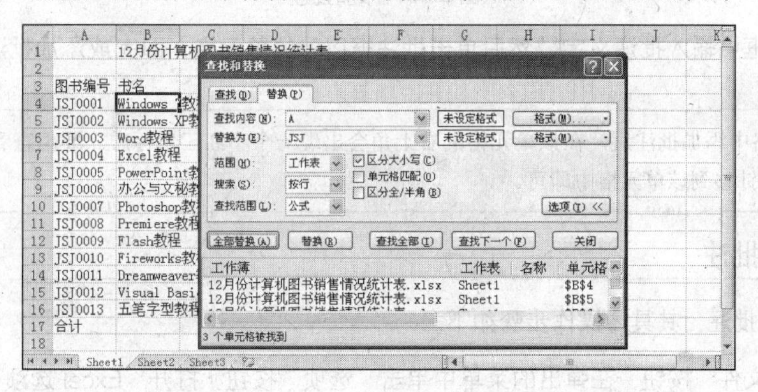

图 2.32　全部替换结果

提 示

用户可以在“查找内容”文本框中输入带通配符的查找内容。通配符“？”代表单个任意字符，而“*”则代表一个或多个任意字符。此外，如果用户要查找前一个符合条件的内容，按住 Shift 键，然后单击“查找下一个”按钮。

任务 2　使用批注

在共享工作簿时，为了使其他用户更方便、快速地了解自己所建立的工作表内容，用户可以给一些复杂的公式或特殊的单元格添加批注。

实训 1　添加批注

如果要给单元格添加批注，其具体操作步骤如下。

Step 01 打开“素材和源文件\素材\cha02\12 月份计算机图书销售情况统计表.xlsx”，并另存为一份。

Step 02 单击要添加批注的单元格，此处选择 F17 单元格。

Step 03 单击“审阅”选项卡“批注”组中的“新建批注”按钮，在单元格旁边会出现一个批注框，如图 2.33 所示。

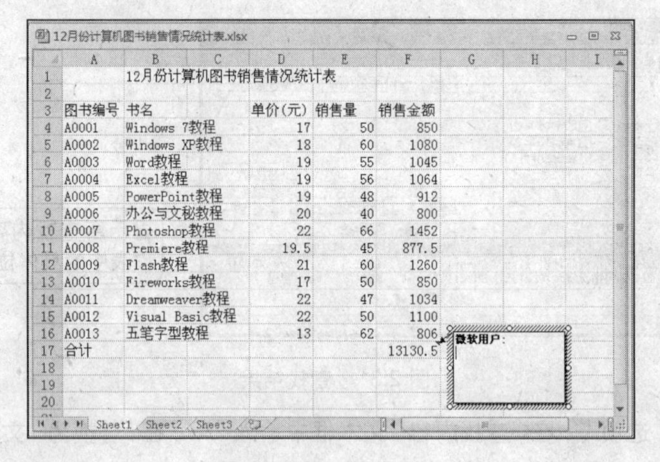

	A	B	C	D	E	F
1		12月份计算机图书销售情况统计表				
2						
3	图书编号	书名		单价(元)	销售量	销售金额
4	A0001	Windows 7教程		17	50	850
5	A0002	Windows XP教程		18	60	1080
6	A0003	Word教程		19	55	1045
7	A0004	Excel教程		19	56	1064
8	A0005	PowerPoint教程		19	48	912
9	A0006	办公与文秘教程		20	40	800
10	A0007	Photoshop教程		22	66	1452
11	A0008	Premiere教程		19.5	45	877.5
12	A0009	Flash教程		21	60	1260
13	A0010	Fireworks教程		17	50	850
14	A0011	Dreamweaver教程		22	47	1034
15	A0012	Visual Basic教程		22	50	1100
16	A0013	五笔字型教程		13	62	806
17	合计					13130.5

图 2.33　添加批注

Step 04 在批注框中输入批注文字，然后单击批注框以外的单元格，即完成添加批注的操作。

提 示

在单元格中添加批注后，在该单元格的右上角会出现一个小红三角标志。要想查看批注的内容，只需将鼠标指针移到该单元格中即可。

实训 2　隐藏批注

如果要隐藏批注，其具体操作步骤如下。

Step 01 单击“文件”按钮，在弹出的菜单中单击“选项”按钮，打开“Excel 选项”对话框，单击“高级”选项，打开“高级”选项卡，如图 2.34 所示。

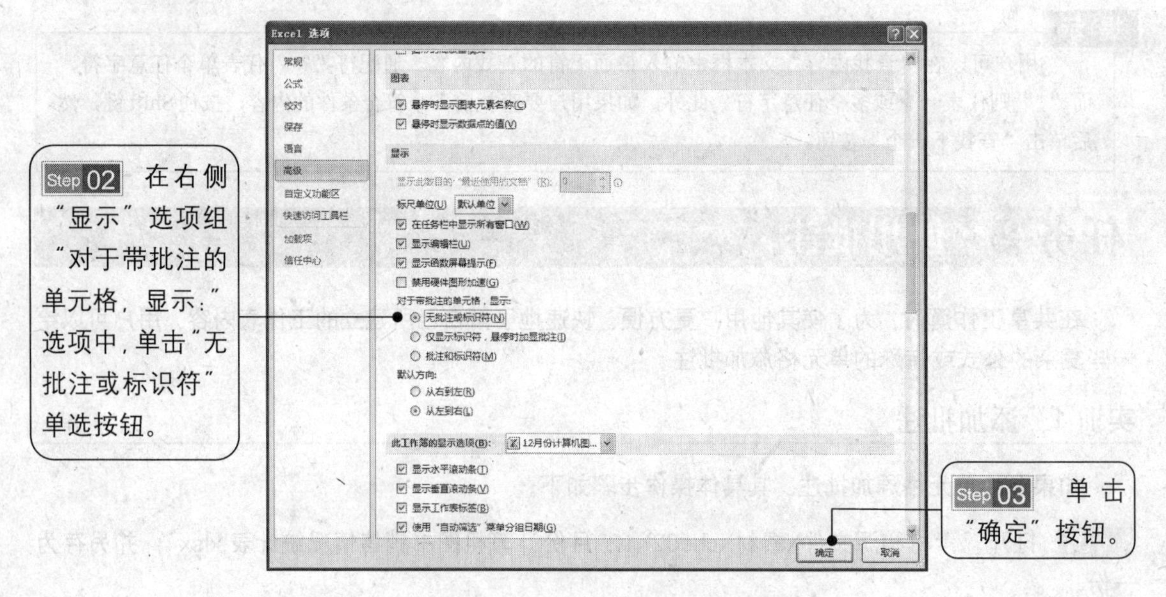

图 2.34　“高级”选项卡

实训 3　设置批注的显示方式或位置

如果用户要设置批注的显示方式或位置，其具体操作步骤如下。

Step 01 右击已设置批注的目标单元格。

Step 02 在弹出的快捷菜单中选择“显示/隐藏批注”命令，显示批注框，如图 2.35 所示。

Step 03 单击批注框的边框，会出现 8 个用来调整大小的圆形句柄。如果拖动这些圆形句柄，可以调整批注框的大小。

Step 04 要对批注文本的字体、颜色等进行设置，右击批注框，在弹出的快捷菜单中选择“设置批注格式”命令，然后在打开的“设置批注格式”对话框中进行相应的设置，如图 2.36 所示。

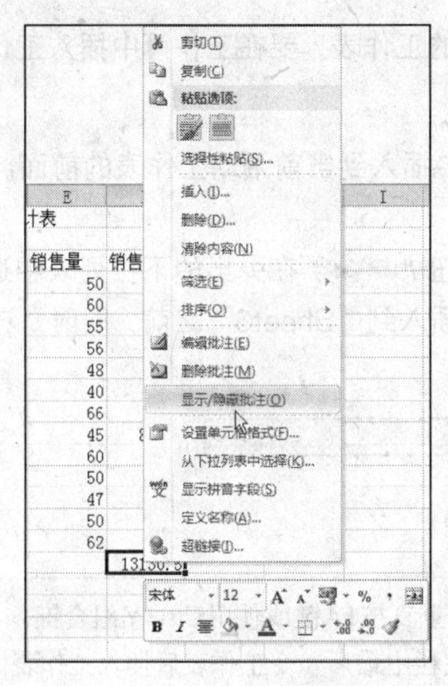

图 2.35　“显示/隐藏批注”命令

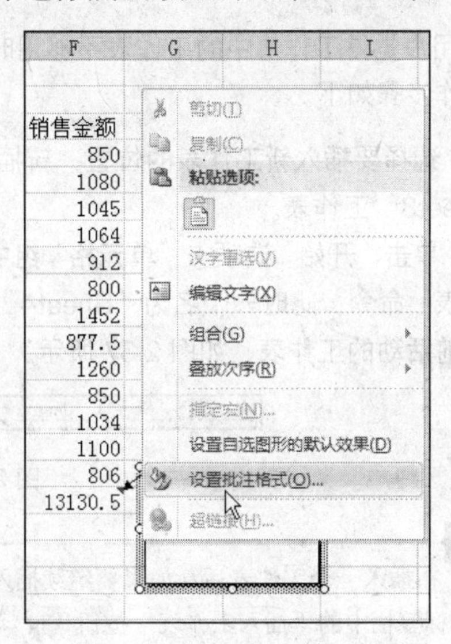

图 2.36　“设置批注格式”命令

Step 05 如果要移动批注框，则将鼠标指针移到该批注框的边框上，当鼠标指针变为✥形时，拖动鼠标即可。

实训 4　编辑和删除批注

1. 编辑批注

要编辑批注，其具体操作步骤如下。

Step 01 右击含有批注的单元格。

Step 02 在弹出的快捷菜单中选择“编辑批注”命令或单击“审阅”选项卡“批注”组中的“编辑批注”按钮。

Step 03 此时即可在显示的批注框中编辑批注。编辑完成后，单击批注框以外的单元格即可。

2. 删除批注

要删除单元格中的批注，其具体操作步骤如下。

Step 01 右击含有批注的单元格。

Step 02 在弹出的快捷菜单中选择“删除批注”命令或单击“审阅”选项卡“批注”组中的“删除”按钮。

任务 3 工作表和工作簿的基础操作

实训 1 更改工作表的数量

在默认的状态下，每个新建的工作簿中含有 3 个工作表，它们分别被命名为"Sheet1"、"Sheet2"、"Sheet3"。在实际的工作过程中，用户可以根据需要来插入或删除工作表，还可以更改默认的工作表数量。

1. 插入工作表

当用户觉得工作簿中的工作表不够用时，可以插入新的工作表。要在工作簿中插入工作表，其具体操作步骤如下。

Step 01 选择要插入新工作表的位置，新插入的工作表将会插入到当前活动工作表的前面。本例选定"Sheet3"工作表。

Step 02 单击"开始"选项卡"单元格"组中的"插入"按钮，在弹出的下拉列表中选择"插入工作表"命令，此时一个名为"Sheet4"的新工作表被插入到"Sheet3"之前，同时，该工作表成为当前活动的工作表，如图 2.37 所示。

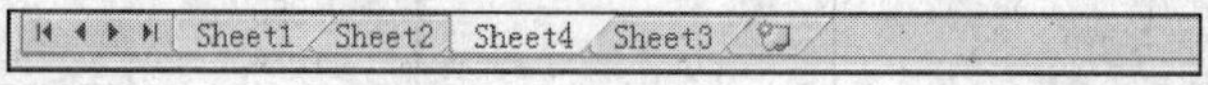

Sheet1 Sheet2 Sheet4 Sheet3

图 2.37 插入工作表

提 示

在插入一个工作表后，如果要继续插入多个工作表，可重复按 F4 键或使用 Ctrl+Y 组合键。单击工作表标签栏中的"插入工作表"按钮，可以在工作表标签栏中最后一个工作表后插入工作表。

2. 删除工作表

如果不再需要某个工作表，可将其删除。要在工作簿中删除工作表，其具体操作步骤如下。

Step 01 单击要删除的工作表标签，使其成为当前工作表。

Step 02 单击"开始"选项卡"单元格"组中的"删除"按钮，在打开的下拉列表中选择"删除工作表"命令。

提 示

在删除一个工作表后，如果还要删除多个工作表，可重复按 F4 键或使用 Ctrl+Y 组合键。此外，在删除了一个工作表之后，例如，删除"Sheet5"工作表，如果再插入一个新的工作表，则该工作表以"Sheet6"命名，其原因是"Sheet5"已被永久删除。

3. 更改默认的工作表数量

默认情况下，一个工作簿内只有 3 个工作表。要更改工作簿中默认的工作表数量，其具体操作步骤如下。

Step 01 单击"文件"按钮，在弹出的菜单中单击"选项"按钮，打开"Excel 选项"对话框，如图 2.38 所示。

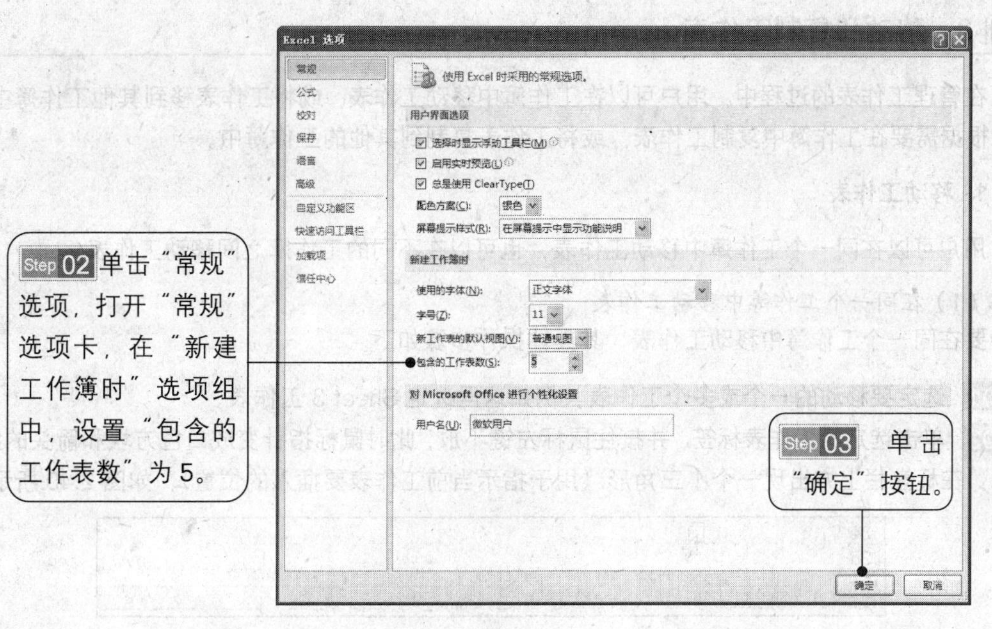

图 2.38 “常规”选项卡

提 示

更改默认的工作表数量后，当用户再次执行“新建”命令建立一个新工作簿时，其默认的工作表个数为 5 个。

实训 2 重命名工作表

在 Excel 2010 中，默认的工作表以“Sheet1”、“Sheet2”、“Sheet3”、……方式命名。在完成对工作表的编辑之后，如果继续沿用默认的名称，则不能直观地表示每个工作表中所包含的内容，不利于用户对工作表进行查找、分类等工作，尤其是当工作簿所包含的工作表数量较多时，这种弊端显得更为突出。因此，用户有必要对工作表重命名，使每个工作表的名称都能具体地表达其内容的含义。为工作表重命名有 3 种方法。

方法 1：双击需要重命名的工作表标签，然后输入新的工作表名称，最后按 Enter 键确定。

方法 2：右击需要重命名的工作表标签，此时将弹出一个快捷菜单，选择“重命名”命令，如图 2.39 所示。输入新的工作表名称，最后按 Enter 键确定。

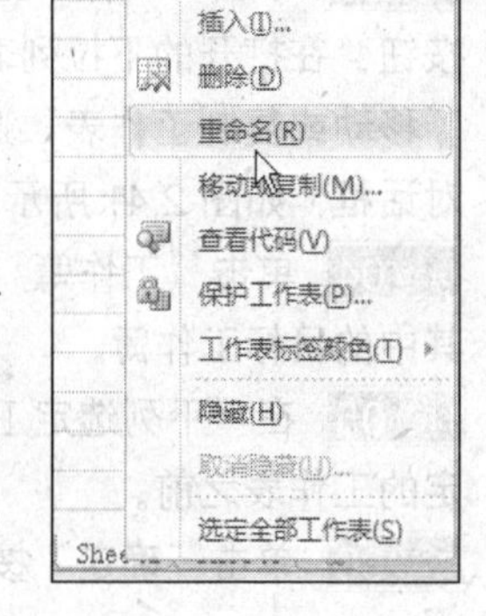

图 2.39 重命名工作表

方法 3：单击“开始”选项卡“单元格”组中的“格式”按钮，在弹出的下拉列表的“组织工作表”选项组中选择“重命名工作表”选项，也可以完成工作表的重命名。

常用的重命名工作表的方法有两种：直接重命名和使用快捷菜单重命名。

知识拓展

用户还可以设置工作表标签颜色，请参见“素材和源文件\知识拓展\第 2 章\设置工作表标签颜色.doc”。

实训 3　移动和复制工作表

在管理工作表的过程中，用户可以在工作簿中移动工作表，或将工作表移到其他工作簿中；也可以根据需要在工作簿中复制工作表，或将工作表复制到其他的工作簿中。

1. 移动工作表

用户可以在同一个工作簿中移动工作表，也可以在不同的工作簿之间移动工作表。

（1）在同一个工作簿中移动工作表

要在同一个工作簿中移动工作表，其具体操作步骤如下。

Step 01　选定要移动的一个或多个工作表，例如这里选定 Sheet 3 工作表。

Step 02　单击选定的工作表标签，并按住鼠标左键不放，此时鼠标指针变成白色方块和箭头的组合。同时，在标签栏上方出现一个小三角形（用于指示当前工作表要插入的位置），如图 2.40 所示。

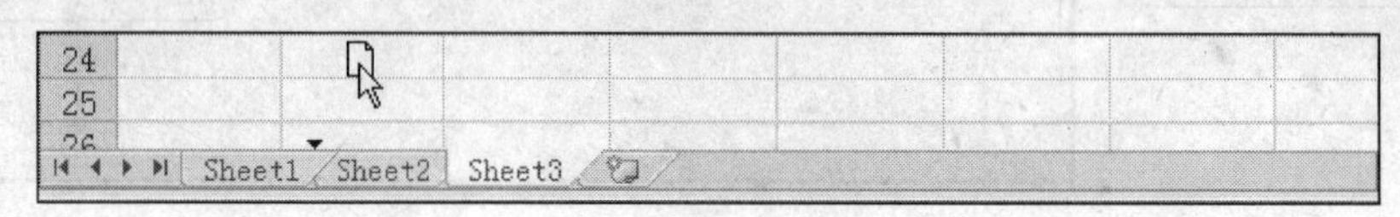

图 2.40　在同一个工作簿中移动工作表

Step 03　沿着工作表标签栏拖动鼠标指针，使小三角形指向目标位置，然后松开鼠标左键，即可将工作表移到指定位置。

（2）在不同的工作簿之间移动工作表

要在不同的工作簿之间移动工作表，其具体操作步骤如下。

Step 01　打开要将工作表移到其中的目标工作簿。

Step 02　切换到包含要移动的工作表的工作簿，然后选定要移动的工作表。

Step 03　单击“开始”选项卡“单元格”组中的“格式”按钮，在打开的下拉列表的“组织工作表”选项组中选择“移动或复制工作表”选项，打开“移动或复制工作表”对话框，如图 2.41 所示。

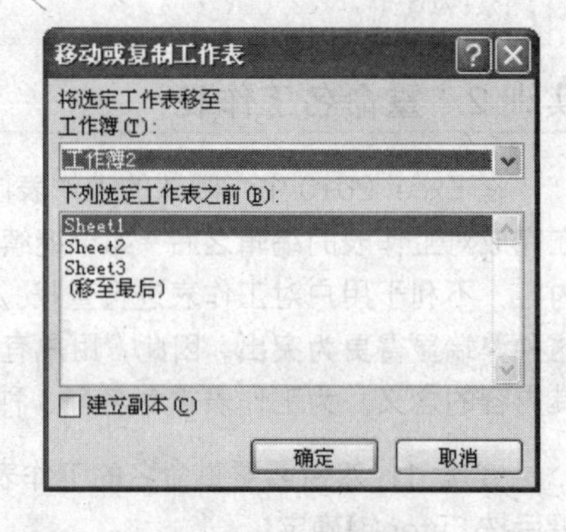

图 2.41　“移动或复制工作表”对话框

Step 04　单击“工作簿”下拉列表框右边的下三角按钮，在打开的下拉列表中选择要将工作表移到其中的目标工作簿。

Step 05　在“下列选定工作表之前”列表框中选择一个工作表，可将所要移动的工作表插到这个指定的工作表之前。

Step 06　单击“确定”按钮，即可执行移动操作。

2. 复制工作表

复制工作表和移动工作表的操作方法很相似，也有两种情况，即在同一个工作簿中复制工作表和在不同的工作簿之间复制工作表。

（1）在同一个工作簿中复制工作表

要在同一个工作簿中复制工作表，其具体操作步骤如下。

Step 01 选定要复制的工作表。

Step 02 在按住 Ctrl 键的同时，单击该工作表标签并按住鼠标左键不放，此时，在标签栏上方出现一个小三角形。

Step 03 沿着工作表标签栏拖动鼠标指针，使小三角形指向目标位置，然后依次松开鼠标左键和 Ctrl 键，即可将工作表复制到指定位置。新复制的工作表将以原工作表名称加上数字作为名称，如图 2.42 所示。

Sheet1 Sheet3 (2) Sheet2 Sheet3

图 2.42 在同一个工作簿中复制工作表

（2）在不同的工作簿之间复制工作表

要在不同的工作簿之间复制工作表，其具体操作步骤如下。

Step 01 打开要将工作表复制到其中的目标工作簿，如新建一个工作簿 1。

Step 02 切换到包含要复制的工作表的工作簿并选定该工作表，本例选择“素材和源文件\素材\cha02\当月饮料销售情况统计表.xlsx”中的“当月饮料销售”工作表。

Step 03 单击“开始”选项卡“单元格”组中的“格式”按钮，在弹出的下拉列表的“组织工作表”选项组中选择“移动或复制工作表”选项，打开“移动或复制工作表”对话框（见图 2.41）。

Step 04 单击“工作簿”下拉列表框右边的下三角按钮，然后在打开的下拉列表中选择要将工作表复制到其中的目标工作簿。本例选择“工作簿 1”。

Step 05 在“下列选定工作表之前”列表框中选择一个工作表，可将所要复制的工作表插到这个指定的工作表之前。本例选择“Sheet3”。

Step 06 选中“建立副本”复选框，表示要执行复制操作。

Step 07 单击“确定”按钮，即可将“当月饮料销售”复制到“工作簿 1”工作簿中，如图 2.43 所示。

工作簿1

	C	D	E	F	G	H
3		当月饮料销售情况统计表				
4						
5	日期：	2010年12月		利润率：	30%	
6						
7	名称	包装单位	单价（元）	销售量	销售额	利润
8	脉动	听	3	230	690	207
9	雪碧	听	2.5	180	450	135
10	美年达	听	2.5	210	525	157.5
11	健力宝	听	2.8	200	560	168
12	红牛	听	6	120	720	216
13	冰红茶	听	2.5	190	475	142.5
14	喜力	瓶	11	260	2860	858
15	啤酒	瓶	2	170	340	102
16	酸奶	瓶	1.2	140	168	50.4
17	矿泉水	瓶	2	260	520	156
18	合计				7308	2192.4

Sheet1 Sheet2 当月饮料销售 Sheet3

图 2.43 在不同的工作簿之间复制工作表

实训 4 隐藏和恢复工作表

如果当前工作簿中的工作表数量较多，用户可以将存有重要数据或暂时不用的工作表隐藏起来，这样不但可以减少屏幕上的工作表数量，而且可以防止工作表中的重要数据因错误操作而丢失。工作表被隐藏以后，如果想对其进行编辑，还可以恢复其显示。

1. 隐藏工作表

要隐藏工作表，其具体操作步骤如下。

Step 01 选定需要隐藏的工作表。

Step 02 单击“开始”选项卡“单元格”组中的“格式”按钮，在出现的下拉列表中选择“可见性”选项组中的“隐藏和取消隐藏”|“隐藏工作表”选项，即可隐藏工作表。

提 示

还可以右击需要隐藏的工作表标签，在弹出的快捷菜单中选择“隐藏”命令。

2. 恢复工作表

要恢复显示被隐藏的工作表，其具体操作步骤如下。

Step 01 单击“开始”选项卡“单元格”组中的“格式”按钮，在出现的下拉列表中选择“可见性”选项中的“隐藏和取消隐藏”|“取消隐藏工作表”命令，打开“取消隐藏”对话框，如图 2.44 所示。

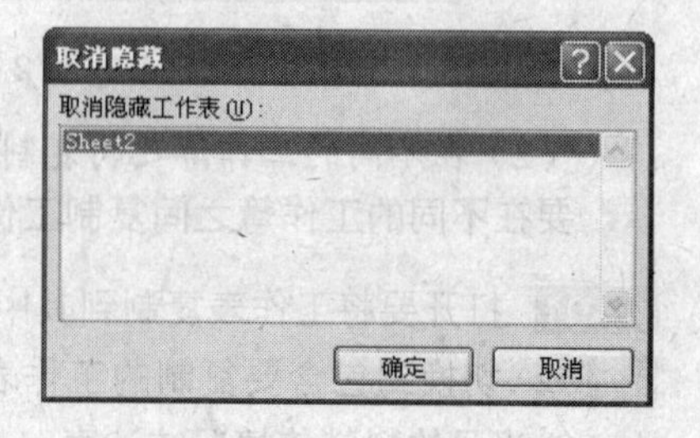

图 2.44 “取消隐藏”对话框

Step 02 在“取消隐藏工作表”列表框中选择要恢复显示的工作表。

Step 03 单击“确定”按钮。

提 示

还可以右击任意工作表标签，在弹出的快捷菜单中选择“取消隐藏”命令，打开“取消隐藏”对话框（见图 2.44）。

实训 5 拆分和冻结工作表窗口

在浏览工作表时，用户还可以将工作表窗口拆分为多个窗格，通过多个区域查看数据。在工作表中如果想始终看见某些标题，可以将窗口冻结，便于用户查看数据。

1. 拆分工作表窗口

在工作表窗口中，如果要独立地显示并滚动工作表中的不同部分，可以将工作表按照水平或垂直方向进行拆分，成为相互独立的窗格。窗格是同时查看工作表不同区域的一种方法。将工作表拆分成多个窗格后，即可同时查看工作表的不同部分。

要将工作表拆分成多个窗格，拖动拆分框（拆分框是位于垂直滚动条上边和水平滚动条右边的矩形框，当鼠标指针定位在拆分框上时，鼠标指针变成÷或⫲双向箭头，这时可拖动拆分框），即可按水平方向或垂直方向拆分窗口，如图 2.45 所示为水平拆分。

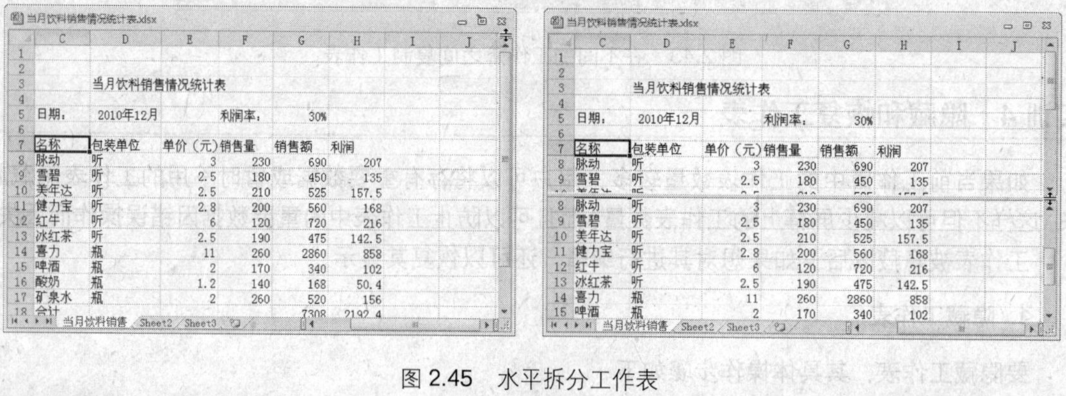

图 2.45 水平拆分工作表

当工作表被拆分成几个窗格后，工作表中会出现分割条，用户可以通过拖动分割条来调整窗格的大小。此时如果拖动水平滚动条和垂直滚动条，则可浏览工作表中的不同区域。

如果要取消拆分窗格，则可单击“视图”选项卡“窗口”组中的“拆分”按钮 拆分 。

提 示

如果想同时进行水平和垂直方向拆分，可以单击“视图”选项卡“窗口”组中的“拆分”按钮。

2. 冻结工作表窗口

把窗口分割为窗格后，为了在滚动工作表时保持行、列或其他数据可见，可以单击“视图”选项卡“窗口”组中的“冻结窗格”按钮，来冻结窗格中的行或列，如图 2.46 所示。

当月饮料销售情况统计表.xlsx

	C	D	E	F	G	H
1						
2						
3		当月饮料销售情况统计表				
4						
5	日期：	2010年12月		利润率：	30%	
6						
7	名称	包装单位	单价（元）	销售量	销售额	利润
8	脉动	听	3	230	690	207
9	雪碧	听	2.5	180	450	135
10	美年达	听	2.5	210	525	157.5
11	健力宝	听	2.8	200	560	168
12	红牛	听	6	120	720	216
13	冰红茶	听	2.5	190	475	142.5
14	喜力	瓶	11	260	2860	858
15	啤酒	瓶	2	170	340	102
16	酸奶	瓶	1.2	140	168	50.4
17	矿泉水	瓶	2	260	520	156
18	合计				7308	2192.4

当月饮料销售 / Sheet2 / Sheet3

图 2.46 冻结工作表

如果按垂直方式分割窗口，选中一列，单击“视图”选项卡“窗口”组中的“冻结窗格”按钮，在弹出的下拉列表中选择“冻结拆分窗格”选项，将冻结该列左边窗格中的各列，当整个工作表滚动时，左边窗格中的列不会跟着滚动；如果按水平方式分割窗口，则选中一行，再单击“视图”选项卡“窗口”组中的“冻结窗格”按钮，在打开的下拉列表中选择“冻结拆分窗格”选项。

如果要取消窗口冻结，只需单击“视图”选项卡“窗口”组中的“冻结窗格”按钮，在打开的下拉列表中选择“取消冻结窗格”选项即可。

实训 6 设置和保护工作簿

在 Excel 中，可同时显示多个工作簿或在同一工作簿中显示多个工作表，每个被打开的工作簿或工作表都对应一个窗口，并且窗口的大小可以根据需要进行调整。

1. 同时显示多个工作簿

如果想同时了解多个工作簿中的数据，可将多个工作簿同时显示在屏幕上，只要单击“视图”选项卡“窗口”组中的“全部重排”按钮 全部重排 ，然后在出现的对话框中选择一种排列方式即可，如图 2.47 所示。如果想重新排列，可以单击“视图”选项卡“窗口”组中的“全部重排”按钮，在打开的“重排窗口”对话框中选择一种排列方式，如图 2.48 所示。

2. 同时显示多个工作表

除了可同时显示多个工作簿外，在 Excel 中还可以同时显示同一个工作簿中的多个工作表。其具体操作步骤如下。

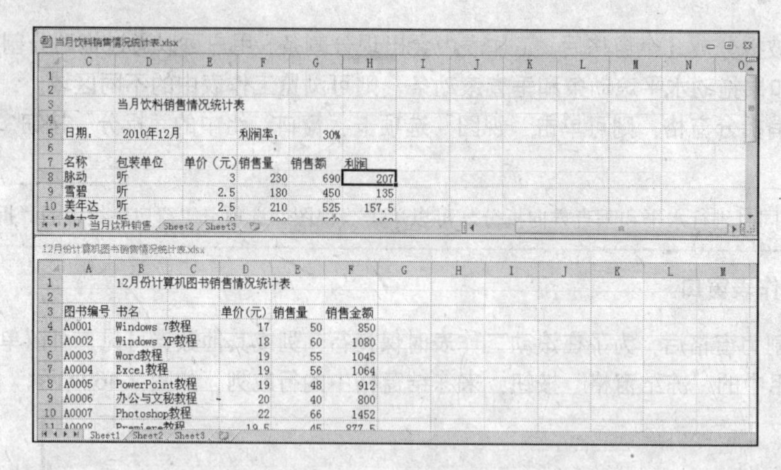

图 2.47　水平并排查看文档

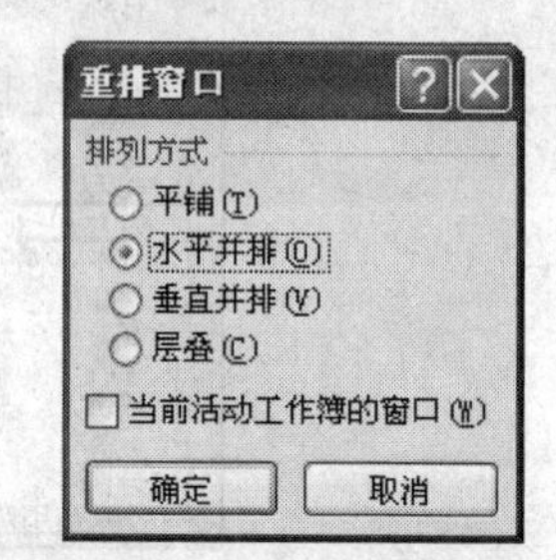

图 2.48　“重排窗口”对话框

Step 01　打开要同时显示多个工作表的工作簿。

Step 02　单击“视图”选项卡“窗口”组中的“新建窗口”按钮，此时会建立一个当前工作簿的新窗口，其内容与原工作簿窗口一致，只是窗口的名称发生了变化，假设原来窗口的名称为“12 月份计算机图书销售情况统计表.xlsx:1”，则新建的窗口名称为“12 月份计算机图书销售情况统计表.xlsx:2”。如要新建多个窗口，只需重复单击“视图”选项卡“窗口”组中的“新建窗口”按钮即可。

Step 03　单击“视图”选项卡“窗口”组中的“全部重排”按钮，打开“重排窗口”对话框（见图 2.48）。

Step 04　在“排列方式”选项组中选择相应的选项，这里单击“平铺”单选按钮。

Step 05　单击“确定”按钮，多个工作表则会以平铺的方式同时显示在屏幕中，此时只需单击活动窗口底部的工作表标签，使一个窗口显示一个工作表，而另一个窗口显示另一个工作表，如图 2.49 所示。

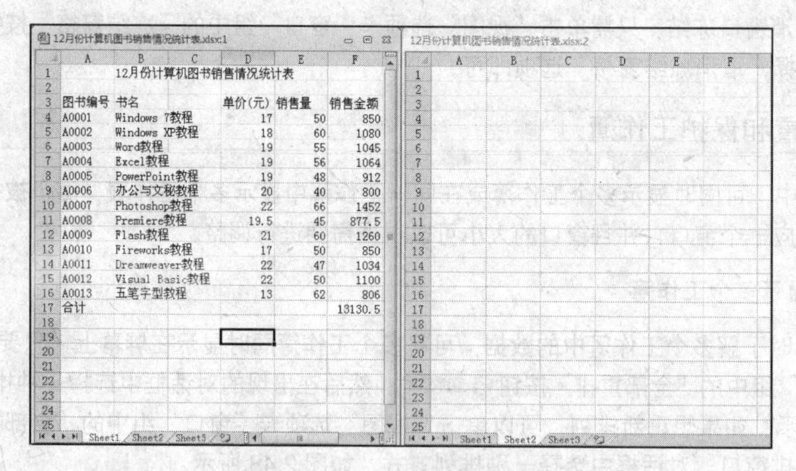

图 2.49　同时显示多个工作表

3. 保护工作表和工作簿

在完成工作表的编辑后，如果用户不希望自己制作的表格被其他用户修改，则可以设置密码将工作表保护起来（即使该工作表为只读属性）。

除了设置密码保护工作表以外，用户也可以以其他方式来保护工作簿，如设置工作簿为只读属性、设置工作簿的修改权限或设置以密码打开工作簿等。

（1）保护工作表

要设置以密码方式保护工作表，其具体操作步骤如下。

Step 01 选定要保护的工作表。

Step 02 单击“审阅”选项卡“更改”组中的“保护工作表”按钮或右击工作表标签栏中的任意工作表，在弹出的快捷菜单中选择“保护工作表”命令，打开“保护工作表”对话框，如图 2.50 所示。

Step 03 在“取消工作表保护时使用的密码”文本框中输入密码。

Step 04 单击“确定”按钮，打开“确认密码”对话框，如图 2.51 所示。

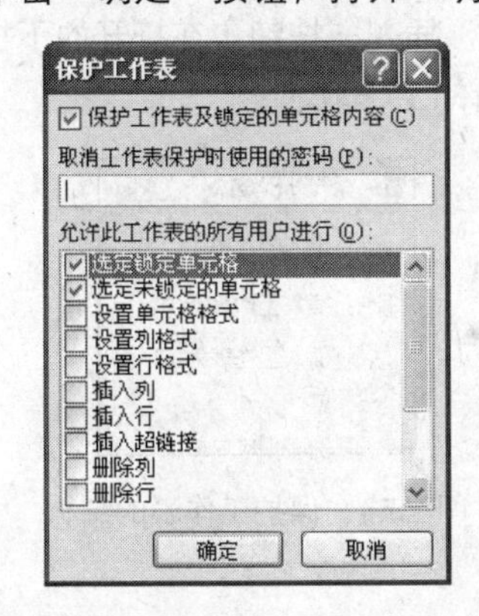

图 2.50　“保护工作表”对话框

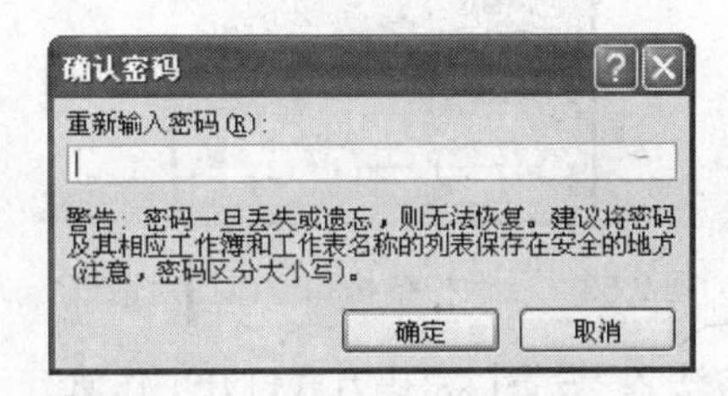

图 2.51　“确认密码”对话框

Step 05 在“重新输入密码”文本框中再次输入同一密码，然后单击“确定”按钮。

Step 06 关闭并保存这个工作簿。

提 示

输入的密码用于防止非授权用户删除工作表保护。密码可以区分大小写，最长可达 255 个字符，可以包含字母、数字及符号的任意组合。

如果要撤销对工作表的保护，其具体操作步骤如下。

Step 01 打开要撤销工作表保护的工作簿。

Step 02 单击“审阅”选项卡“更改”组中的“撤销工作表保护”按钮或右击工作表标签栏中的任意工作表，在弹出的快捷菜单中选择“撤销工作表保护”命令，打开“撤销工作表保护”对话框，如图 2.52 所示。

图 2.52　“撤销工作表保护”对话框

Step 03 在“密码”文本框中输入建立保护工作表时所设置的密码后单击“确定”按钮。

（2）保护工作簿

用户可以从设置工作簿的修改权限、设置以密码打开工作簿等方面来保护工作簿。

方法 1：保护工作簿的结构和窗口。

通过对整个工作簿的改动进行限制，可以防止他人添加、删除工作簿中的工作表或者查看其中隐藏的工作表，同时还能防止他人改变工作簿窗口的大小和位置，其具体操作步骤如下。

Step 01 单击“审阅”选项卡“更改”组中的“保护工作簿”按钮，打开“保护结构和窗口”对话框，如图 2.53 所示。

Step 02 如果选中“结构”复选框，则可以保护工作簿的结构，禁止对工作表的删除、移动、隐藏/取消隐藏、重命名的操作，而且不能插入新的工作表；如果选中“窗口”复选框，则保护工作簿的窗口不被移动、缩放、隐藏/取消隐藏或关闭。这里选中“结构”复选框。

Step 03 为防止他人取消工作簿保护，可以在“密码”文本框中输入密码，为工作簿设置密码保护。

Step 04 单击“确定”按钮，打开“确认密码”对话框，在出现的“重新输入密码”文本框中再次输入同一密码。

Step 05 单击“确定”按钮即可。

这时可以发现，单击“开始”选项卡“单元格”组中的“插入”按钮，在打开的下拉列表中，“插入工作表”命令无效（如图 2.54 所示），即无法插入新的工作表了。

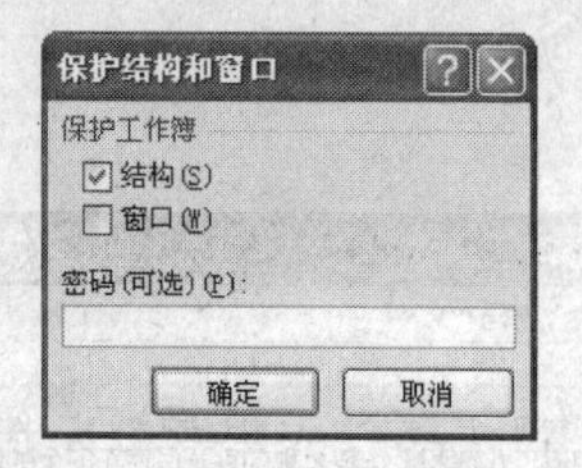

图 2.53 “保护结构和窗口”对话框

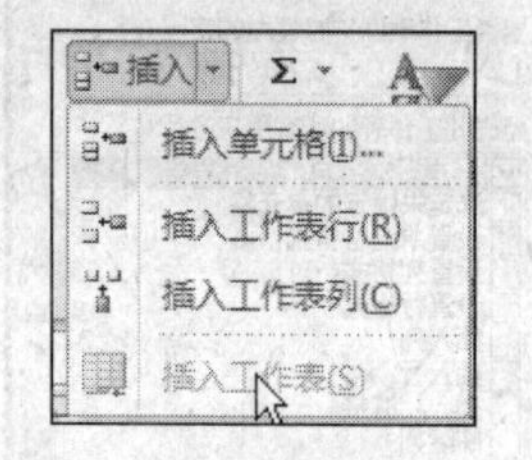

图 2.54 保护工作表的结构

方法 2：设置以密码方式打开工作簿。

如果不希望其他用户轻易地打开某工作簿，可以设置以密码方式打开该工作簿，其具体操作步骤如下。

Step 01 打开需要设置打开密码的工作簿。

Step 02 单击“文件”按钮，在弹出的菜单中选择“另存为”命令，打开“另存为”对话框，如图 2.55 所示。

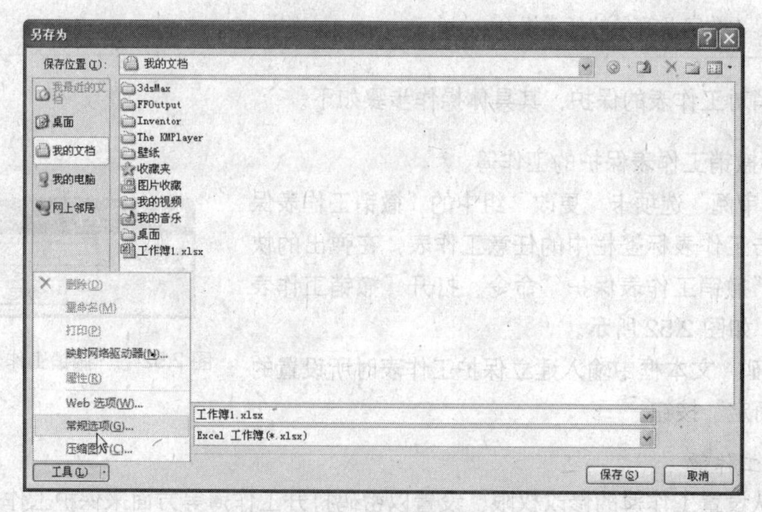

图 2.55 “另存为”对话框

Step 03 单击“工具”按钮，在弹出的下拉列表中选择“常规选项”命令，打开“常规选项”对话框，如图 2.56 所示。

Step 04 在"打开权限密码"文本框中输入用以打开该工作簿的密码。

Step 05 单击"确定"按钮，打开"确认密码"对话框，在出现的"重新输入密码"文本框中再次输入同一密码。

Step 06 单击"确定"按钮，返回"另存为"对话框中。

Step 07 在"文件名"文本框中输入工作簿的名称。

Step 08 单击"保存"按钮，然后关闭该工作簿。

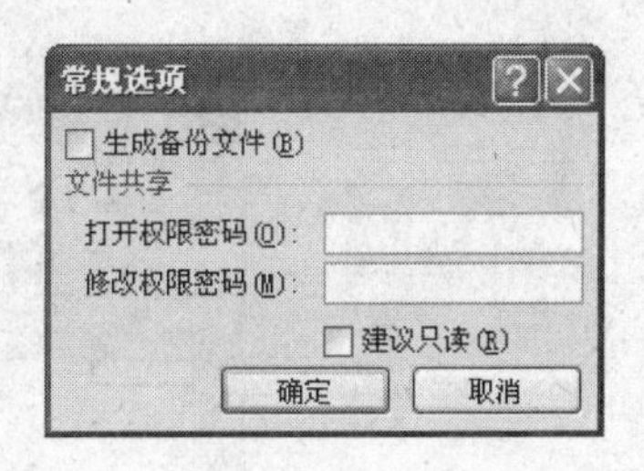

图 2.56 "常规选项"对话框

当以后有人想打开此工作簿时，系统会弹出"密码"对话框，要求用户输入密码。只有输入了正确的密码之后，才能打开该工作簿。

提 示

如果用户要设置工作簿的修改权限密码，可在"常规选项"对话框的"修改权限密码"文本框中输入密码，然后再进行相应的操作。

技巧案例 单元格里的文字换行

如果在单元格里面输入文本过多，Excel 会因为单元格的宽度不够而无法在工作表上显示多出的部分。如果该单元格的右侧是空单元格，Excel 会继续显示该文本的其他内容直到全部内容都被显示出或者遇到一个非空单元格而不再显示。而很多时候用户因为受到工作表布局的限制而无法加宽长文本单元格到足够的宽度，但又希望能够完整地显示出所有文本内容，其具体操作方法如下。

Step 01 选定长文本单元格，按 Ctrl+1 组合键打开"设置单元格格式"对话框。

Step 02 在"设置单元格格式"对话框的"对齐"选项卡中选择"自动换行"复选框，单击"确定"按钮，如图 2.57 所示。

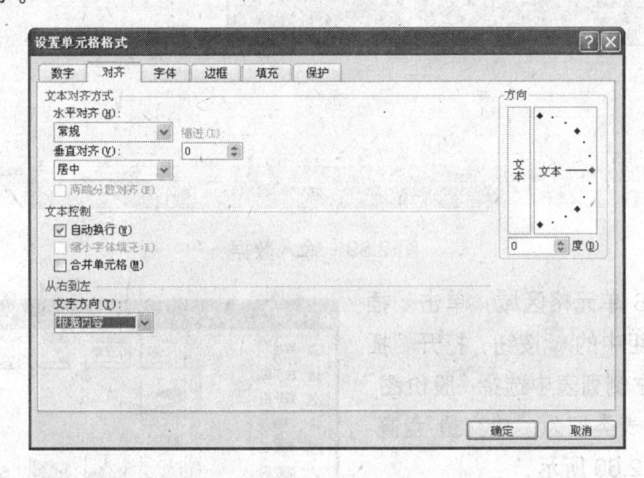

图 2.57 自动换行

Step 03 如果要自定义换行，可以在编辑栏中把光标依次定位在需要换行的文本后面，按 Alt+Enter 组合键，强制单元格中的内容按指定的方式换行。

综合案例 绘制 K 线图

Step 01 启动 Excel 2010，新建一个工作簿，并为工作表命名为"绘制 K 线图"，如图 2.58 所示。

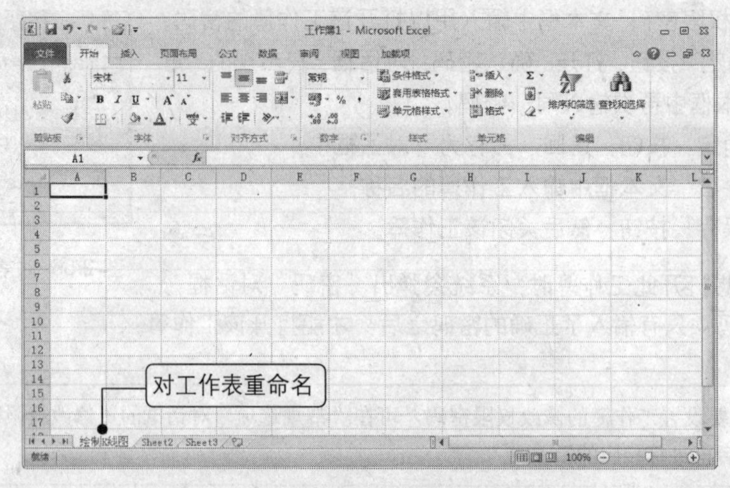

图 2.58　重命名工作表

Step 02　首先创建如图 2.59 所示的表格，在表格 A2：F6 区域中按日期、成交量、最高价、最低价、收盘价的顺序输入数据。

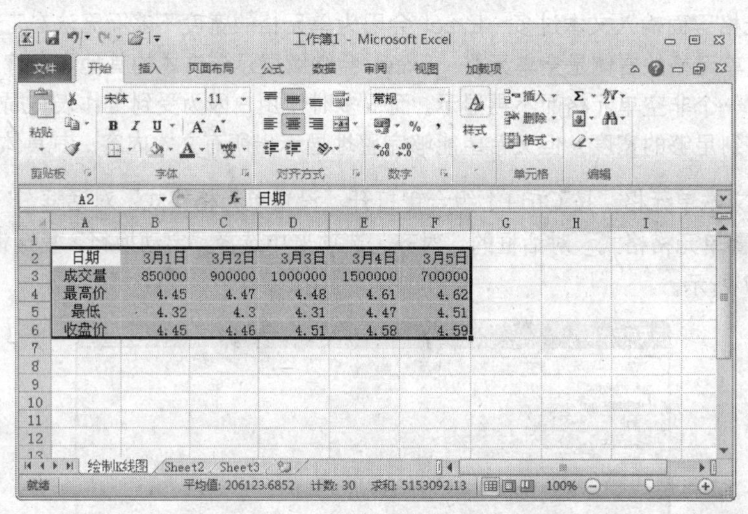

图 2.59　输入数据

Step 03　选中 A2：F6 单元格区域，单击“插入”选项卡“图表”组中的按钮，打开“插入图表”对话框。在左侧列表中选择“股价图”选项，在右侧选择图表类型为“成交量-盘高-盘低-收盘图”，如图 2.60 所示。

Step 04　单击“确定”按钮，插入图表。用鼠标拖动图表调整其位置，如图 2.61 所示。将文件保存。

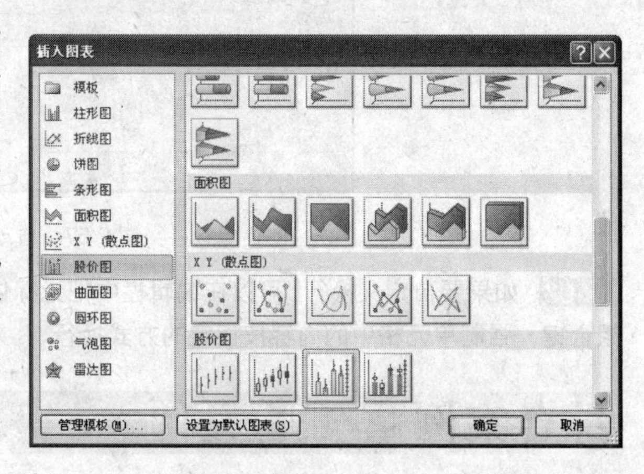

图 2.60　“插入图表”对话框

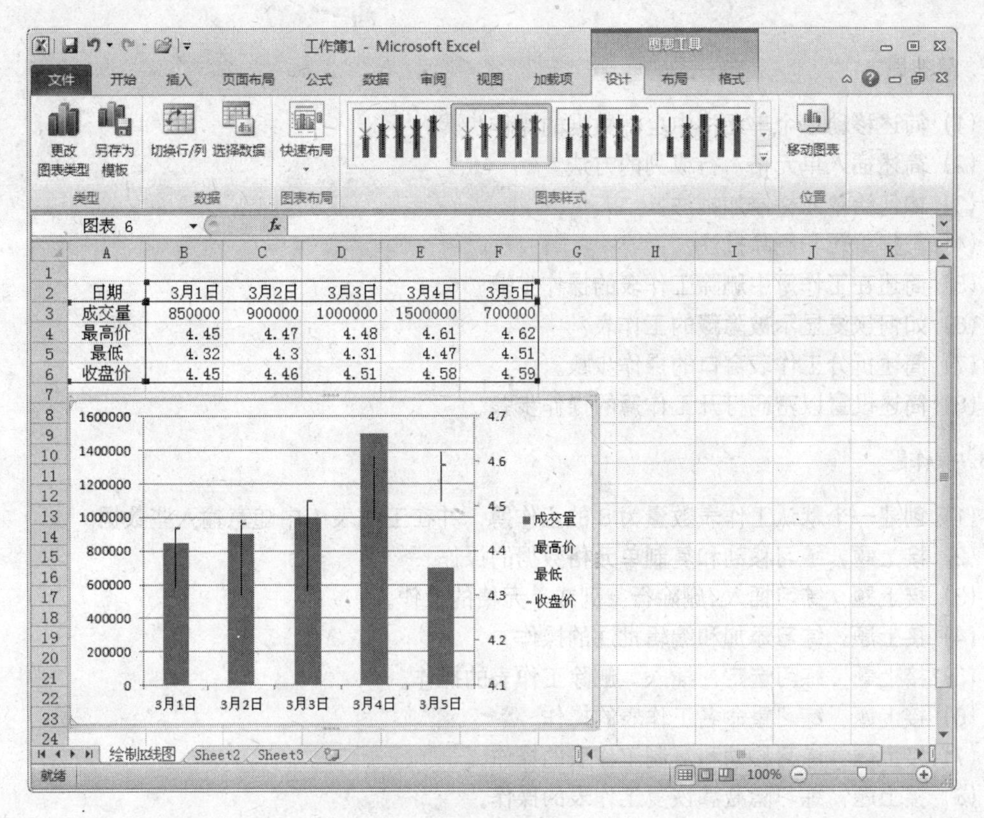

图 2.61　最终效果

课后习题与上机操作

1. 选择题

（1）单击一个单元格后，再按________键可进入单元格编辑状态。

A．F1　　B．F2　　C．F4　　D．F8

（2）在 Excel 工作表中，C3 单元格中的内容为“=16”，将 C3 单元格的内容复制到 D4 单元格中，D4 单元格中的数值为________。

A．15　　B．16　　C．17　　D．18

（3）打开“查找和替换”对话框的快捷键为________。

A．Ctrl+Z　　B．Ctrl+F　　C．Ctrl+G　　D．Ctrl+C

（4）在使用键盘选定工作表时，如果要选定当前工作表后的一个工作表，则应按________组合键。

A．Ctrl+PageDown　　B．Ctrl+PageUp　　C．Ctrl+Home　　D．Ctrl+End

（5）在工作簿中插入一个工作表后，如果要继续插入多个工作表，可使用快捷键________。

A．Ctrl+Z　　B．Ctrl+F　　C．Ctrl+C　　D．Ctrl+Y

2. 简答题

（1）简述移动单个单元格中全部数据的操作步骤。
（2）简述插入单元格、行或列的方法。
（3）如何给单元格添加批注？
（4）怎样编辑和删除批注？
（5）简述在工作簿中删除工作表的操作步骤。
（6）如何恢复显示被隐藏的工作表？
（7）简述拆分工作表窗口的操作步骤。
（8）简述设置以密码打开工作簿的操作步骤。

3. 操作题

（1）创建一个默认工作表数量为 8 的工作簿，并在工作表 1 中随意输入些数据。
（2）接上题，练习移动和复制单元格数据的操作。
（3）接上题，练习插入/删除行、列或单元格的操作。
（4）接上题，练习添加和编辑批注的操作。
（5）接上题，练习选定、插入、删除工作表的操作。
（6）接上题，练习重命名工作表的操作。
（7）接上题，练习移动和复制工作表的操作。
（8）接上题，练习隐藏和恢复工作表的操作。
（9）接上题，练习拆分和冻结工作表的操作。
（10）接上题，练习保护工作表和工作簿的操作。

项目3

设置单元格

项目导读

本章介绍设置单元格的行高、列宽和对齐方式、样式及特殊效果的使用，使读者掌握对于单元格的基本设置及为表格、工作表设置样式和效果。

知识要点

- ✪ 设置单元格数据格式
- ✪ 设置行高和列宽
- ✪ 设置数据的对齐方式
- ✪ 使用样式
- ✪ 自动套用格式
- ✪ 设置工作表的特殊效果
- ✪ 合并相邻的单元格

任务1 单元格的基本操作

实训1 单元格的基本设置

单元格中的数据包括文本、数字、日期和时间等各种类型的数据。对于不同的数据，可以进行不同的设置，以达到某种特定的应用效果。

1. 设置文本格式

增强工作表的外观效果最基本的方法是设置文本格式。用户可以设置文本的字体、字号、字形和颜色等格式，以增强文本的表现力。

（1）设置文本的字体

默认状态下，Excel 将中英文字体设置为“宋体”，如果要设置文本的字体，其具体操作步骤如下。

Step 01 选定要设置字体的文本。

Step 02 单击“开始”选项卡“字体”组中“字体”列表框右侧的下三角按钮，打开“字体”下拉列表，如图 3.1 所示。

Step 03 该下拉列表中包含了各种中文和西文字体，从中选择所需的字体即可。

（2）设置文本的字号

默认状态下，Excel 将文本的字号设置为 11。如果要设置文本的字号，其具体操作步骤如下。

Step 01 选定要设置字号的单元格或单元格区域。

Step 02 单击“开始”选项卡“字体”组中“字号”列表框右侧的下三角按钮，打开“字号”下拉列表，如图 3.2 所示。

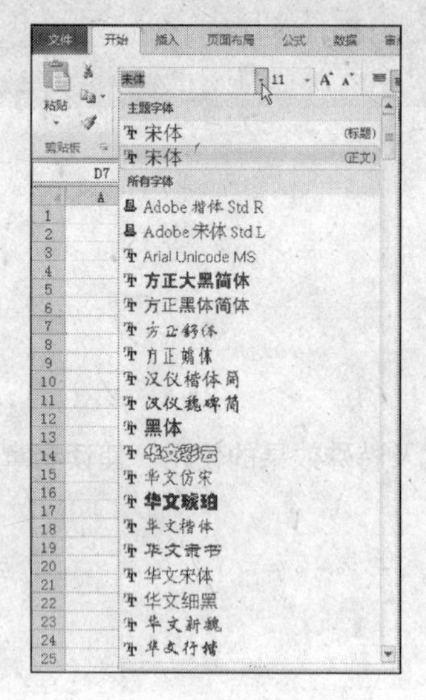

图 3.1 “字体”下拉列表

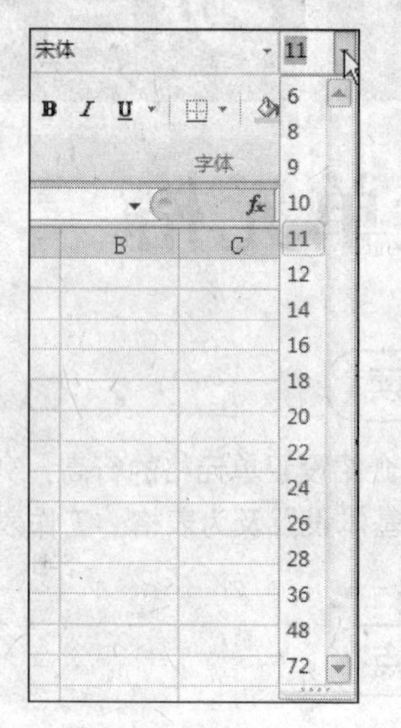

图 3.2 “字号”下拉列表

Step 03 从该下拉列表中选择所需的字号。

提 示

如果在“字号”下拉列表中没有所需的字号，则在“字号”列表框中单击，然后直接输入所需的字号，这样也可进行设置。

（3）设置文本的字形

在“字体”组中，有 3 个用来设置文本字形的按钮：“加粗”按钮 **B**、“倾斜”按钮 *I* 和“下划线”按钮 U。这 3 个按钮可以单独使用，也可以组合使用。它们的使用方法相同。下面就以使用“加粗”按钮 **B** 设置文本字形为例，来介绍其使用方法。

要使文本的字形变为加粗，其具体操作步骤如下。

Step 01 打开“素材和源文件\素材\cha03\统计表.xlsx”，选定需要设置字形的文本，例如本例选择“第一季度”、“第二季度”、“第三季度”和“第四季度”。

Step 02 单击“开始”选项卡“字体”组中的“加粗”按钮，最后的效果如图 3.3 所示。

统计表.xlsx

	A	B	C	D	E
3			统计表		
6		**第一季度**	**第二季度**	**第三季度**	**第四季度**
7	华东	36567	162590	365982	620286
8	华南	56656	302510	568320	986501
9	华北	56450	386426	602150	682658
10	华西	30106	120652	398672	468620

Sheet1 Sheet2 Sheet3

图 3.3 设置文本为加粗效果

提 示

如果要取消设置，则需先选定已设置字形的文本，然后再次单击相应的按钮。例如，如果要取消这四个季度的加粗效果，只需先将其选定，然后再次单击“加粗”按钮即可。

（4）设置文本的颜色

默认状态下，Excel 将文本的颜色设置为黑色。如果要设置文本的颜色，其具体操作步骤如下。

Step 01 选定需要设置颜色的文本。

Step 02 单击“开始”选项卡“字体”组中“字体颜色”按钮 右边的下三角按钮，弹出“字体颜色”调色板，如图 3.4 所示。

Step 03 在该调色板中选择所需的颜色。

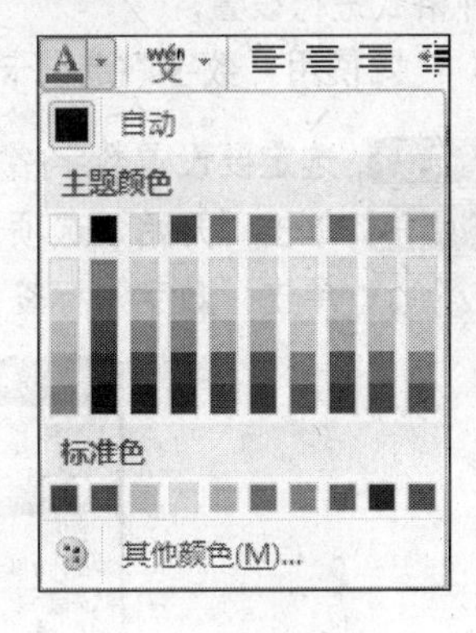

图 3.4 “字体颜色”调色板

提 示

如果要将文本设置为系统默认的颜色，则单击“字体颜色”调色板顶部的“自动”按钮即可。

（5）使用“字体”选项卡设置文本格式

通常，使用“字体”组中的命令来设置文本的格式就已经足够了，但有时需要应用一些特殊的效果，如添加删除线、上标、下标或添加不同类型的下划线等。这时，可以在“设置单元格格式”对话框中的“字体”选项卡中来对此进行设置。其具体操作步骤如下。

Step 01 选定要进行格式设置的文本。

Step 02 单击“开始”选项卡“字体”组中的 按钮，打开“设置单元格格式”对话框。

Step 03 单击“字体”标签，打开“字体”选项卡，如图 3.5 所示。

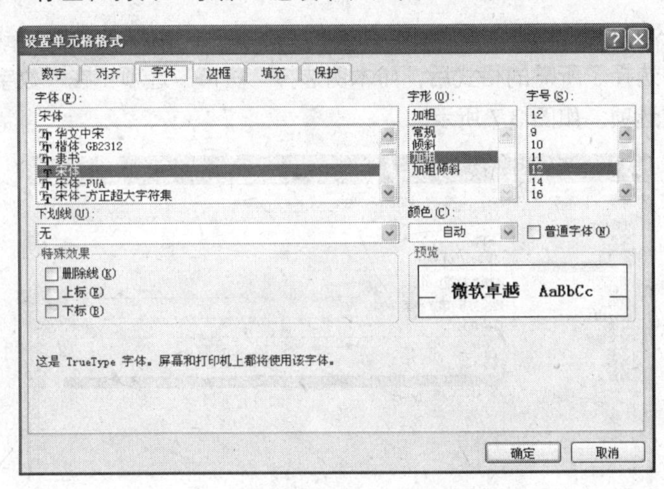

图 3.5 “字体”选项卡

Step 04 单击“下划线”列表框右边的下三角按钮，可以在打开的下拉列表中选择所需的下划线类型；在“特殊效果”选项组中，如果选中“删除线”复选框，则会在选定的文本中间划上一条线；如果选中“上标”复选框，则会将选定的文本设置为上标；如果选中“下标”复选框，则会将选定的文本设置为下标。

Step 05 完成设置后，单击“确定”按钮。

2. 设置数字格式

在 Excel 中，可以通过设置数字格式改变单元格中数字的外观。数字格式只改变数字在单元格中的显示，而不会改变该数字在编辑栏中的显示。用户通过使用“数字”选项卡，可以对数字的多种格式进行设置。

要使用“数字”选项卡设置数字的格式，其具体操作步骤如下。

Step 01 选定要设置数字格式的单元格或区域。

Step 02 单击“开始”选项卡“数字”组中的按钮，打开“设置单元格格式”对话框。

Step 03 单击“数字”标签，打开“数字”选项卡，如图 3.6 所示。

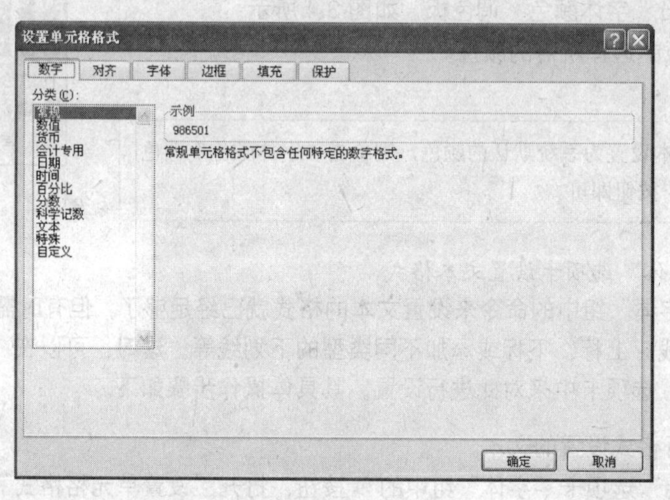

图 3.6 “数字”选项卡

Step 04 在“分类”列表框中，列出了 Excel 所有的数字格式，默认的数字格式为“常规”类型。当用户在该列表框中选择了所需的格式后，如本例选择“货币”选项，在“数字”选项卡右侧会出现该格式相应的设置选项，如图 3.7 所示。

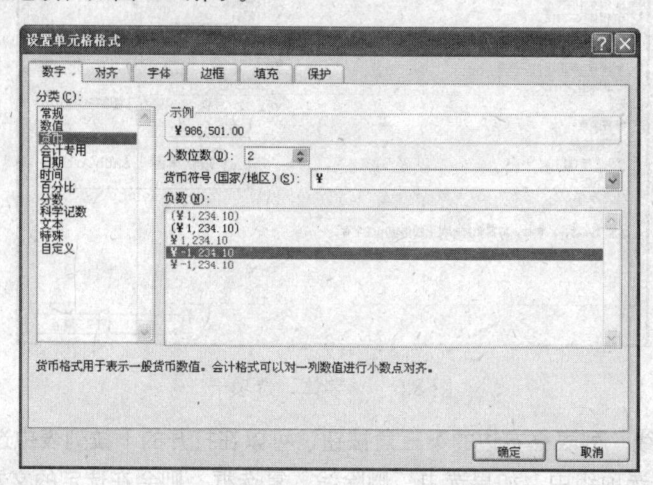

图 3.7 设置数字格式

Step 05 完成设置后，单击“确定”按钮。

为了使用户更好地理解“分类”列表框中的数字格式，表 3.1 列出了它们的功能说明。

表3.1 Excel的数字格式分类

分类	说明
常规	不包含任何特定的数字格式
数值	用于一般数字的表示
货币	用于表示一般货币数值
会计专用	可使一列数值以货币符号和小数点对齐
日期	把日期和时间序列数值显示为日期值
时间	把日期和时间序列数值显示为时间值
百分比	以百分数形式显示单元格的值
分数	用分数显示数值中的小数，还可以设置分母的位数
科学记数	用科学记数法显示数字，还可以设置小数点的位置
文本	将单元格中的字符作为文本处理
特殊	可用于跟踪列表及数据库的值
自定义	以现有格式为基础，创建自定义的数字格式

3. 设置日期和时间格式

Excel 提供了许多内置的日期和时间格式，用户可以根据需要来设置日期和时间的显示方式。

（1）设置日期格式

要设置日期格式，其具体操作步骤如下。

Step 01 选定需要设置日期格式的单元格或单元格区域。

Step 02 单击“开始”选项卡“数字”组中的按钮，打开“设置单元格格式”对话框，如图 3.8 所示。

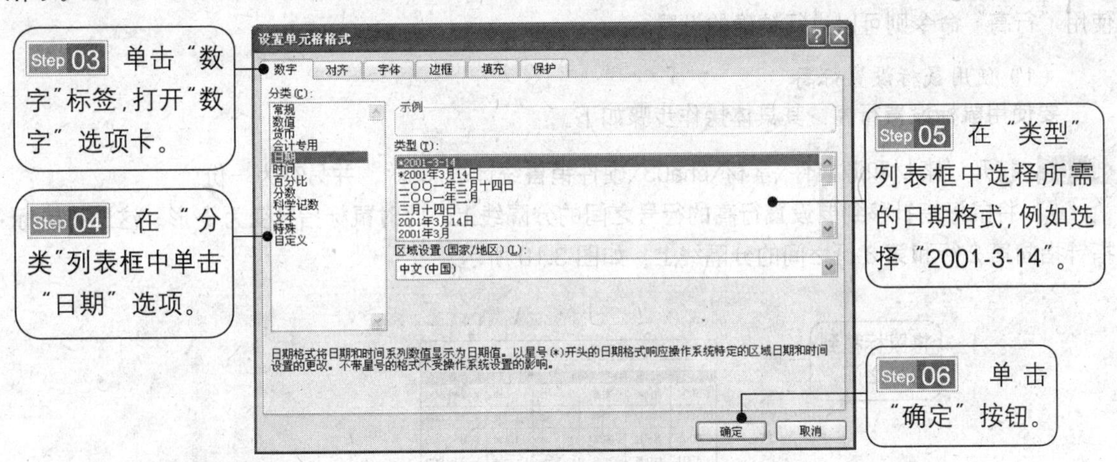

图 3.8 设置日期格式

（2）设置时间格式

要设置时间格式，其具体操作步骤如下。

Step 01 选定需要设置时间格式的单元格或单元格区域。

Step 02 单击“开始”选项卡“数字”组中的按钮，打开“设置单元格格式”对话框，如图 3.9 所示。

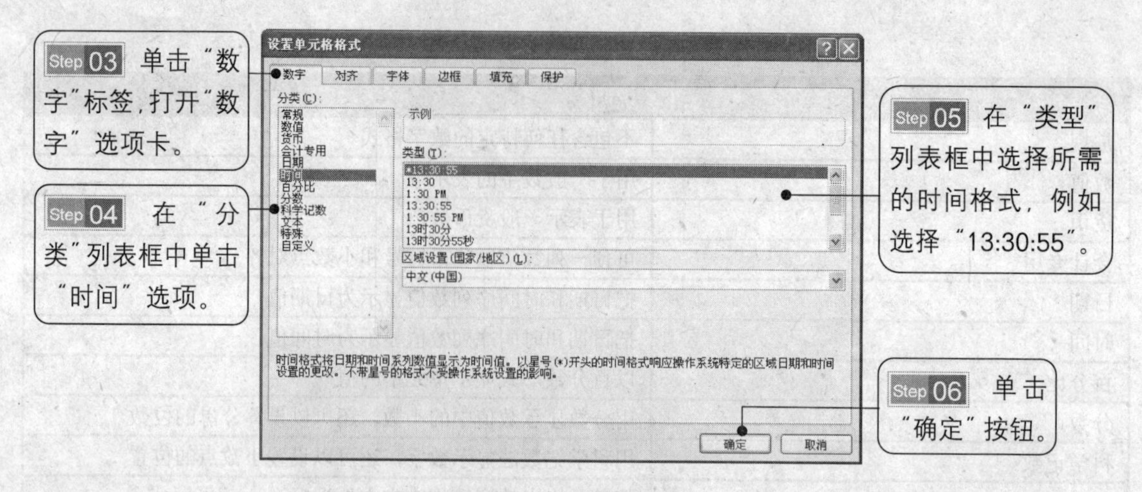

图 3.9　设置时间格式

知识拓展

当内置的数字格式不能满足实际需要时，可以自定义数字格式。关于自定义数字格式的操作，请参见“素材和源文件\知识拓展\第 3 章\自定义数字格式.doc”。

实训 2　设置行高和列宽

在默认状态下，Excel 工作表的每一个单元格具有相同的行高和列宽，但是输入到单元格中的数据却是多种多样。因此，用户可以设置单元格的行高和列宽，以便能更好地显示单元格中的数据。

1. 设置行高

设置行高的方法有两种，即使用鼠标和使用“行高”命令。使用鼠标只能粗略地设置行高，而使用“行高”命令则可以进行精确的设置。

（1）使用鼠标设置行高

要使用鼠标设置行高，其具体操作步骤如下。

Step 01 打开“素材和源文件\素材\cha03\硬件销售统计表.xlsx”，并另存为一份。

Step 02 将鼠标指针移到要设置行高的行号之间的分隔线上，此时鼠标指针变为╪形。这里将鼠标指针指向第 2 行和第 3 行之间的分隔线上，如图 3.10 所示。

产品编码	产品名称	地区	销售量	单价	销售金额
DTS001	打印机	东部	230	1,050	¥ 241,500
DTS002	扫描仪	东部	180	1,600	¥ 288,000
DTS003	显示器	东部	600	1,100	¥ 660,000
DTS001	打印机	南部	200	1,200	¥ 240,000
DTS002	扫描仪	南部	160	1,850	¥ 296,000
DTS003	显示器	南部	450	1,220	¥ 549,000
DTS001	打印机	西部	120	1,000	¥ 120,000
DTS002	扫描仪	西部	140	1,450	¥ 203,000
DTS003	显示器	西部	300	999	¥ 299,700
DTS001	打印机	北部	210	1,280	¥ 268,800
DTS002	扫描仪	北部	185	1,720	¥ 318,200
DTS003	显示器	北部	360	1,180	¥ 424,800
DTS001	打印机	中部	240	1,080	¥ 259,200

图 3.10　将鼠标指针指向第 2 行和第 3 行之间的分隔线上

Step 03 按住鼠标左键不放并拖动鼠标（在拖动的过程中，系统会显示当前的行高值），将行高调整到所需的大小。

Step 04 松开鼠标左键，其效果如图 3.11 所示。

硬件销售统计表

产品编码	产品名称	地区	销售量	单价	销售金额
DTS001	打印机	东部	230	1,050	¥ 241,500
DTS002	扫描仪	东部	180	1,600	¥ 288,000
DTS003	显示器	东部	600	1,100	¥ 660,000
DTS001	打印机	南部	200	1,200	¥ 240,000
DTS002	扫描仪	南部	160	1,850	¥ 296,000
DTS003	显示器	南部	450	1,220	¥ 549,000
DTS001	打印机	西部	120	1,000	¥ 120,000
DTS002	扫描仪	西部	140	1,450	¥ 203,000
DTS003	显示器	西部	300	999	¥ 299,700
DTS001	打印机	北部	210	1,280	¥ 268,800
DTS002	扫描仪	北部	185	1,720	¥ 318,200

图 3.11　调整行高后的效果

提 示

如果用户要使某行的行高最适合单元格中的内容，可双击该行行号下方的分隔线；如果要同时使多行的行高最适合单元格中的内容，可先选定它们，然后双击任一选定行行号下方的分隔线。

（2）使用“行高”命令设置行高

要使用“行高”命令设置行高，其具体操作步骤如下。

Step 01 在要设置行高的行中单击任意单元格。

Step 02 单击“开始”选项卡“单元格”组中的“格式”按钮格式，在弹出的下拉列表中选择“单元格大小”选项组中的“行高”命令，打开“行高”对话框，如图 3.12 所示。

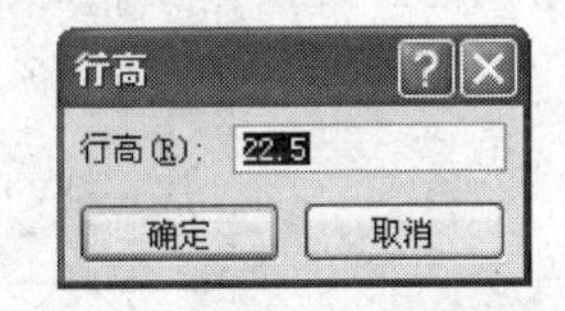

图 3.12　“行高”对话框

Step 03 在“行高”文本框中输入所需的行高值。

Step 04 单击“确定”按钮。

提 示

除此之外，还可以在需要设置行高的行号上右击鼠标，在弹出的快捷菜单中选择“行高”命令，打开“行高”对话框进行设置。

2. 设置列宽

设置列宽的方法也有两种，即使用鼠标和使用“列宽”命令。和设置行高一样，使用鼠标也只能粗略地设置列宽，而使用“列宽”命令则可以进行精确的设置。

（1）使用鼠标设置列宽

继续上一小节的操作，使用鼠标设置列宽，其具体操作步骤如下。

Step 01 将鼠标指针指向要设置列宽的列标之间的分隔线上，此时鼠标指针变为✛形，这里将鼠标指针指向 F 列和 G 列之间的分隔线上，如图 3.13 所示。

Step 02 按住鼠标左键不放并拖动鼠标指针，在拖动的过程中，系统会显示当前的列宽值，将列宽调整到所需的大小。

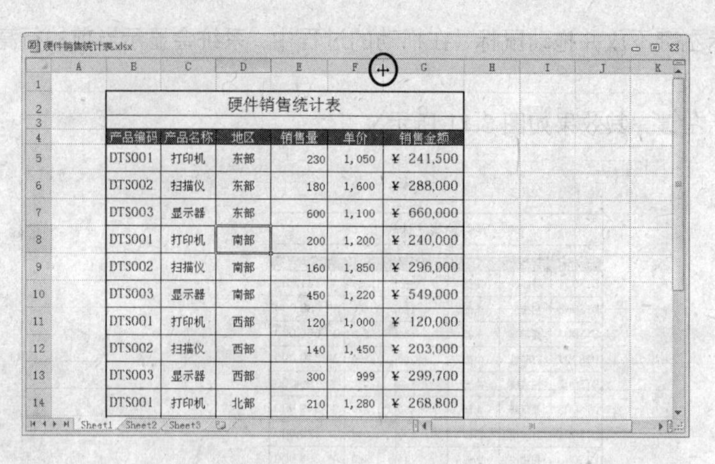

产品编码	产品名称	地区	销售量	单价	销售金额
DTS001	打印机	东部	230	1,050	¥ 241,500
DTS002	扫描仪	东部	180	1,600	¥ 288,000
DTS003	显示器	东部	600	1,100	¥ 660,000
DTS001	打印机	南部	200	1,200	¥ 240,000
DTS002	扫描仪	南部	160	1,850	¥ 296,000
DTS003	显示器	南部	450	1,220	¥ 549,000
DTS001	打印机	西部	120	1,000	¥ 120,000
DTS002	扫描仪	西部	140	1,450	¥ 203,000
DTS003	显示器	西部	300	999	¥ 299,700
DTS001	打印机	北部	210	1,280	¥ 268,800

图 3.13　将鼠标指针指向 F 列和 G 列之间的分隔线上

Step 03　松开鼠标左键，其效果如图 3.14 所示。

硬件销售统计表

产品编码	产品名称	地区	销售量	单价	销售金额
DTS001	打印机	东部	230	1,050	¥ 241,500
DTS002	扫描仪	东部	180	1,600	¥ 288,000
DTS003	显示器	东部	600	1,100	¥ 660,000
DTS001	打印机	南部	200	1,200	¥ 240,000
DTS002	扫描仪	南部	160	1,850	¥ 296,000
DTS003	显示器	南部	450	1,220	¥ 549,000
DTS001	打印机	西部	120	1,000	¥ 120,000
DTS002	扫描仪	西部	140	1,450	¥ 203,000
DTS003	显示器	西部	300	999	¥ 299,700
DTS001	打印机	北部	210	1,280	¥ 268,800

图 3.14　调整列宽后的效果

提 示

如果用户要使某列的列宽最适合单元格中的内容，则双击该列列标右边的分隔线；如果要同时使多列的列宽最适合单元格中的内容，则先选定它们，然后双击任一选定列列标右边的分隔线。

（2）使用“列宽”命令设置列宽

要使用“列宽”命令设置列宽，其具体操作步骤如下。

Step 01　在要设置列宽的列中单击任意单元格。

Step 02　单击“开始”选项卡“单元格”组中的“格式”按钮，在弹出的下拉列表中选择“单元格大小”选项组中的“列宽”命令，打开“列宽”对话框，如图 3.15 所示。

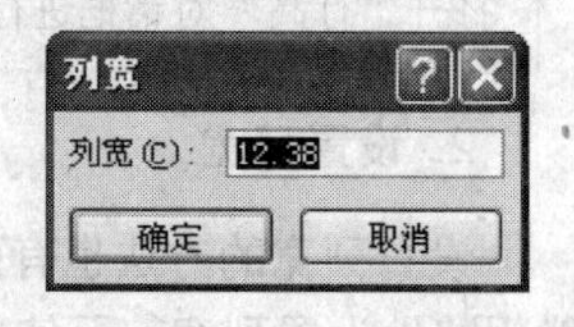

图 3.15　“列宽”对话框

Step 03　在“列宽”文本框中输入所需的列宽值。

Step 04　单击“确定”按钮。

实训 3　合并相邻的单元格

在 Excel 中，可以将跨越几行或几列的相邻的单元格合并为一个大的单元格，且只把选定区域左上角的数据放入到合并后所得的大单元格中。用户可以将区域中所有数据复制到区域内的左上角单元格中，这样，在合并单元格之后，所有的数据都被包含到合并后的单元格中。

要合并相邻的单元格，其具体操作步骤如下。

Step 01 打开文件“素材和源文件\素材\cha03\统计表.xlsx”，并另存为一份。

Step 02 选定要合并的相邻的单元格，例如这里选定 A5:E5。

Step 03 单击“开始”选项卡“对齐方式”组中的按钮，打开“设置单元格格式”对话框，如图 3.16 所示。

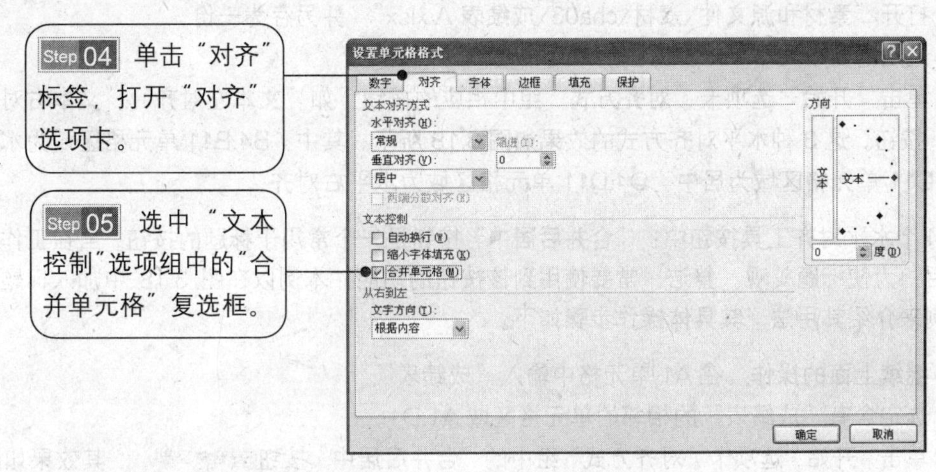

图 3.16 “对齐”选项卡

Step 06 单击“确定”按钮。如图 3.17 所示的是合并单元格前后的效果对比图。

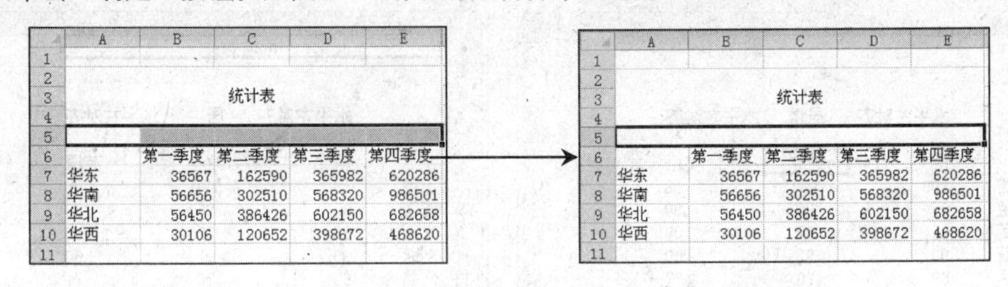

图 3.17 合并单元格前后的效果对比图

提 示

如果要取消合并单元格，则需先选定已合并的单元格，然后单击“开始”选项卡“对齐方式”组中的“合并后居中”按钮，在出现的下拉列表中选择“取消单元格合并”命令即可。

实训 4 设置数据的对齐方式

在默认的状态下，单元格中的文本数据靠左对齐，数字、日期和时间等数据靠右对齐，而逻辑值和错误值居中对齐。当这些数据同时出现在一张工作表中时，工作表常显得参差不齐，因而影响美观。为了改变这种情况，用户可以对数据的对齐方式进行重新设置。

数据的对齐方式可以分为水平对齐和垂直对齐两种。用户除了可以将数据的对齐方式设置为这两种方式外，还可以根据需要设置文本数据的左缩进及排列方向。

1. 设置水平对齐方式

最常用的数据水平对齐方式有左对齐、右对齐和居中对齐 3 种。Excel 的"对齐方式"组中提供了 4 个水平对齐工具按钮："文本左对齐"按钮、"居中"按钮、"文本右对齐"按钮和"合并后居中"按钮。如果要设置单元格中的数据在水平方向上的对齐方式，使用这些工具按钮最为快捷。

要设置数据的水平对齐方式，其具体操作步骤如下。

Step 01 打开"素材和源文件\素材\cha03\成绩表 A.xlsx"，并另存为一份。

Step 02 选定需要设置水平对齐方式的单元格或单元格区域。

Step 03 单击"开始"选项卡"对齐方式"组中相应的按钮，如"文本左对齐"、"文本右对齐"或"居中"按钮。这 3 种水平对齐方式的效果如图 3.18 所示。其中，B4:B11 单元格区域为水平左对齐，C4:C11 单元格区域为居中，D4:D11 单元格区域为水平右对齐。

在 4 个水平对齐工具按钮中，"合并后居中"按钮是一个常用于标题的按钮。当在工作表中输入标题后，为使标题美观、整洁，常要使用到该按钮的功能。本例以在图 3.18 中加入标题"成绩表"为例来介绍其用法。其具体操作步骤如下。

Step 01 继续上面的操作，在 A1 单元格中输入"成绩表"。

Step 02 选定含有"成绩表"的相邻的单元格区域 A1:D1。

Step 03 单击"开始"选项卡"对齐方式"组中的"合并后居中"按钮 合并后居中，其效果如图 3.19 所示。

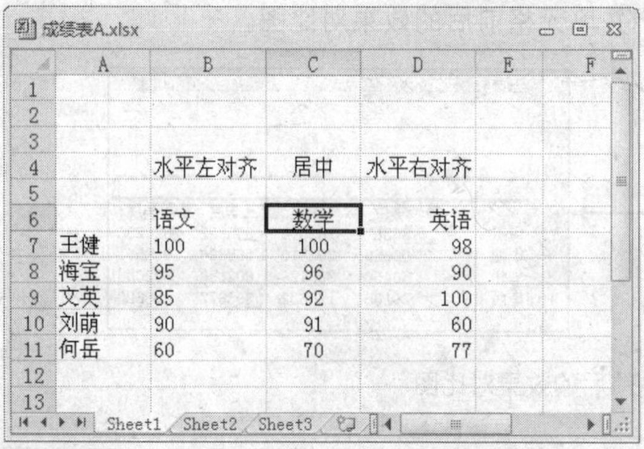

成绩表A.xlsx

	A	B	C	D	E	F
1						
2						
3						
4		水平左对齐	居中	水平右对齐		
5						
6		语文	数学	英语		
7	王健	100	100	98		
8	海宝	95	96	90		
9	文英	85	92	100		
10	刘萌	90	91	60		
11	何岳	60	70	77		
12						
13						

Sheet1 Sheet2 Sheet3

图 3.18　3 种水平对齐方式的效果

成绩表A.xlsx

	A	B	C	D	E	F
1	成绩表					
2						
3						
4		水平左对齐	居中	水平右对齐		
5						
6		语文	数学	英语		
7	王健	100	100	98		
8	海宝	95	96	90		
9	文英	85	92	100		
10	刘萌	90	91	60		
11	何岳	60	70	77		
12						
13						

Sheet1 Sheet2 Sheet3

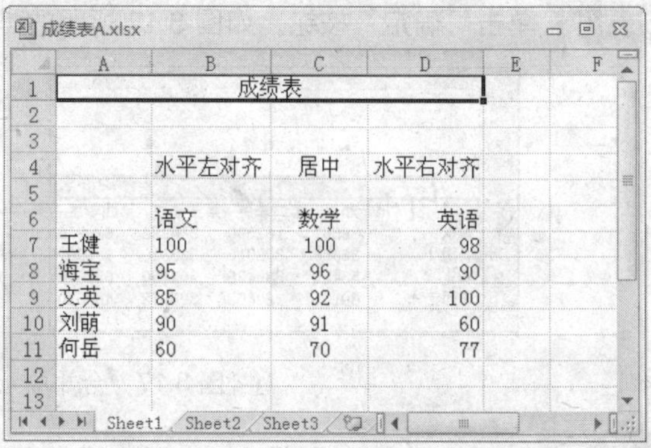

图 3.19　设置"合并后居中"的效果

提 示

除了以上 3 种水平对齐方式外，还可以单击"开始"选项卡"对齐方式"组中的按钮，打开"设置单元格格式"对话框，在"对齐"选项卡的"水平对齐"下拉列表框中，还有几种特殊的水平对齐方式："靠左（缩进）"、"靠右（缩进）"、"填充"、"两端对齐"、"跨列居中"和"分散对齐（缩进）"。用户可以根据需要进行选择。

2. 设置垂直对齐方式

单元格中常用的数据垂直对齐方式也有 3 种："顶端对齐"、"垂直居中"或"底端对齐"。要设置数据在单元格中的垂直对齐方式，其具体操作步骤如下。

Step 01 打开“素材和源文件\素材\cha03\成绩表B.xlsx”，并另存为一份。

Step 02 选定需要设置垂直对齐方式的单元格或单元格区域。

Step 03 单击“开始”选项卡“对齐方式”组中相应的按钮，如“顶端对齐”、“垂直居中”或“底端对齐”按钮。这 3 种垂直对齐方式的效果如图 3.20 所示。其中，B3:B10 单元格为顶端对齐，C3:C10 单元格为垂直居中，D3:D10 单元格为底端对齐。

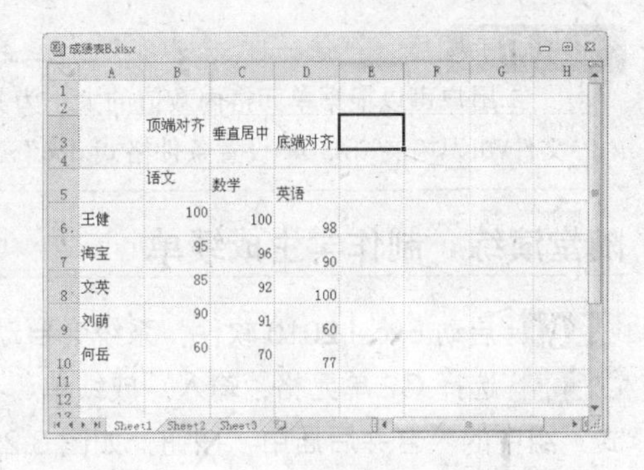

图 3.20　3 种垂直对齐方式的效果

提 示

在“设置单元格格式”对话框的“垂直对齐”下拉列表框中，还有两种特殊的垂直对齐方式，即“两端对齐”和“分散对齐”。前者是指数据以单元格的上下边框为基准对齐，后者是指数据在单元格中均匀地排列在上下边距之间。

3. 设置单元格文本的左缩进

单元格文本的左缩进决定了文本和单元格左边框的距离。如果要设置单元格文本的左缩进，其具体操作步骤如下。

Step 01 选定要设置文本缩进的单元格。

Step 02 单击“开始”选项卡“对齐方式”组中的“增加缩进量”按钮，即可增加文本的左缩进量；如果要减小或删除缩进量，则单击“减少缩进量”按钮。

4. 设置单元格文本的排列方向

在 Excel 中，用户可以根据需要将单元格的文本旋转任意角度。其具体操作步骤如下。

Step 01 打开“素材和源文件\素材\cha03\硬件销售统计表.xlsx”，并另存为一份。

Step 02 选定需要设置文本方向的单元格或单元格区域，如本例选定 B2 单元格。

Step 03 单击“开始”选项卡“对齐方式”组中的按钮，打开“设置单元格格式”对话框。

Step 04 单击“对齐”标签，打开“对齐”选项卡。

Step 05 在“方向”选项组中的“度”文本框中输入需要旋转的角度，本例输入“45”。

Step 06 单击“确定”按钮，设置单元格文本的排列方向前后的对比效果如图 3.21 所示。

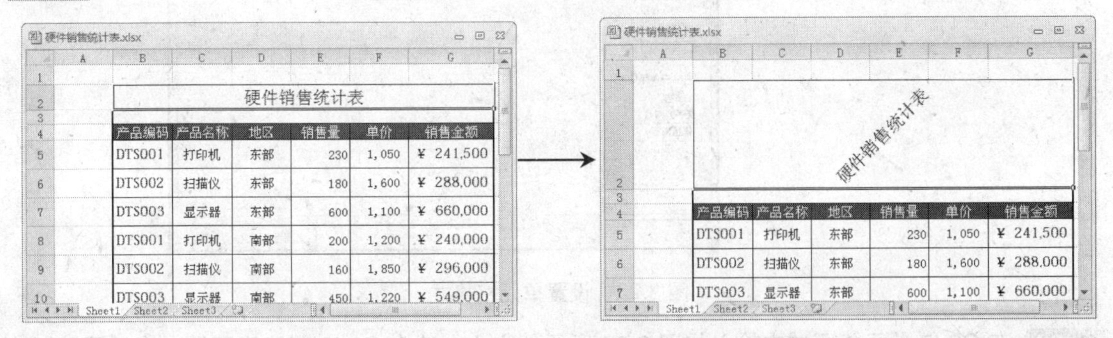

图 3.21　设置单元格文本的排列方向前后的对比效果

知识拓展

用户可以根据单元格内数值的大小为其设置格式。关于设置条件格式的方法，请参见“素材和源文件\知识拓展\第3章\设置条件格式.doc”。

随堂演练　制作学生成绩单

Step 01 启动 Excel 2010 软件，系统会自动新建一个“工作簿 1”工作表文档。

Step 02 选择 C2 单元格，输入“成绩单”，选中 C2:I2 单元格区域，单击“开始”选项卡“对齐方式”组中的“合并后居中”按钮，如图 3.22 所示。

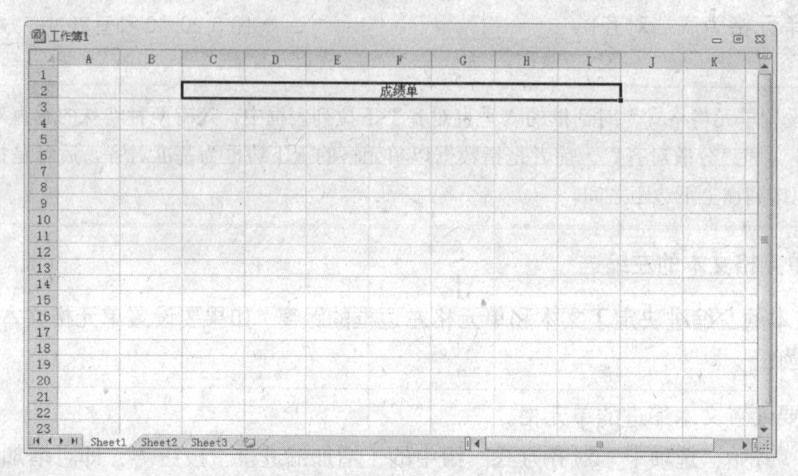

图 3.22　输入标题

Step 03 选中 C2 单元格，单击“开始”选项卡“单元格”组中的“格式”下拉按钮，在弹出的下拉菜单中选择“行高”命令，设置“行高”为 25。单击“开始”选项卡“字体”组中的按钮，打开“设置单元格格式”对话框，打开“字体”选项卡，将“字体”设置为“隶书”，“字号”设置为 24。切换到“对齐”选项卡，将“文本对齐方式”下的“水平对齐”设置为“分散对齐（缩进）”，将“缩进”值设置为 5。单击“确定”按钮，如图 3.23 所示。

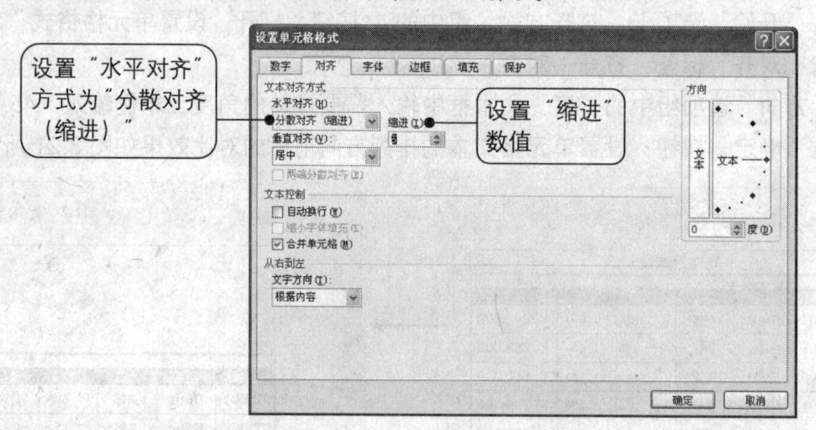

图 3.23　设置单元格格式

Step 04 在 C3:I3 单元格区域中输入如图 3.24 所示的文本，选中 C3:I3 单元格区域，在“开始”选项卡“对齐方式”组中单击“居中”按钮，对齐文本。

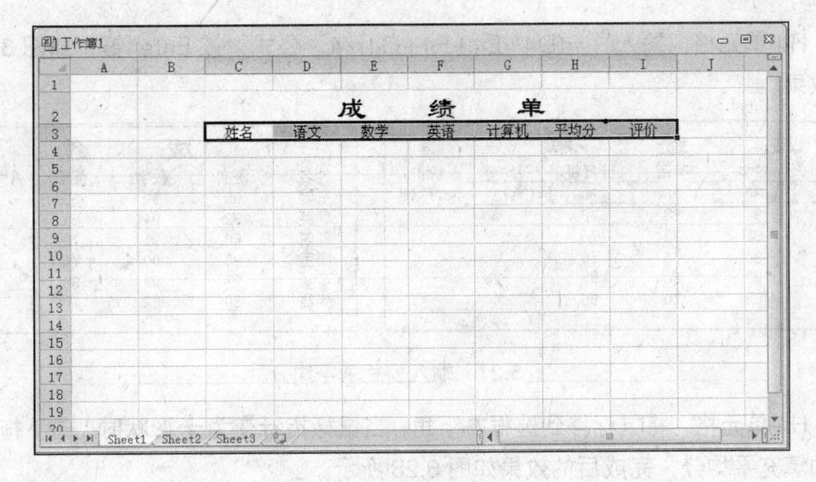

图 3.24　输入并设置文本

Step 05　在 C4:C9 单元格区域中输入如图 3.25 所示的文本，选中该单元格区域，设置对齐方式为“居中”。

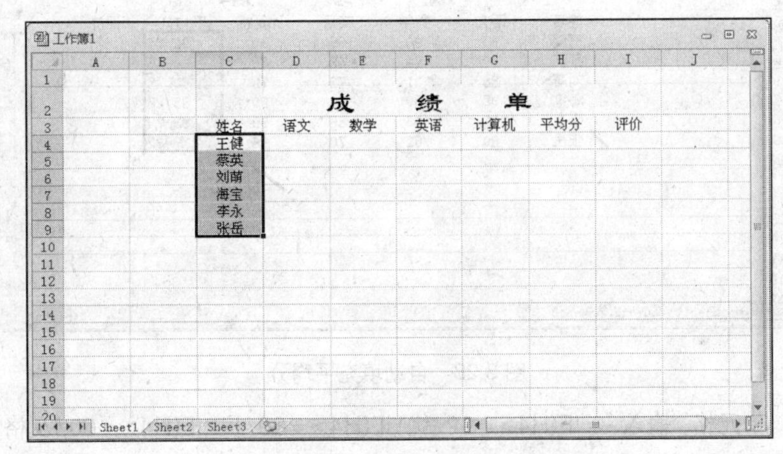

图 3.25　输入并设置文本

Step 06　在 D4:G9 单元格区域中输入成绩，选中该单元格区域并设置其对齐方式为居中，如图 3.26 所示。

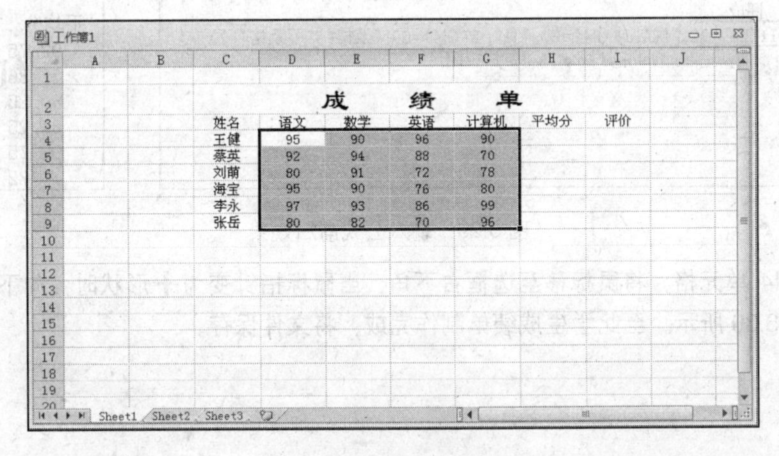

图 3.26　输入成绩并设置

Step 07 选中 H4 单元格，输入“=(D4+E4+F4+G4)/4”公式，按 Enter 键。如图 3.27 所示是公式输入前后效果。

成　　绩　　单

姓名	语文	数学	英语	计算机	平均分	评价
王健	95	90	96	90	=(D4+E4+F4+G4)/4	
蔡英	92	94	88	70		
刘萌	80	91	72	78		
海宝	95	90	76	80		
李永	97	93	86	99		
张岳	80	82	70	96		

成　　绩　　单

姓名	语文	数学	英语	计算机	平均分
王健	95	90	96	90	92.75
蔡英	92	94	88	70	
刘萌	80	91	72	78	
海宝	95	90	76	80	
李永	97	93	86	99	
张岳	80	82	70	96	

图 3.27　输入公式求平均分

Step 08 选中 H4 单元格，将鼠标移到选框右下角，当鼠标指针变为➕形状时，向下拖动鼠标至 H9 单元格，自动填充平均分，完成后的效果如图 3.28 所示。

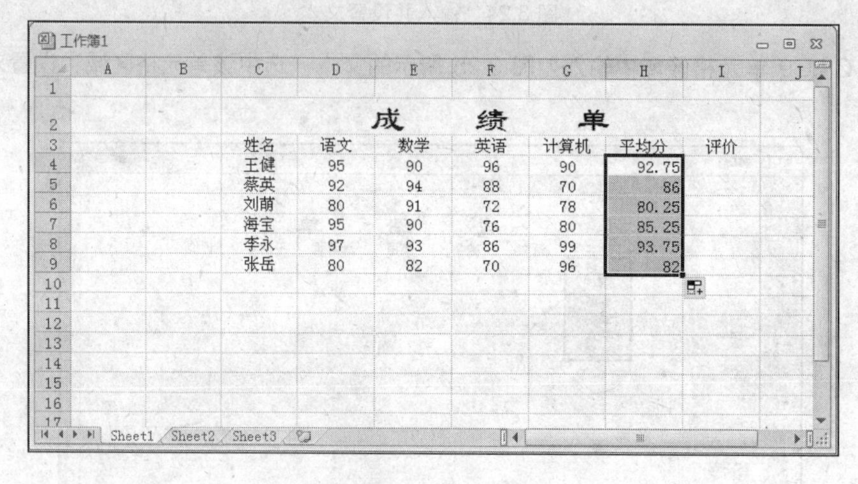
工作簿1

成　　绩　　单

姓名	语文	数学	英语	计算机	平均分	评价
王健	95	90	96	90	92.75	
蔡英	92	94	88	70	86	
刘萌	80	91	72	78	80.25	
海宝	95	90	76	80	85.25	
李永	97	93	86	99	93.75	
张岳	80	82	70	96	82	

Sheet1 / Sheet2 / Sheet3

图 3.28　自动填充平均分

Step 09 选中 I4 单元格，输入“=IF(H4>=92,"优",IF(H4>=80,"良",IF(H4>=60,"及格","不及格")))”，按 Enter 键。如图 3.29 所示是输入公式前后效果。

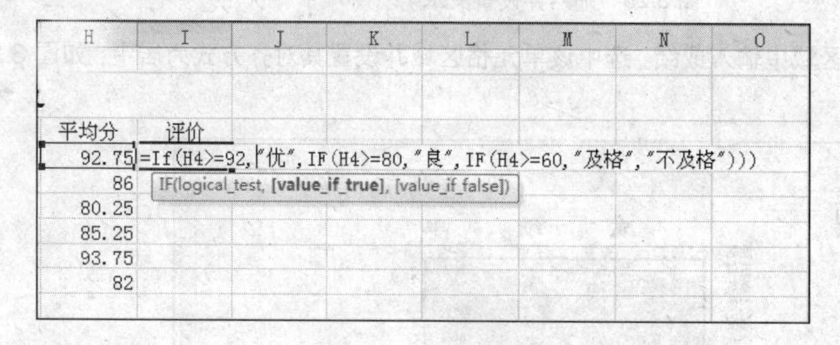

平均分	评价
92.75	=If(H4>=92,"优",IF(H4>=80,"良",IF(H4>=60,"及格","不及格")))
86	IF(logical_test, [value_if_true], [value_if_false])
80.25	
85.25	
93.75	
82	

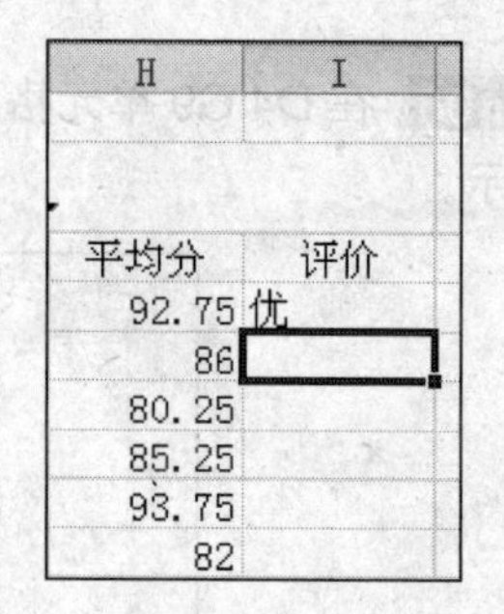

平均分	评价
92.75	优
86	
80.25	
85.25	
93.75	
82	

图 3.29　输入公式前后效果

Step 10 选中 I4 单元格，将鼠标移至选框右下角，当鼠标指针变为➕形状时，向下拖动鼠标至 I9 单元格，如图 3.30 所示。至此学生成绩单制作完成，将文件保存。

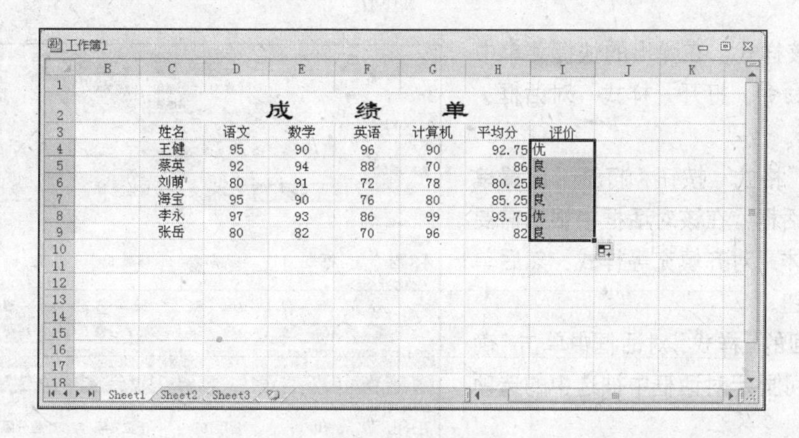

图 3.30 自动填充

任务 2 使用样式

如果要快速地设置单元格格式，可使用格式刷；如果要应用多种格式，并且保证单元格的格式一致，可以使用样式。样式是 Excel 中一组可以定义并保存的格式集合，例如字体、字号、边框和底纹、数字格式及对齐方式等。Excel 提供了多种样式，用户可以利用这些样式将数字的格式设置为货币或百分比等格式。此外，用户也可以创建、合并和删除样式，还可以将样式保存为模板。

实训 1 使用格式刷

要使用格式刷设置单元格格式，其具体操作步骤如下。

Step 01 选定已经包含所需格式的单元格或区域。

Step 02 单击“开始”选项卡“剪贴板”组中的“格式刷”按钮，当将鼠标指针移到工作表中时，鼠标指针变为形。

Step 03 按住鼠标左键，选定要设置新格式的单元格区域。当鼠标指针扫过这些单元格时，它们就自动被设置为所需的格式。

Step 04 松开鼠标左键，完成设置。

提 示

如果要将选定单元格或区域的格式复制到多个位置，则双击“格式刷”按钮。当完成格式复制后，再次单击“格式刷”按钮，鼠标指针就会恢复原样。

实训 2 创建样式

用户可以根据需要将现有单元格中的格式创建为一种样式，也可以创建一种全新的样式。前者比后者的操作简单得多。

1. 修改现有单元格样式

要根据现有单元格中的格式创建样式，其具体操作步骤如下。

Step 01 单击“开始”选项卡“样式”组中的“单元格样式”按钮，在打开的下拉列表中选择需要修改的样式，这里选择“标题”样式，如图 3.31 所示。

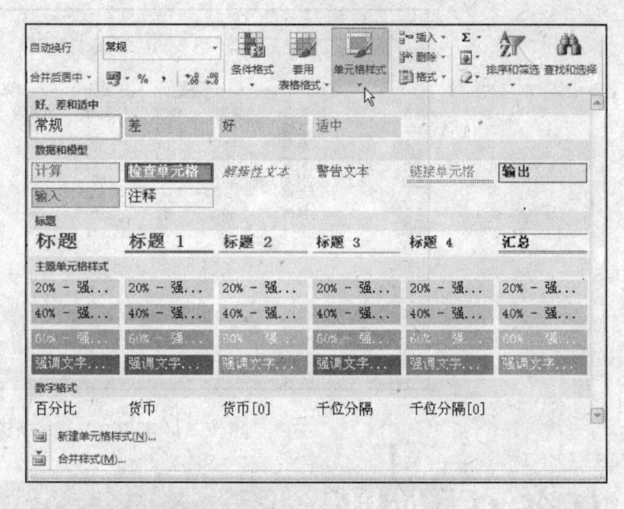
图 3.31 “单元格样式”下拉列表

Step 02 右击该样式，在弹出的快捷菜单中选择“修改”命令，打开“样式”对话框，如图 3.32 所示。

Step 03 单击“格式”按钮，打开“设置单元格格式”对话框，在该对话框中根据需要设置相应的字体、对齐填充等样式，然后单击“确定”按钮。

Step 04 在返回的“样式”对话框中单击“确定”按钮，即可显示对话框中被选中的选项的新设置。

2. 创建一种全新的样式

要创建一种全新的样式，其具体操作步骤如下。

Step 01 单击“开始”选项卡“样式”组中的“单元格样式”按钮，在弹出的下拉列表中单击“新建单元格样式”选项，打开“样式”对话框，如图 3.33 所示。

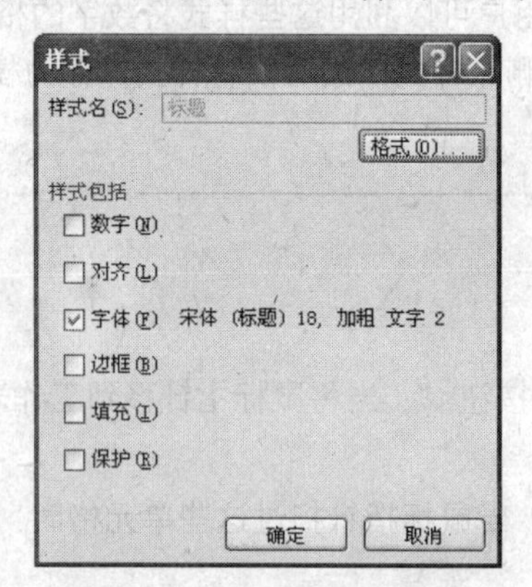
图 3.32 “样式”对话框

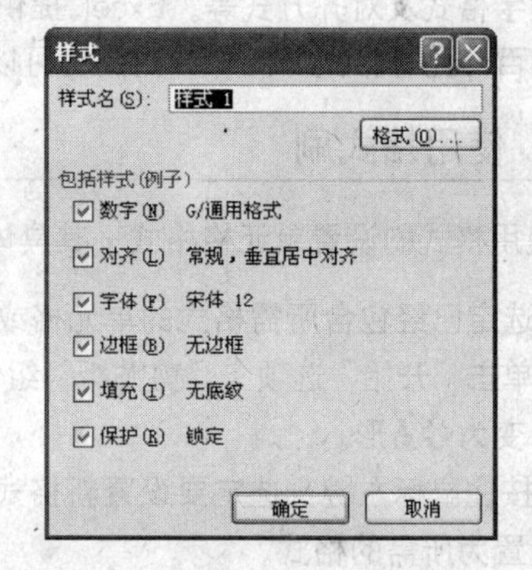
图 3.33 “样式”对话框

Step 02 在“样式名”文本框中输入新样式的名称。

Step 03 单击“格式”按钮，打开“设置单元格格式”对话框。

Step 04 在该对话框中，完成对数字格式、字体、对齐方式、边框和填充等样式的设置。

Step 05 单击“确定”按钮，返回“样式”对话框。

Step 06 对于该对话框中的 6 种格式选项，如果新样式中不需要某种格式类型，则清除该格式的复选框。

Step 07 单击“确定”按钮，即可将创建好的样式应用于所选的单元格。

实训 3 应用样式

如果要应用创建好的某一样式，其具体操作步骤如下。

Step 01 选定需要应用样式的单元格或区域。

Step 02 单击“开始”选项卡“样式”组中的“单元格样式”按钮，在弹出的下拉列表中（见图 3.31）单击需要应用的样式图标即可。

实训 4　合并和删除样式

用户可以将在其他工作簿中创建的样式复制到当前工作簿中，以便在当前工作簿中使用，这可以通过合并样式来实现。此外，对于除“常规”样式以外的所有样式，用户如果不再使用，可将其删除。

1. 合并样式

要合并样式，其具体操作步骤如下。

Step 01 打开含有要复制的样式的源工作簿，然后打开需要样式的目标工作簿。

Step 02 单击“开始”选项卡“样式”组中的“单元格样式”按钮，在弹出的下拉列表中选择“合并样式”选项，打开“合并样式”对话框，如图 3.34 所示。

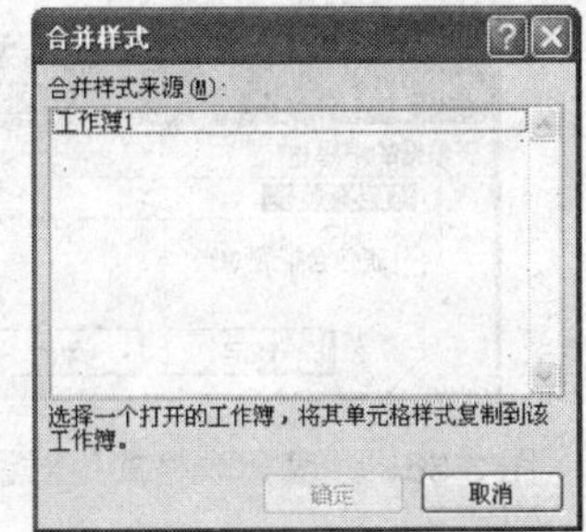

图 3.34　“合并样式”对话框

Step 03 在“合并样式来源”列表框中选中包含所要复制样式的源工作簿名。

Step 04 单击“确定”按钮。

2. 删除样式

要删除样式，其具体操作步骤如下。

Step 01 单击“开始”选项卡“样式”组中的“单元格样式”按钮，在出现的下拉列表右击要删除的样式。

Step 02 在弹出的快捷菜单中选择“删除”命令，即可删除选中的样式。

提 示

在删除某个样式后，所有已应用该样式的单元格区域都会恢复“常规”样式。用户可以修改“常规”样式，但无法将其删除。

随堂演练　自动套用格式

自动套用格式是指可以迅速应用于某一数据区域的内置格式设置集合，如数字格式、字体大小、行高、列宽、图案和对齐方式等。Excel 可以识别选定区域中的汇总层次以及明细数据的具体情况，然后使用相应的格式。

自动套用格式是经过精心设计的，通过自动套用格式功能，可以快速格式化工作表，从而大大提高工作效率。

要使用自动套用格式，其具体操作步骤如下。

Step 01 打开“素材和源文件\素材\cha03\硬件销售统计表.xlsx”，并另存为一份。

Step 02 选定要应用自动套用格式的单元格区域，这里选择“B3:G19”。

Step 03 单击“开始”选项卡“样式”组中的“套用表格格式”按钮，在打开的下拉列表中选择需要的样式，如图 3.35 所示，这里选择“中等深浅”选项组中的“表样式中等深浅 9”样式。

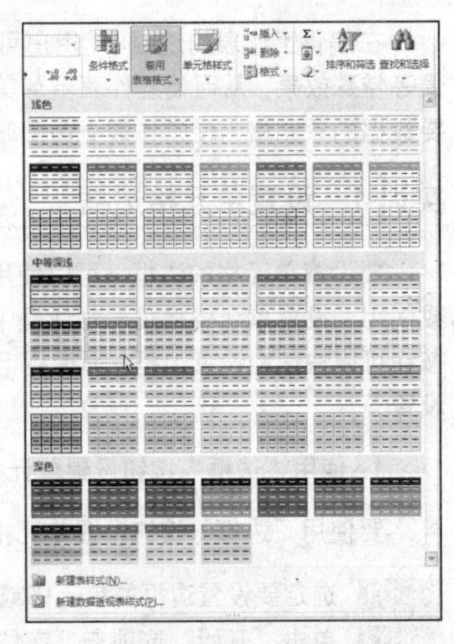

图 3.35　选择所需的样式

Step 04 打开“套用表格式”对话框，在该对话框中单击“表数据的来源”栏后的选择按钮，可以重新选择套用表样式范围，如图 3.36 所示。

Step 05 单击“确定”按钮，则在选定的工作表区域应用了选用的套用表格式，效果如图 3.37 所示。

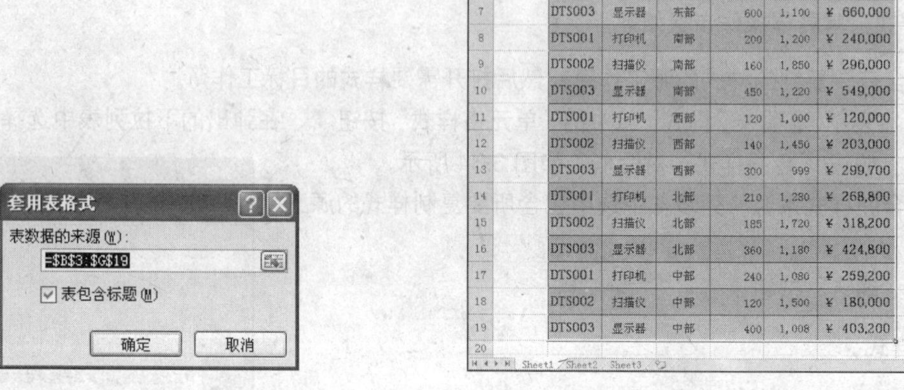

硬件销售统计表

列1	列2	列3	列4	列5	列6
产品编码	产品名称	地区	销售量	单价	销售金额
DTS001	打印机	东部	230	1,050	¥ 241,500
DTS002	扫描仪	东部	180	1,600	¥ 288,000
DTS003	显示器	东部	600	1,100	¥ 660,000
DTS001	打印机	南部	200	1,200	¥ 240,000
DTS002	扫描仪	南部	160	1,850	¥ 296,000
DTS003	显示器	南部	450	1,220	¥ 549,000
DTS001	打印机	西部	120	1,000	¥ 120,000
DTS002	扫描仪	西部	140	1,450	¥ 203,000
DTS003	显示器	西部	300	999	¥ 299,700
DTS001	打印机	北部	210	1,280	¥ 268,800
DTS002	扫描仪	北部	185	1,720	¥ 318,200
DTS003	显示器	北部	360	1,180	¥ 424,800
DTS001	打印机	中部	240	1,080	¥ 259,200
DTS002	扫描仪	中部	120	1,500	¥ 180,000
DTS003	显示器	中部	400	1,008	¥ 403,200

图 3.36 “套用表格式”对话框

图 3.37 使用自动套用格式后的效果

提 示

要删除单元格区域的自动套用格式，先选定含有要删除自动套用格式的单元格区域，在“表格工具”选项卡集中，单击“设计”选项卡“表格样式”组中的“其他”按钮，在出现的“表格样式”列表中选择“清除”命令即可删除表样式。

任务 3 设置工作表的特殊效果

在编辑工作表的过程中，用户可以根据需要给工作表添加边框和背景等特殊效果，从而使工作表更加美观。同时，也可以突出显示含有重要数据的单元格，使工作表更为清晰明了。

实训 1 设置单元格边框

要设置单元格的边框，可以使用“字体”组中的“边框”按钮或使用“设置单元格格式”对话框中的“边框”选项卡。使用“边框”按钮可以快速地设置边框，而使用“边框”选项卡则可以进行更细致的设置。

1. 使用“边框”按钮设置单元格的边框

要使用“边框”按钮设置单元格的边框，其具体操作步骤如下。

Step 01 选定要设置边框的单元格或区域。

Step 02 单击“开始”选项卡“字体”组中的“边框”按钮，在弹出的下拉列表中选择需要的边框样式，如图 3.38 所示。

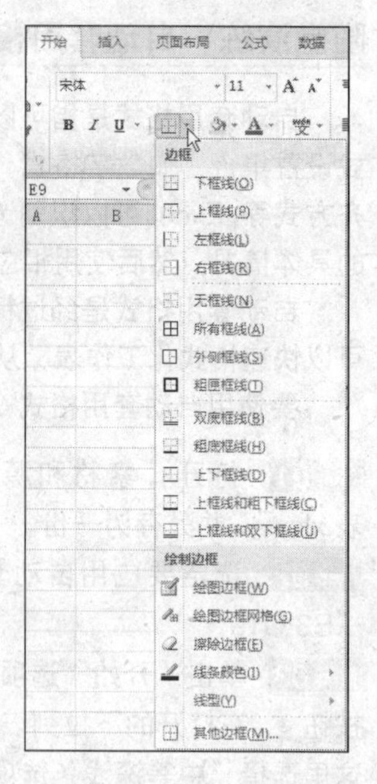

图 3.38 “边框”选项板

2. 使用“边框”选项卡设置单元格的边框

要使用“边框”选项卡设置单元格的边框，其具体操作步骤如下。

Step 01 选定要设置边框的单元格或区域。

Step 02 单击“开始”选项卡“字体”组中按钮，打开“设置单元格格式”对话框。

Step 03 打开“边框”选项卡，其中各选项的功能说明如图 3.39 所示。

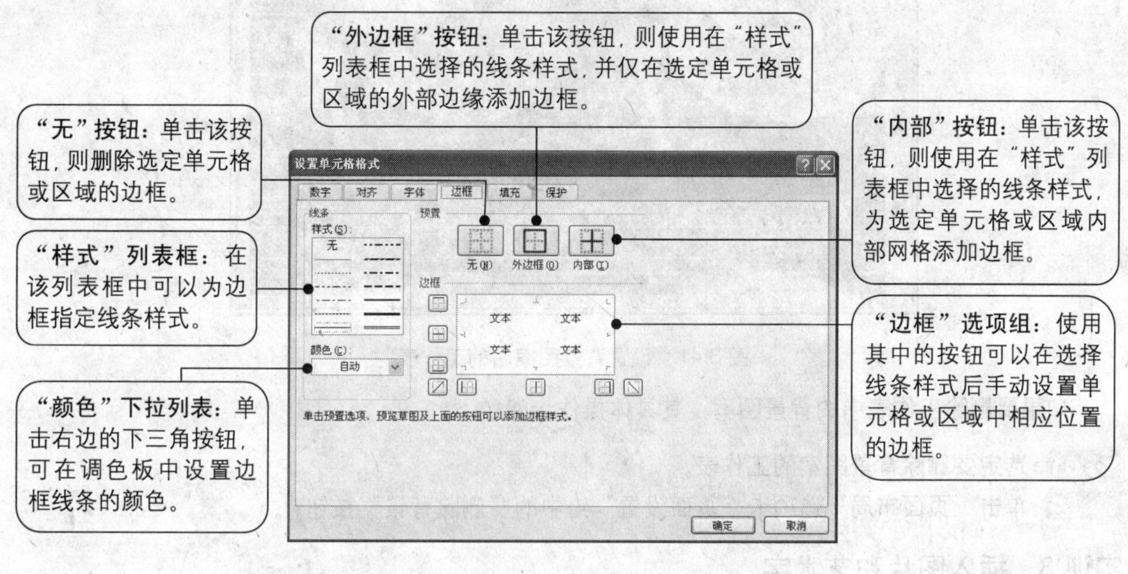

图 3.39 “边框”选项卡

Step 04 在“边框”选项卡中进行适当的设置后，单击“确定”按钮。

提 示

要删除单元格的边框，除了单击“边框”选项卡中的“无”按钮外，还可以单击“开始”选项卡“字体”组中的“边框”右侧下三角，在弹出的下拉列表中单击“无框线”选项。

实训 2 设置工作表的背景图案

用户除了可以为单个单元格或单元格区域设置背景外，还可以为整个工作表设置背景图案。工作表背景图案的来源可以是用户在硬盘中存储的图像文件，也可以从其他地方获得。

要设置工作表的背景图案，其具体操作步骤如下。

Step 01 新建一个 Excel 工作簿文档。

Step 02 选定要设置背景图案的工作表，如“Sheet1”。

Step 03 单击“页面布局”选项卡“页面设置”组中的“背景”按钮，打开“工作表背景”对话框，找到文件“素材和源文件\素材\cha03\背景.jpg”如图 3.40 所示。

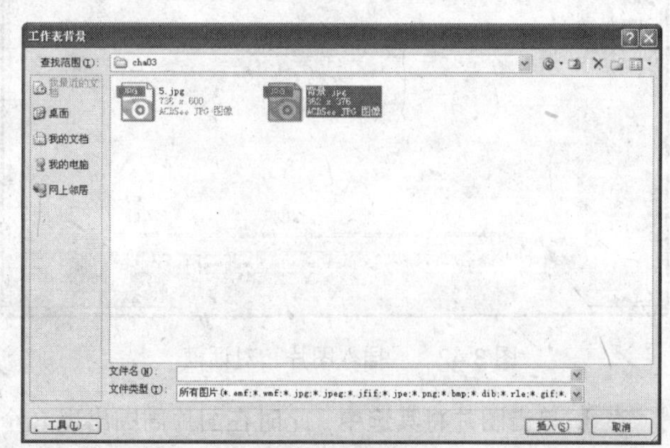

图 3.40 “工作表背景”对话框

Step 04 单击“插入”按钮。设置背景图案后的工作表如图 3.41 所示。

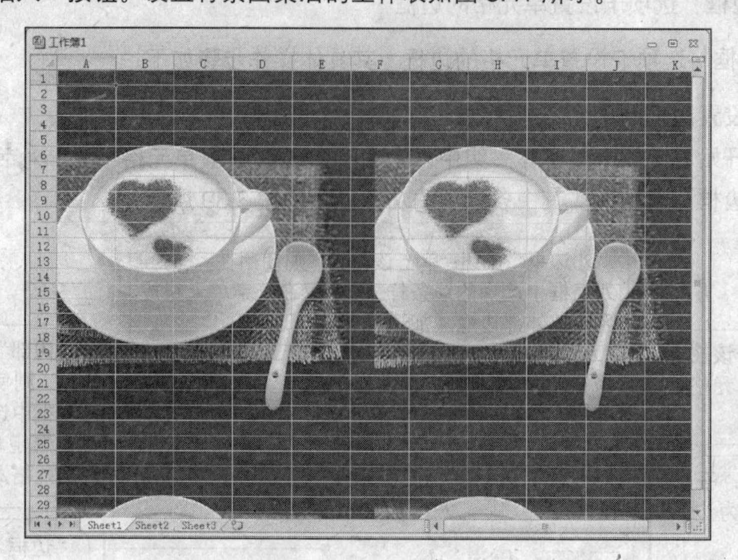

图 3.41 设置背景图案后的工作表

如果要删除工作表中的背景图案，其具体操作步骤如下。

Step 01 选定要删除背景图案的工作表。

Step 02 单击“页面布局”选项卡“页面设置”组中的“删除背景”按钮。

实训 3 插入图片和艺术字

在 Excel 2010 中可以插入图片和艺术字，具体的操作步骤如下。

Step 01 新建一个 Excel 工作簿文档，单击“插入”选项卡“插图”组中的“图片”按钮，打开“插入图片”对话框，如图 3.42 所示。

Step 02 在该对话框中单击“查找范围”文本框后的下三角按钮，在弹出的下拉列表中选择“素材和源文件\素材\cha03\5.jpg”，然后单击“插入”按钮，效果如图 3.43 所示。

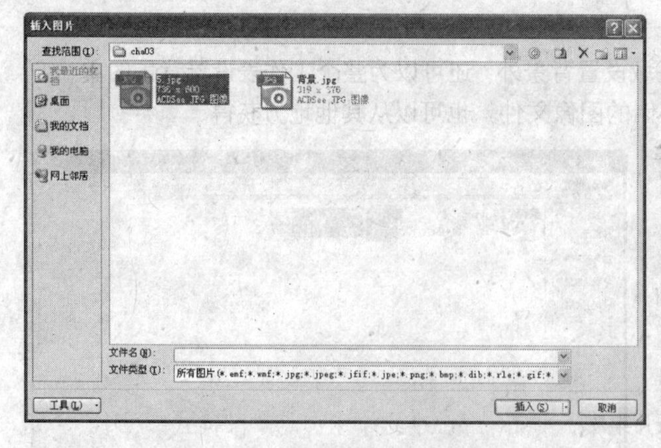

图 3.42 “插入图片”对话框

图 3.43 插入图片效果

Step 03 单击图片将其选中，此时在图片周围出现 8 个控制点，将鼠标置于图片上，鼠标变成✥时，按住鼠标并拖动，将图片放到目标位置。

Step 04 在“图片工具”选项卡集中，单击“格式”选项卡“图片样式”组中的“其他”按钮，在弹出的下拉列表中选择“柔化边缘椭圆”样式，如图 3.44 所示。完成后的效果如图 3.45 所示。

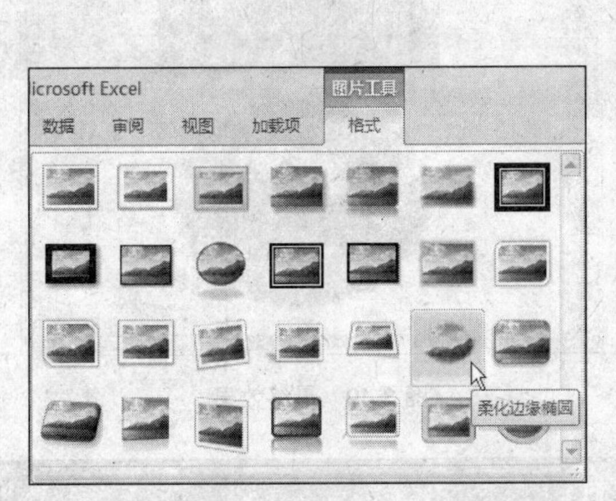

图 3.44　选择图片样式

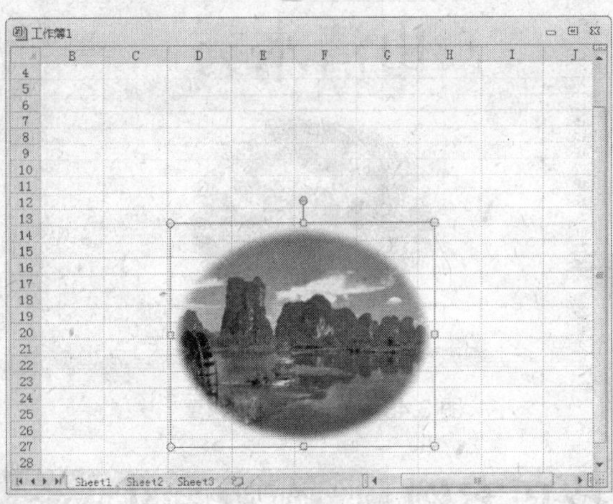

图 3.45　柔化边缘椭圆效果

Step 05 单击“插入”选项卡“文本”组中的“艺术字”按钮，在弹出的下拉列表中选择“填充-蓝色，强调文字颜色 1，金属棱台，映像”艺术字样式，如图 3.46 所示。

Step 06 此时在工作表中出现艺术字样式文本框，如图 3.47 所示。单击“请在此放置您的文字”文本框，直接输入“山清水秀”即可。

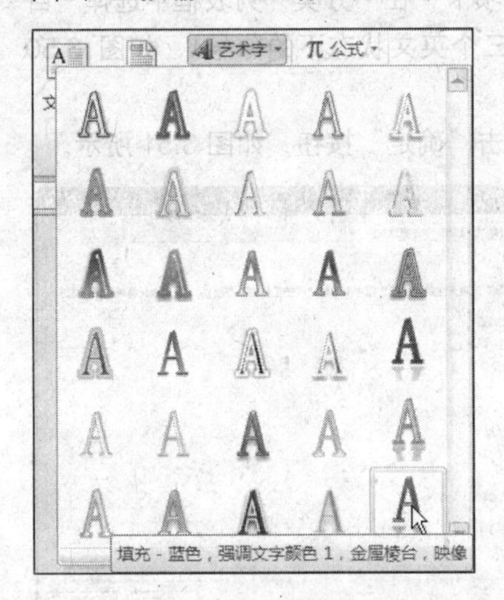

图 3.46　设置图片样式

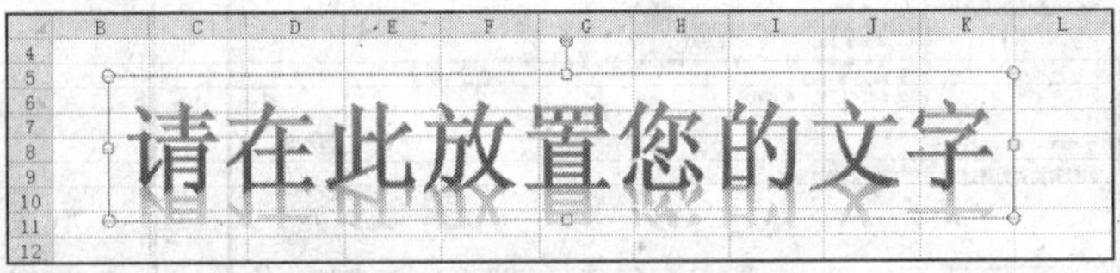

图 3.47　插入艺术字文本框

Step 07 选中艺术字文本框，将鼠标置于艺术字边框上，当鼠标变成✥时，按住鼠标左键，将艺术字置于图片上方，效果如图 3.48 所示。

Step 08 选中艺术字，在“绘图工具”选项卡集中，单击“格式”选项卡“形状样式”组中的“其他”按钮，在弹出的下拉列表中选择“强烈效果-橄榄色，强调颜色 3”样式。

Step 09 选中艺术字，在“绘图工具”选项卡集中，单击“格式”选项卡“艺术字样式”组中的“文本效果”按钮，在弹出的下拉列表中选择“转换”级联菜单中的“弯曲”选项组中的“倒 V 形”选项，艺术字效果如图 3.49 所示。

图 3.48　艺术字调整位置

图 3.49　最终效果

技巧案例　隐藏数据的显示

在工作表中，部分单元格中的内容如果不想让浏览者查阅，只好将它隐藏起来，其具体操作步骤如下。

Step 01　选中需要隐藏内容的单元格或区域，右击鼠标，在弹出的快捷菜单中选择“设置单元格格式”选项，打开“设置单元格格式”对话框。打开“数字”选项卡，在“分类”列表框中选择“自定义”选项，然后在右边的“类型”文本框中输入“;;;”（三个英文状态下的分号），如图 3.50 所示。

Step 02　再切换到“保护”选项卡，选中“隐藏”复选框，单击“确定”按钮，如图 3.51 所示。

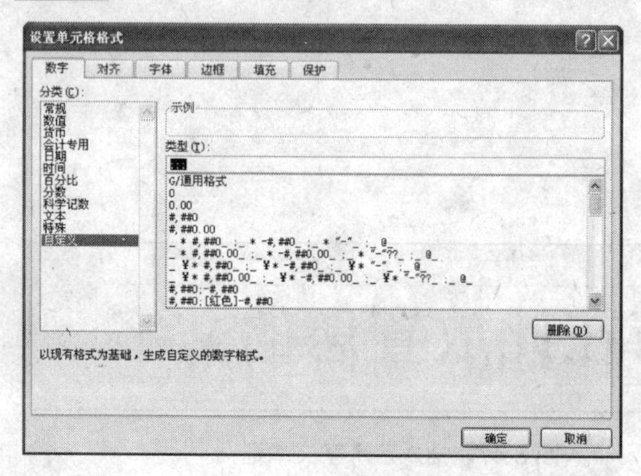

图 3.50　“数字”选项卡

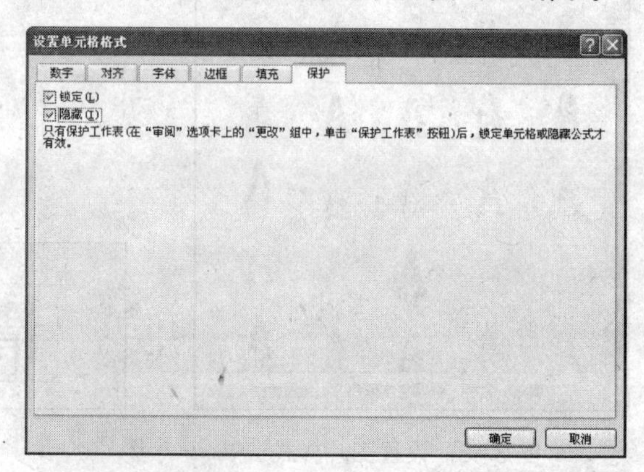

图 3.51　“保护”选项卡

Step 03　右击该工作表标签，在弹出的菜单中选择“保护工作表”选项，为其设置密码，单击“确定”按钮。

综合案例　美化学生成绩单

Step 01　打开文件“素材和源文件\场景\cha03\学生成绩单.xlsx”，并另存为一份。

Step 02　选择 I4:I9 单元格区域，单击“开始”选项卡“字体”组中的“居中”按钮，如图 3.52 所示。

Step 03 单击“插入”选项卡“文本”组中的“艺术字”按钮，在弹出的下拉列表中选择“填充-红色，强调文字颜色 2，粗糙棱台”选项，如图 3.53 所示。在工作表中插入一个艺术字文本框，如图 3.54 所示。

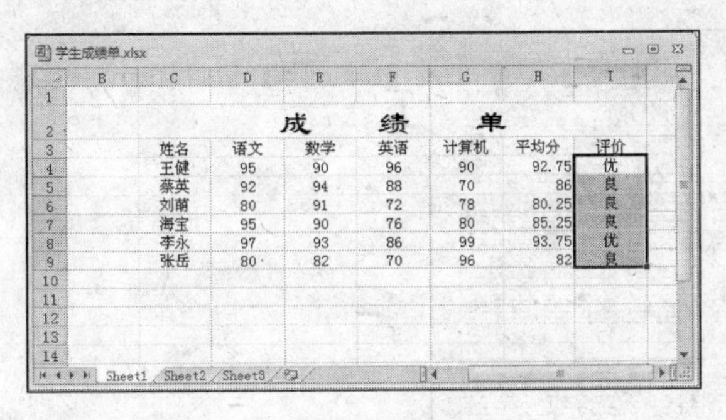

图 3.52 设置对齐方式

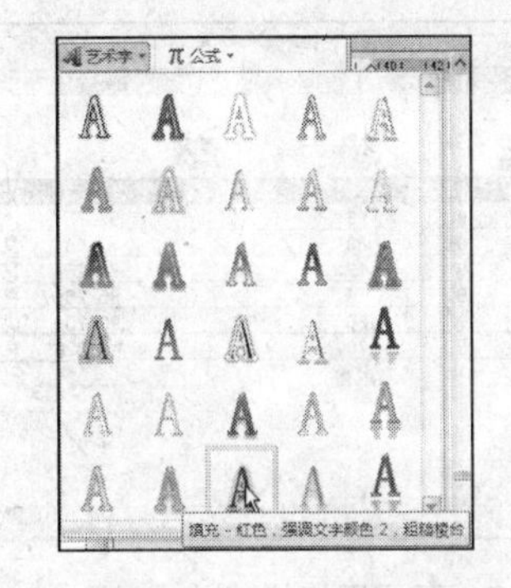

图 3.53 选择艺术字样式

图 3.54 艺术字文本框

Step 04 在艺术字文本框中输入“成绩单”。选中艺术字文本框，在“开始”选项卡“字体”组中设置“字体”为“隶书”，“字号”设置为 28。单击“字体”组中的按钮，打开“字体”对话框，单击“字符间距”标签，设置字符间距选项，将“度量值”设置为 60，单击“确定”按钮，如图 3.55 所示。

Step 05 将 C2 单元格中的文本删除，并设置该行的行高为 30。选中艺术字文本框，将鼠标移至文本框边框上，当图标变成时，按住鼠标左键将其拖动到 C2 行中，调整文本框大小位置，如图 3.56 所示。

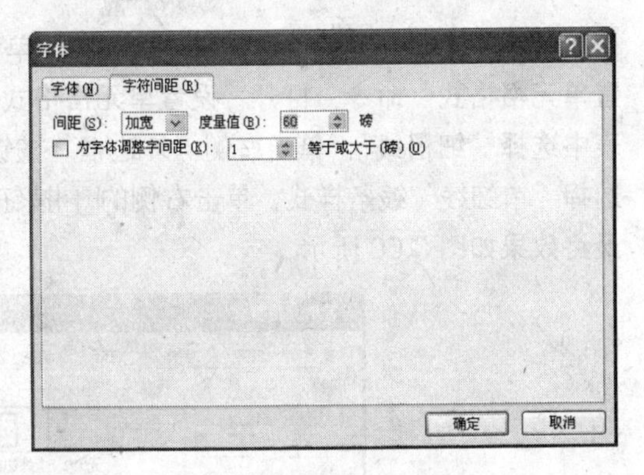

图 3.55 设置字符间距

图 3.56 调整文本框

Step 06 选择 C3:I9 单元格区域，单击“开始”选项卡“样式”组中的“套用表格格式”按钮，在弹出的下拉列表中选择“表样式浅色 10”样式，如图 3.57 所示。在弹出的“套用表格式”对话框中单击“确定”按钮，调整表格中列宽及艺术字的位置，完成后的效果如图 3.58 所示。

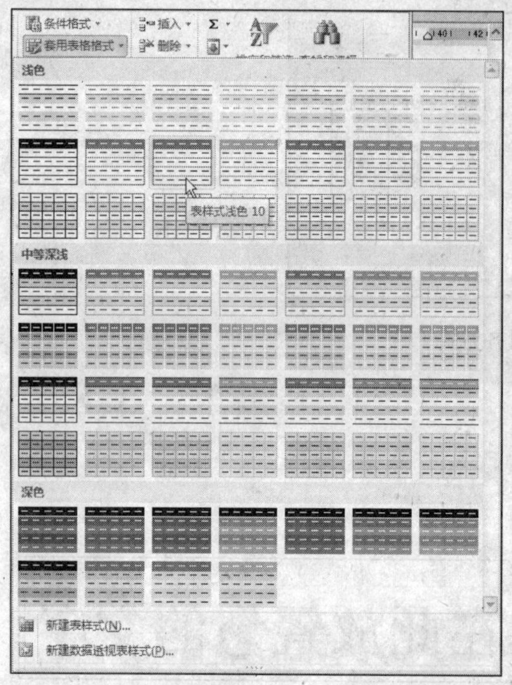

图 3.57　选择表格样式

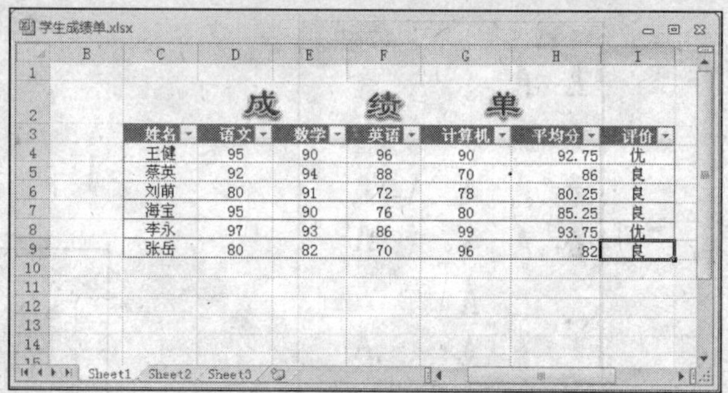

成　绩　单

姓名	语文	数学	英语	计算机	平均分	评价
王健	95	90	96	90	92.75	优
蔡英	92	94	88	70	86	良
刘萌	80	91	72	78	80.25	良
海宝	95	90	76	80	85.25	良
李永	97	93	86	99	93.75	优
张岳	80	82	70	96	82	良

图 3.58　套用表格样式效果

Step 07 选择 C2:I9 单元格区域，在选中的单元格区域上右击鼠标，从弹出的快捷菜单中选择“设置单元格格式”命令，打开“设置单元格格式”对话框。打开“边框”选项卡，在“线条样式”列表中选择“细粗线”，单击右侧“外边框”按钮；选择“双细线”线条样式，单击右侧的按钮；选择“单细线”线条样式，单击右侧的按钮；单击“确定”按钮，如图 3.59 所示。将文件保存，最终效果如图 3.60 所示。

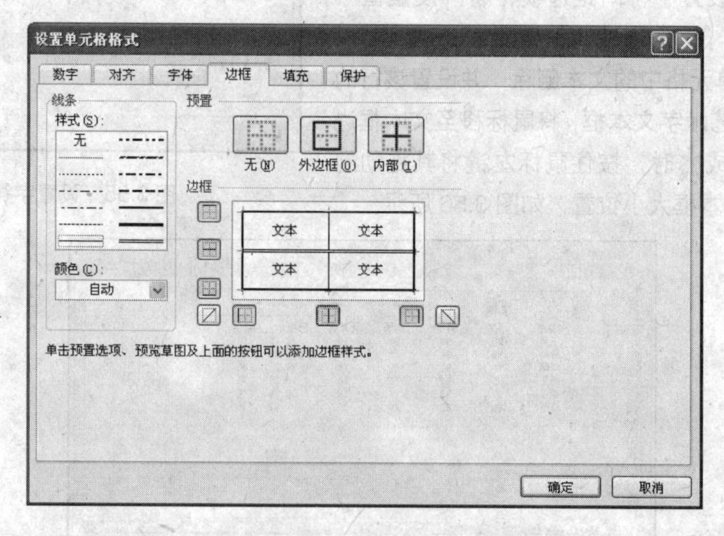

图 3.59　设置边框

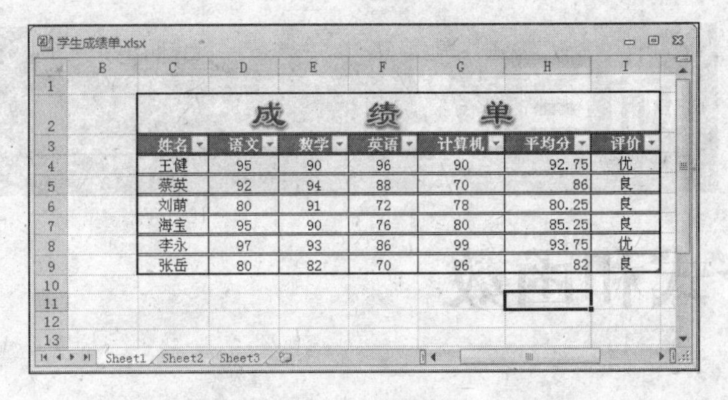
学生成绩单.xlsx

成　绩　单

姓名	语文	数学	英语	计算机	平均分	评价
王健	95	90	96	90	92.75	优
蔡英	92	94	88	70	86	良
刘萌	80	91	72	78	80.25	良
海宝	95	90	76	80	85.25	良
李永	97	93	86	99	93.75	优
张岳	80	82	70	96	82	良

图 3.60　最终效果

课后习题与上机操作

1. 选择题

（1）在“开始”选项卡的“字体”组中，设置文本字形格式的按钮是________。

A. “格式刷”按钮　　B. “倾斜”按钮
C. “加粗”按钮　　D. “下划线”按钮

（2）单元格中常用的文本对齐方式有________种。

A. 4　　B. 6　　C. 3　　D. 5

（3）下面哪些标签属于“设置单元格格式”对话框？________

A. “对齐”标签　　B. “设置”标签
C. “边框”标签　　D. “填充”标签

2. 简答题

（1）简述设置文本格式的操作步骤。
（2）如何设置日期和时间的格式？
（3）如何设置行高与列宽？
（4）如何设置单元格中数据对齐方式？
（5）简述创建样式的两种方法。
（6）如何插入艺术字。

3. 操作题

（1）打开“素材和源文件\素材\cha03\练习.xlsx”，并另存为一份。在 Sheet1 工作表中进行以下操作：将 A1:F1 单元格区域合并，并将该单元格中的文本“水平对齐方式”设置为“分散对齐(缩进)”，“缩进”值设置为 2。

（2）接上题，为第 1 行的标题文本设置字体、字号及颜色，并调整其行高。

（3）接上题，练习设置对齐方式及单元格样式和套用表格格式的使用。

项目4

使用公式和函数

项目导读

公式是对数据进行分析处理的等式，可以对工作表中数值进行各种运算。函数可用于执行简单或复杂的计算。通过对本章学习，读者应掌握公式和函数的使用。

知识要点

- ✪ 创建公式
- ✪ 单元格的引用
- ✪ 函数的基本使用
- ✪ 用数组进行计算

任务1 创建公式

Excel 可以创建许多公式，这些公式主要由运算符和运算数构成，每个运算数可以是常量、单元格或引用单元格区域等，参与计算的运算数通过运算符隔开。只有正确使用运算符，并确定正确的运算顺序，才能创建正确的公式。

实训1 公式中的运算符

Excel 包含 4 种类型的运算符，即算术运算符、比较运算符、文本运算符和引用运算符。下面分别对每种类型的运算符进行介绍。

1. 算术运算符

算术运算符用来完成基本的数学运算，如加法、减法和乘法等，并且可用它来连接数字和产生数字结果。表 4.1 列出了 Excel 中可用的算术运算符。

表4.1 算术运算符

算术运算符	含义	示例
+	加法运算	2+2
–	减法运算或负数	5-3 或-8
^	乘幂	4^2
*	乘法运算	9*3

（续表）

算术运算符	含义	示例
/	除法运算	5/2
%	百分比	85%

2. 比较运算符

比较运算符可用来比较两个值。当用运算符比较两个值时，结果是一个逻辑值，不是 TRUE（真）就是 FALSE（假）。表 4.2 列出了 Excel 中可以使用的比较运算符。

表4.2　比较运算符

比较运算符	含义	示例
=	等于	A=B
>	大于	A>B
<	小于	A<B
>=	大于等于	A>=B
<=	小于等于	A<=B
<>	不相等	A<>B

3. 文本运算符

文本运算符用来加入或连接一个或更多文本字符串，以产生一串文本。要连接文本字符串，必须使用文本运算符“&”。

4. 引用运算符

使用引用运算符可以将单元格区域合并计算。表 4.3 列出了 Excel 中可以使用的引用运算符。

表4.3　引用运算符

引用运算符	含义	示例
：（冒号）	区域运算符，产生对包括在两个引用之间的所有单元格的引用	例如，A1:A10 表示从单元格 A1 一直到单元格 A10 中的数据
，（逗号）	联合运算符，将多个引用合并为一个引用	例如，SUM(C8:C12,D7:D12)表示计算从单元格 C8 到单元格 C12，以及从单元格 D7 到单元格 D12 中的数据的总和
（单个空格）	交叉运算符，表示几个单元格区域所共有的那些单元格	例如，B3:D7 C6:C8 表示这两个单元格区域的共有单元格 C7

实训 2　公式中的运算顺序

如果公式中同时用到多个运算符，Excel 将按表 4.4 所列的顺序从上到下进行运算。如果公式中包含相同优先级的运算符，例如，公式中同时包含乘法和除法运算符，那么 Excel 将从左到右进行计算。

表4.4　公式中运算符的顺序

运算符	含义
:	引用运算符
（单个空格）	引用运算符
,	引用运算符
–	负号（如–3）
%	百分比
^	乘幂
* 和 /	乘和除
+ 和 –	加和减
&	文本运算符
= 、<>、<=、>=、<>	比较运算符

实训 3　输入公式

输入公式的操作类似于输入文本，但是在输入公式时应以一个等号“=”开头，表明之后的字符为公式。例如“=35+65*2”就是一个公式。

输入公式的方法并不是单一的，用户既可以在编辑栏中输入公式，也可以在单元格中直接输入公式。

1. 在编辑栏中输入公式

要在编辑栏中输入公式，其具体操作步骤如下。

Step 01 新建一个空白工作簿，并且分别在 B1、B2 单元格中输入 5 和 20。

Step 02 单击要输入公式的单元格 B3。

Step 03 在编辑栏中输入等号“=”。

Step 04 接着输入公式的内容及运算符，如图 4.1 所示。

Step 05 输入完毕后，按 Enter 键。

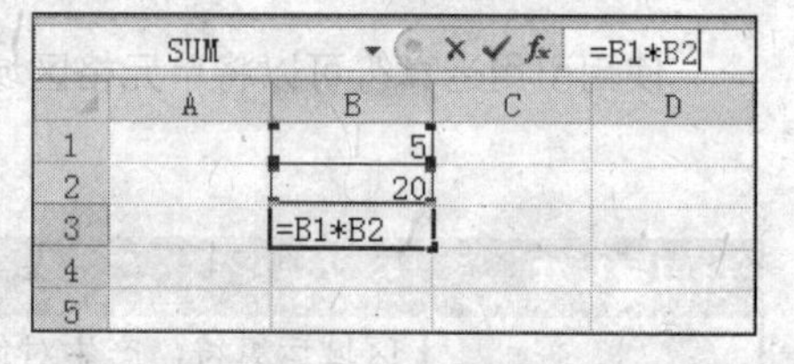

图 4.1　在编辑栏中输入公式

如果输入有错或需重新输入，可在按 Enter 键之前单击编辑栏左边的“取消”按钮✕；如果已经按了 Enter 键，则先选中该单元格，然后直接输入新的公式即可。

2. 在单元格中直接输入公式

要在单元格中直接输入公式，其具体操作步骤如下。

Step 01 双击要输入公式的单元格。

Step 02 在单元格中输入等号“=”。

Step 03 输入公式的内容和运算符。

Step 04 输入完毕后，按 Enter 键。

3. 鼠标单击输入公式

Step 01 单击要输入公式的单元格，例如 C2。

Step 02 在单元格中输入等号“=”。

Step 03 选中单元格 A2，则在单元格 C2 中输入了单元格引用地址 A2。

Step 04 在单元格 C2 中输入运算符“*”，然后选中单元格 B2。输入完毕后，按 Enter 键即可。

实训 4　编辑公式

当发现某个公式有错误时，用户可对其进行编辑，其具体操作步骤如下。

Step 01 打开“素材和源文件\素材\cha04\销售季度统计表 1.xlsx”，并另存为一份。

Step 02 双击包含要修改公式的单元格 B8。

Step 03 此时被公式引用的所有单元格都以彩色显示在公式单元格中，如图 4.2 所示。

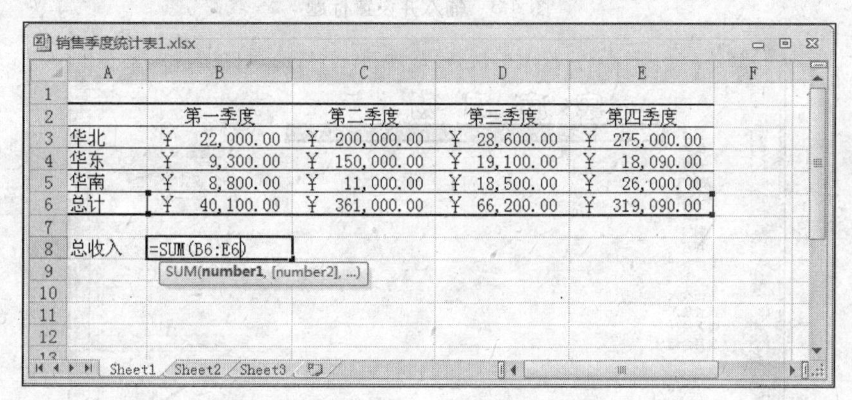

图 4.2　包含公式的单元格

Step 04 对公式中错误的地方进行修改。

Step 05 编辑完成后，按 Enter 键。

随堂演练　制作家庭收支统计表

Step 01 启动 Excel 2010 软件，系统会自动新建一个工作簿 1 工作表文档。

Step 02 选择 B1:H1 单元格区域，单击“开始”选项卡“对齐方式”组中的“合并后居中”按钮 合并后居中，设置该行的“行高”为 35，在该单元格中输入“家庭理财”，并设置“字体”为“华文彩云”，“字号”设置为 24。单击按钮，打开“设置单元格格式”对话框，单击“对齐”标签，打开“对齐”选项卡，将“水平对齐”设置为“分散对齐（缩进）”，将“缩进”值设置为 5，完成后的效果如图 4.3 所示。

Step 03 在 B2:B15 和 C2:H2 单元格区域中分别输入如图 4.4 所示的文本，其中 B11 单元格为空。分别将这两个单元格区域中的文本设置为“居中”对齐，“字体”设置为“黑体”，如图 4.4 所示。

Step 04 选中 A 列，将“列宽”设置为 3，分别将 A2:A10 和 A12:A14 单元格区域的“对齐方式”设置为“合并后居中”，在两个单元格区域中分别输入“支出”和“收入”，将其“字体”设置为“黑体”。选中“支出”和“收入”两个单元格区域，单击“开始”选项卡“对齐方式”组中的“方向”按钮，在弹出的下拉列表中选择“竖排文字”，如图 4.5 所示。

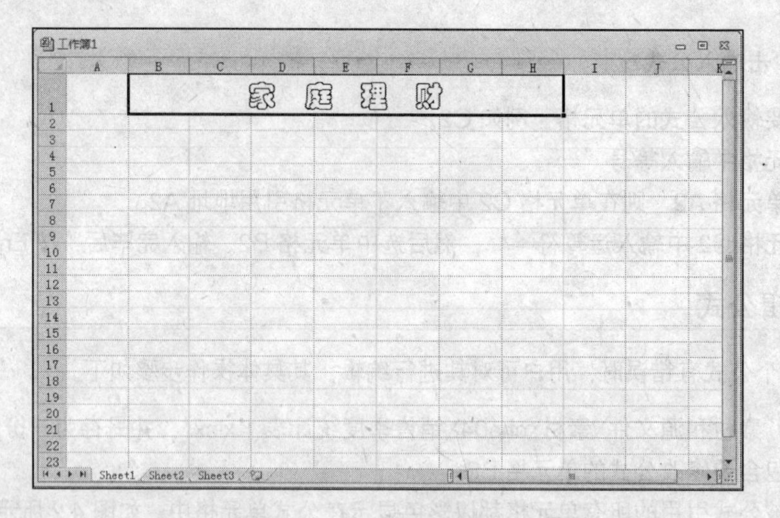

图 4.3 输入并设置标题

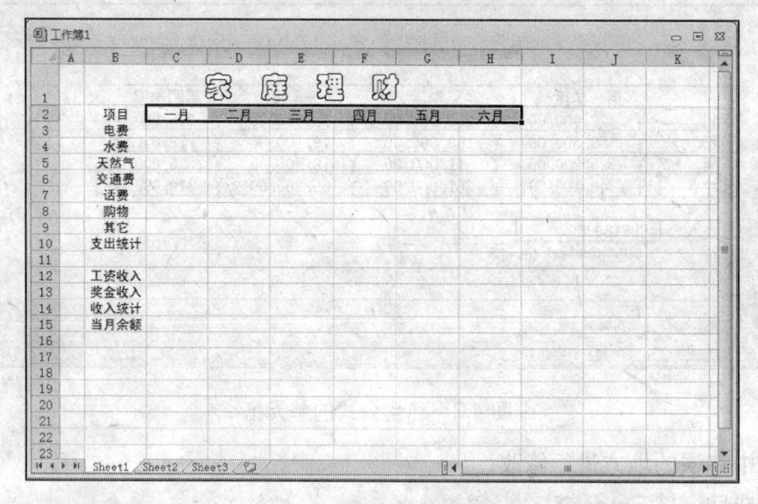

图 4.4 输入并设置文本

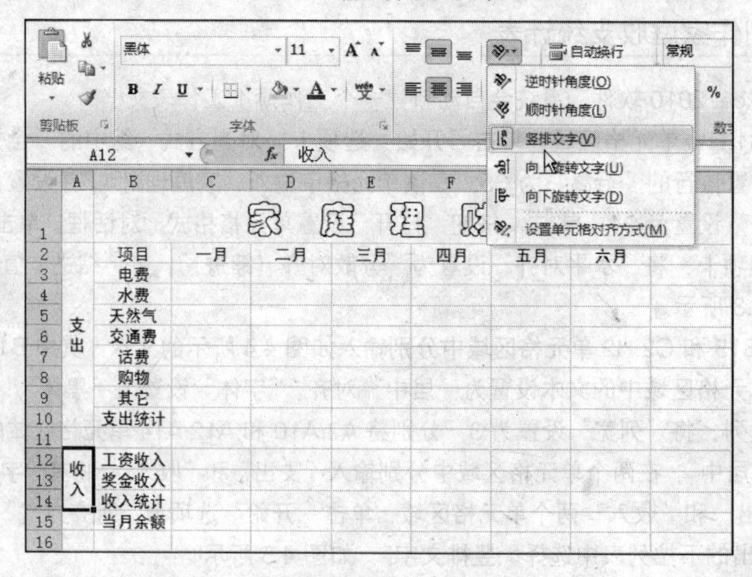

图 4.5 输入并设置文本

Step 05 选中 B2:B9、B2:H2 和 B12:B14，单元格区域，单击“开始”选项卡“字体”组中的“填充颜色”按钮右侧的下三角，在弹出的下拉列表中选择“深蓝，文字 2，淡色 80%”选项，对单元格进行填充，将“支出”和“收入”单元格填充为“浅蓝”，将 B10:H10 和 B15:H15 单元格区域填充为“黄色”完成后的效果如图 4.6 所示。

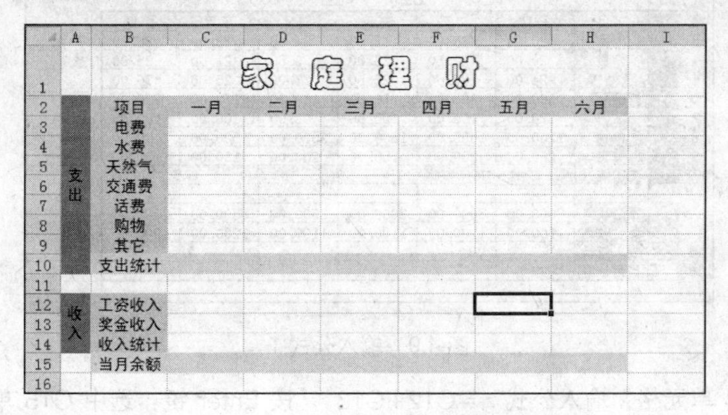

图 4.6　为单元格填充

Step 06 选中 A2:H15 单元格区域，右击选中的单元格区域，在弹出的快捷菜单中选择“设置单元格格式”命令，打开“设置单元格格式”对话框。单击“边框”标签，打开“边框”选项卡，在“线条样式”列表框中选择“细黑线”，单击右侧“外边框”按钮；在“线条样式”列表框中选择“细虚线”，单击右侧“内边框”按钮。单击“确定”按钮，如图 4.7 所示。

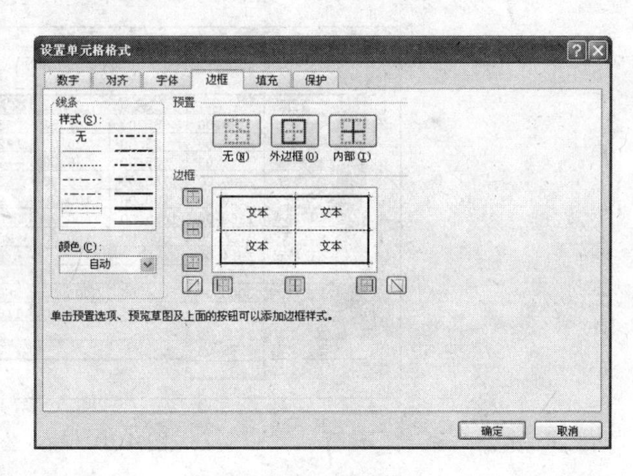

图 4.7　设置边框

Step 07 选中 C3:H10 和 C12:H15 单元格区域，在选中的单元格区域右击鼠标，从弹出的快捷菜单中选择“设置单元格格式”命令，打开“设置单元格格式”对话框。单击“数字”标签，打开“数字”选项卡，在“分类”列表框中选择“数值”选项，在右侧设置“小数位数”为 2，在“负数”列表框中选择第一个，单击“确定”按钮，如图 4.8 左所示。在工作表中输入如图 4.8 右所示的数据。

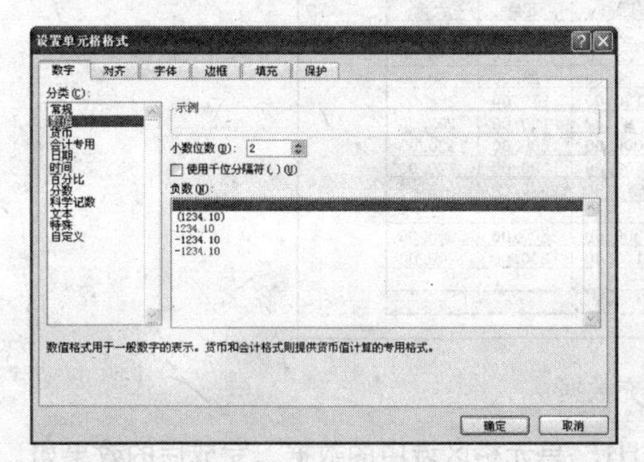

家 庭 理 财

	项目	一月	二月	三月	四月	五月	六月
支出	电费	30.00	35.00	42.50	34.00	38.00	36.00
	水费	20.00	22.50	26.00	23.50	21.00	25.00
	天然气	24.00	35.00	26.50	27.00	25.00	30.00
	交通费	200.00	160.00	210.00	130.00	170.00	280.00
	话费	120.00	100.00	105.00	98.00	100.00	102.00
	购物	1260.00	1055.00	1600.00	2000.00	1500.00	1420.00
	其它	260.00	300.00	150.00	200.00	180.00	120.00
	支出统计						
收入	工资收入	3000.00	3000.00	3000.00	3500.00	3500.00	3500.00
	奖金收入	1100.00	1100.00	1100.00	1100.00	1200.00	1200.00
	收入统计						
	当月余额						

图 4.8　输入数据

Step 08 选中 C10 单元格，输入公式“=C3+C4+C5+C6+C7+C8+C9”，按 Enter 键，如图 4.9 所示。

	A	B	C	D	E	F	G	H	I
1		家 庭 理 财							
2		项目	一月	二月	三月	四月	五月	六月	
3	支出	电费	30.00	35.00	42.50	34.00	38.00	36.00	
4		水费	20.00	22.50	26.00	23.50	21.00	25.00	
5		天然气	24.00	35.00	26.50	27.00	25.00	30.00	
6		交通费	200.00	160.00	210.00	130.00	170.00	280.00	
7		话费	120.00	100.00	105.00	98.00	100.00	102.00	
8		购物	1260.00	1055.00	1600.00	2000.00	1500.00	1420.00	
9		其它	260.00	300.00	150.00	200.00	180.00	120.00	
10		支出统计	=C3+C4+C5+C6+C7+C8+C9						
11									
12	收入	工资收入	3000.00	3000.00	3000.00	3500.00	3500.00	3500.00	
13		奖金收入	1100.00	1100.00	1100.00	1100.00	1200.00	1200.00	
14		收入统计							
15		当月余额							
16									

图 4.9　输入公式 1

Step 09 选中 C14 单元格，输入公式“=C12+C13”，按 Enter 键；选中 C15 单元格，输入公式“=C14-C10”，按 Enter 键，如图 4.10 所示。

	A	B	C	D	E	F	G	H	I
1		家 庭 理 财							
2		项目	一月	二月	三月	四月	五月	六月	
3	支出	电费	30.00	35.00	42.50	34.00	38.00	36.00	
4		水费	20.00	22.50	26.00	23.50	21.00	25.00	
5		天然气	24.00	35.00	26.50	27.00	25.00	30.00	
6		交通费	200.00	160.00	210.00	130.00	170.00	280.00	
7		话费	120.00	100.00	105.00	98.00	100.00	102.00	
8		购物	1260.00	1055.00	1600.00	2000.00	1500.00	1420.00	
9		其它	260.00	300.00	150.00	200.00	180.00	120.00	
10		支出统计	1914.00						
11									
12	收入	工资收入	3000.00	3000.00	3000.00	3500.00	3500.00	3500.00	
13		奖金收入	1100.00	1100.00	1100.00	1100.00	1200.00	1200.00	
14		收入统计	4100.00						
15		当月余额	2186.00						
16									
17									

图 4.10　输入公式 2

Step 10 选中 C10 单元格，将鼠标移至边框右下角，当鼠标指针变为➕形，按住鼠标左键向后拖至 H10 单元格，如图 4.11 所示。

	A	B	C	D	E	F	G	H	I
1		家 庭 理 财							
2		项目	一月	二月	三月	四月	五月	六月	
3	支出	电费	30.00	35.00	42.50	34.00	38.00	36.00	
4		水费	20.00	22.50	26.00	23.50	21.00	25.00	
5		天然气	24.00	35.00	26.50	27.00	25.00	30.00	
6		交通费	200.00	160.00	210.00	130.00	170.00	280.00	
7		话费	120.00	100.00	105.00	98.00	100.00	102.00	
8		购物	1260.00	1055.00	1600.00	2000.00	1500.00	1420.00	
9		其它	260.00	300.00	150.00	200.00	180.00	120.00	
10		支出统计	1914.00	1707.50	2160.00	2512.50	2034.00	2013.00	
11									
12	收入	工资收入	3000.00	3000.00	3000.00	3500.00	3500.00	3500.00	
13		奖金收入	1100.00	1100.00	1100.00	1100.00	1200.00	1200.00	
14		收入统计	4100.00						
15		当月余额	2186.00						
16									

图 4.11　自动填充数据

Step 11 使用同样的方法自动填充 C14:H14 和 C15:H15 单元格区域中的数据，完成后的效果如图 4.12 所示。将文件保存。

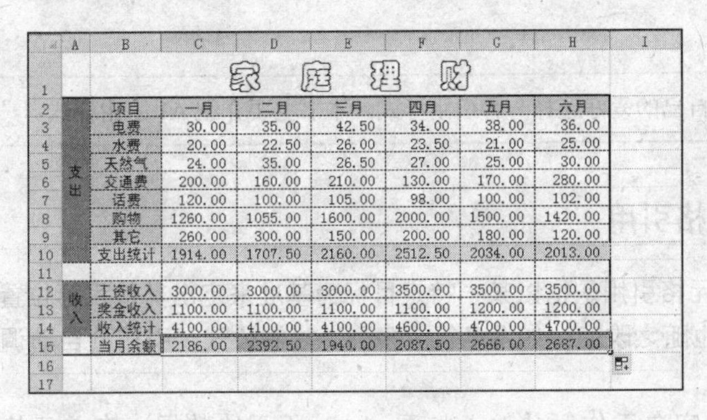

家庭理财

	项目	一月	二月	三月	四月	五月	六月
支出	电费	30.00	35.00	42.50	34.00	38.00	36.00
	水费	20.00	22.50	26.00	23.50	21.00	25.00
	天然气	24.00	35.00	26.50	27.00	25.00	30.00
	交通费	200.00	160.00	210.00	130.00	170.00	280.00
	话费	120.00	100.00	105.00	98.00	100.00	102.00
	购物	1260.00	1055.00	1600.00	2000.00	1500.00	1420.00
	其它	260.00	300.00	150.00	200.00	180.00	120.00
	支出统计	1914.00	1707.50	2160.00	2512.50	2034.00	2013.00
收入	工资收入	3000.00	3000.00	3000.00	3500.00	3500.00	3500.00
	奖金收入	1100.00	1100.00	1100.00	1100.00	1200.00	1200.00
	收入统计	4100.00	4100.00	4100.00	4600.00	4700.00	4700.00
	当月余额	2186.00	2392.50	1940.00	2087.50	2666.00	2687.00

图 4.12　最终效果

任务 2　单元格的引用

代表工作表中的一个单元格或一组单元格的引用被称为单元格的引用，它的作用在于标识工作表上的单元格或单元格区域，并指明公式中所使用的数据的位置。

用户经常需要在公式中引用单元格，例如在单元格 A1 中输入“6”，在单元格 A2 中输入“16”，想在单元格 A3 中求出单元格 A1 和 A2 的乘积，此时在单元格 A3 中输入公式“=A1*A2”显然要比直接输入公式“=6*16”有用得多。因为当用户更改单元格 A1 和 A2 中的数值时，单元格 A3 中的计算结果也会随之改变。

实训 1　A1 引用样式

在默认情况下，Excel 使用 A1 引用样式，此样式用字母标识列，用数字标识行。这些字母和数字称为列标和行号。如果要引用某个单元格，只需输入列标和行号即可，例如，C2 引用了列 C 和行 2 交叉处的单元格。

如果要引用单元格区域，请输入区域左上角单元格的引用、冒号（:）和区域右下角单元格的引用，例如：

A2:A10	在 A 列中第 2 行到第 10 行之间的单元格区域
B5:F5	在第 5 行中 B 列到 E 列之间的单元格区域
10:10	在第 10 行中的全部单元格
2:8	第 2 行到第 8 行之间的全部单元格
D:D	D 列中的全部单元格
C:F	C 列到 F 列之间的全部单元格
B8:E16	B 列第 8 行到 E 列第 16 行之间的单元格区域

此外，Excel 还有一种 R1C1 引用样式，它使用 R 加行数字和 C 加列数字来指示单元格的位置。如果要将 A1 引用样式切换到 R1C1 引用样式，其具体操作步骤如下。

Step 01 单击“文件”按钮，在弹出的菜单中单击“选项”按钮，打开“Excel 选项”对话框。

Step 02 单击“公式”选项，在右侧的“使用公式”选项组中单击“R1C1 引用样式”复选框，然后单击“确定”按钮。

此时，A1 引用样式将转换为 R1C1 引用样式，公式中所有的单元格引用都将改为 R1C1 引用样式。

提 示

用户可以根据自己的爱好选择一种引用样式，本书主要介绍 A1 引用样式。

实训 2　相对单元格引用

公式中的相对单元格引用是指以某一特定目标为基准来定出其他目标位置。如果公式所在单元格的位置改变，引用也随之改变；如果多行或多列地复制公式，引用会自动调整。在默认情况下，新公式使用相对引用。

例如，新建一个空白工作簿并输入如图 4.13 所示的数据，在单元格 B3 中包含有公式“=B1*B2”。

如果要在公式中使用相对单元格引用，其具体操作步骤如下。

Step 01 选定包含公式的单元格 B3 并右击鼠标，从弹出的快捷菜单中选择“复制”命令。

Step 02 选定单元格 D3 并右击鼠标，从弹出的快捷菜单中选择“粘贴”命令，结果如图 4.14 所示。

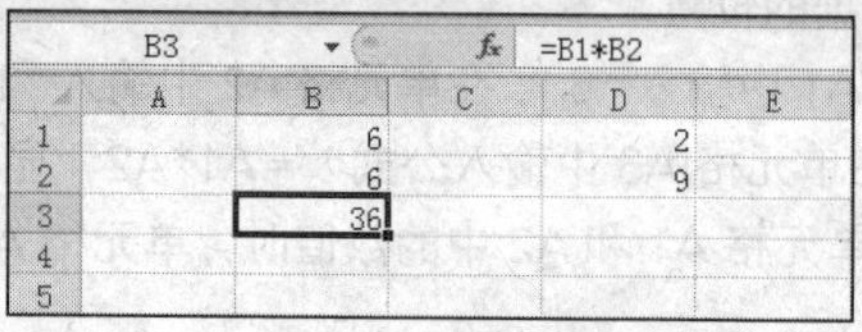

图 4.13　相对引用的示例

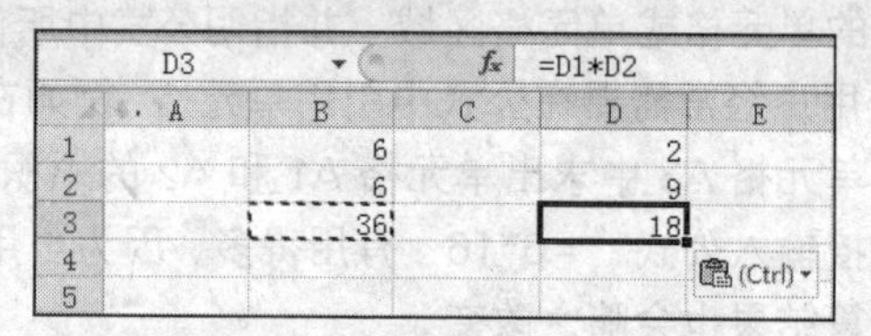

图 4.14　粘贴了含有相对引用的公式

从图 4.14 中可以看出，由于公式从单元格 B3 复制到单元格 D3，位置向右移动了两列，因此，公式的相对引用地址也随之发生相应的改变，由“=B1*B2”变成了“=D1*D2”。

提 示

无论将公式复制到哪一个单元格，其相对引用地址都会发生相应的改变。

实训 3　绝对单元格引用

公式中的绝对单元格引用总是在指定位置引用单元格，它的位置与包含公式的单元格无关。如果公式所在单元格的位置改变，绝对引用保持不变；如果多行或多列地复制公式，绝对引用也不会改变。

对于 A1 引用样式而言，如果在列标和行号前面都加上符号$，则代表绝对引用单元格。例如，把图 4.13 中单元格 B3 的公式改为“=B1*$B$2”，然后将该公式复制到单元格 D3，结果如图 4.15 所示。

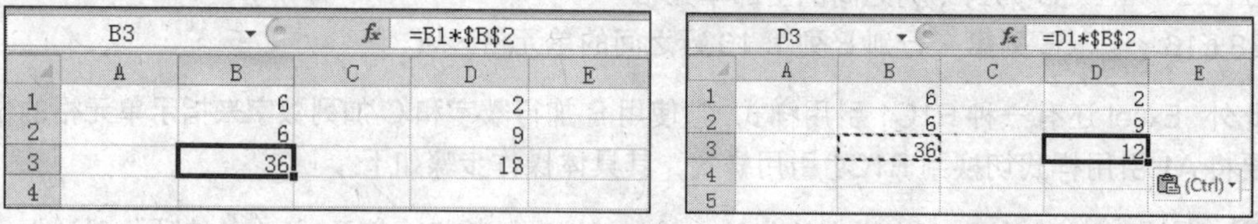

图 4.15　粘贴了含有绝对引用的公式

从图 4.15 左图中可以看出，由于单元格 B2 使用了绝对引用，B1 使用了相对引用，因此将单元格 B3 中的公式复制到单元格 D3 时，公式相应改变为“=D1*$B$2”。

如果将单元格 B3 中的公式改为“=$B$1*$B$2”，那么将它复制到单元格 D3 时，公式仍然为“=$B$1*$B$2”。

实训 4　混合单元格引用

混合单元格引用具有绝对列和相对行，或是绝对行和相对列。绝对引用列采用$A1、$B1 等形式；绝对引用行采用 A$1、B$1 等形式。如果公式所在单元格的位置改变，则相对引用改变，而绝对引用不变；如果多行或多列地复制公式，相对引用会自动调整，而绝对引用不会作调整。

例如，把图 4.15 中单元格 B3 的公式改为"=$B1*$B2"，然后将其复制到单元格 D4，结果如图 4.16 所示。

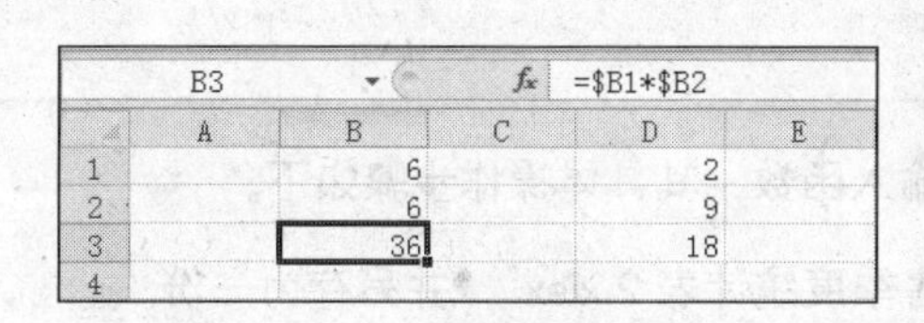

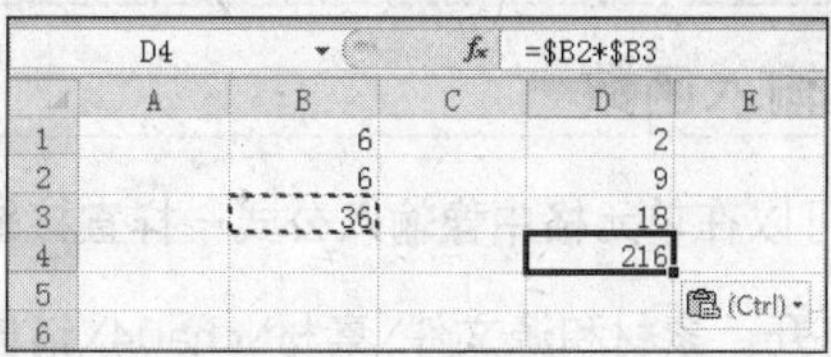

图 4.16　粘贴了含有混合引用的公式

从图 4.16 中可以看出，由于单元格 B3 公式中的 B1 和 B2 使用了混合引用，当复制到单元格 D4 时，公式的列标不会变化，而行号则会相应变动，因此公式变为"=$B2*$B3"。

知识拓展

关于三维引用的介绍，请参见"素材和源文件\知识拓展\第 4 章\三维引用.doc"。

任务 3　使用函数

函数是一些预定的公式，它主要以参数作为运算对象。在函数中，参数可以是数字、文本、逻辑值、数组、错误值或单元格引用，也可以是常量、公式或其他函数。函数的语法以函数名称开始，后面是左括号、以逗号隔开的参数和右括号。如果函数要以公式形式出现，只需在函数名称前面输入等号"="即可。

实训 1　常用的函数

虽然 Excel 提供了数百种函数，但只有少数函数比较常用，现将一些较常用的函数在表 4.5 中列出来，以供用户参考使用。

表4.5　Excel中常用的函数

函数	语法	作用
SUM	SUM(Number1,Number2, ...)	计算某一单元格区域中所有数字的和
RANK	RANK(number,ref,order)	返回某一数值在一列数值中相对于其他数值的排位
NOW	NOW()	给出当前系统的日期和时间
AVERAGE	AVERAGE(number1,number2,...)	计算所有参数的算术平均值
SUMIF	SUMIF(range,criteria,sum_range)	对符合指定条件的单元格区域内的值求和
COUNT	COUNT(value1,value2,...)	统计符合指定条件的单元格区域或参数列表中数字的个数
HYPERLINK	HYPERLINK(link_location, friendly_name)	创建一个超级链接，用来打开存储在网络服务器、Intranet 或 Internet 中的文件

（续表）

函数	语法	作用
IF	IF(logical_test,value_if_true, value_if_false)	执行真假值判断，根据逻辑计算的真假值，返回不同结果
SIN	SIN(number)	返回给定角度的正弦值
MAX	MAX(number1,number2,...)	返回一组数值中的最大值
MIN	MIN(number1,number2,...)	返回一组数值中的最小值

实训 2　输入函数

用户可以在单元格中像输入公式一样直接输入函数，其具体操作步骤如下。

Step 01　打开“素材和源文件\素材\cha04\销售季度统计表 2.xlsx”，并另存为一份。

Step 02　双击要输入函数的单元格 B8。

Step 03　输入一个等号“=”。

Step 04　输入函数名（如 SUM）和左括号。

Step 05　选定要引用的单元格或区域，此时所引用的单元格或区域会出现在左括号的后面，如图 4.17 所示。

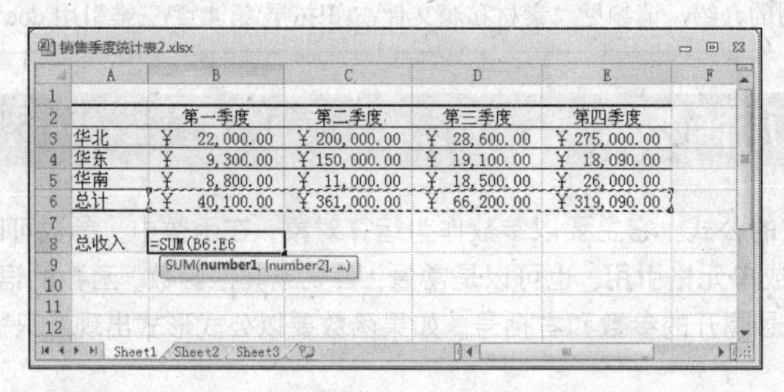

图 4.17　选定要引用的单元格或区域

Step 06　输入右括号，然后按 Enter 键，完成函数的输入。

用户还可以在函数下拉列表框中选择要使用的函数，其具体操作步骤如下。

Step 01　打开“素材和源文件\素材\cha04\销售季度统计表 2.xlsx”，并另存为一份。

Step 02　双击要输入函数的单元格 B8。

Step 03　在单元格中输入等号“=”。

Step 04　单击“函数”列表框右侧的下三角按钮，从打开的下拉列表中选择要输入的函数名，如图 4.18 所示。

图 4.18　选择要输入的函数名

Step 05 如果在下拉列表中没有所需的函数，可以选择“其他函数”选项或单击“公式”选项卡“函数库”组中的“插入函数”按钮，打开“插入函数”对话框，如图 4.19 所示。

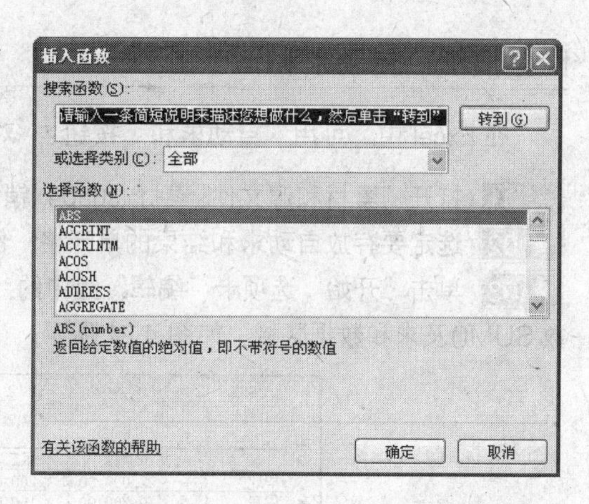

图 4.19 “插入函数”对话框

提 示

还可以通过单击公式编辑栏中的“插入函数”按钮，打开“插入函数”对话框。

Step 06 在该对话框中，可在“搜索函数”文本框中直接输入所需函数名，然后单击“转到”按钮；也可以在“或选择类别”下拉列表框中选择所需的函数类别，最后在“选择函数”列表框中选择所需的函数，例如这里选择 SUM()函数。

Step 07 单击“确定”按钮，打开“函数参数”对话框，如图 4.20 所示。

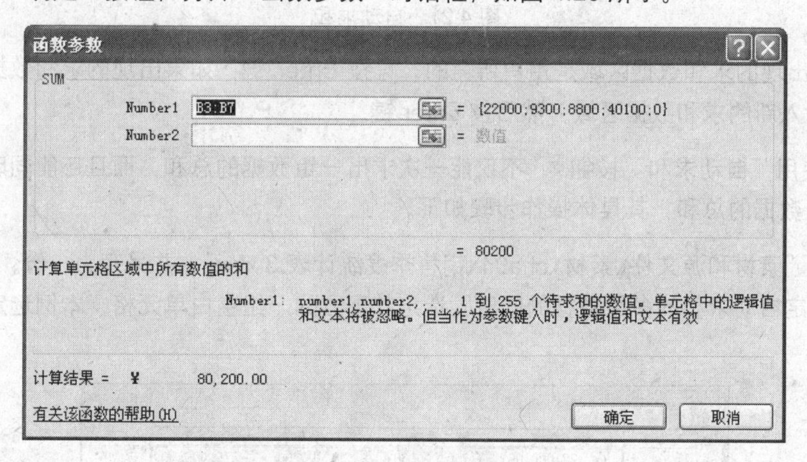

图 4.20 “函数参数”对话框

Step 08 在参数文本框中直接输入参数值、单元格引用区域，也可用鼠标直接在工作表中选取单元格区域，如本例选定 B6:E6 单元格区域。

Step 09 单击“确定”按钮。

提 示

如果对函数的使用有不清楚的地方，可以查看帮助信息。

实训 3 编辑函数

输入一个函数后，用户可以像编辑文本一样编辑它，其具体操作步骤如下。

Step 01 选定含有函数的单元格。

Step 02 单击公式编辑栏中的“插入函数”按钮，或单击“公式”选项卡“函数库”组中的“插入函数”按钮，打开“插入函数”对话框。

Step 03 在该对话框中根据需要对参数进行修改。

Step 04 单击“确定”按钮。

随堂演练　自动求和

在 Excel 中，可用“自动求和”按钮Σ▾对数字自动求和，其具体操作步骤如下。

Step 01 打开“素材和源文件\素材\cha04\销售季度统计表 3.xlsx”，并另存为一份。

Step 02 选定要存放自动求和结果的单元格，例如这里选定 B6 单元格。

Step 03 单击“开始”选项卡“编辑”组中的“自动求和”按钮Σ▾，此时 Excel 将自动出现求和函数 SUM()及求和数据区域，如图 4.21 所示。

SUM　　=SUM(B3:B5)

	A	B	C	D	E	F
1						
2		第一季度	第二季度	第三季度	第四季度	
3	华北	￥ 22,000.00	￥200,000.00	￥ 28,600.00	￥275,000.00	
4	华东	￥ 9,300.00	￥150,000.00	￥ 19,100.00	￥ 18,090.00	
5	华南	￥ 8,800.00	￥ 11,000.00	￥ 18,500.00	￥ 26,000.00	
6	总计	=SUM(B3:B5)				
7		SUM(number1, [number2], ...)				
8						
9						

图 4.21　自动求和

Step 04 如果出现的求和数据区域是用户所需的，可按 Enter 键；如果出现的求和数据区域不是所需的，可以输入新的求和数据区域，然后按 Enter 键。

其实，使用“自动求和”按钮Σ▾不仅能一次求出一组数据的总和，而且还能同时自动求出多组数据中每组数据的总和，其具体操作步骤如下。

Step 01 打开“素材和源文件\素材\cha04\销售季度统计表 3.xlsx”，并另存为一份。

Step 02 在选定自动求和的多组数据的同时，选定其下方的一组空白单元格，本例选定 B3:E6，如图 4.22 所示。

	A	B	C	D	E	F
1						
2		第一季度	第二季度	第三季度	第四季度	
3	华北	￥ 22,000.00	￥200,000.00	￥ 28,600.00	￥275,000.00	
4	华东	￥ 9,300.00	￥150,000.00	￥ 19,100.00	￥ 18,090.00	
5	华南	￥ 8,800.00	￥ 11,000.00	￥ 18,500.00	￥ 26,000.00	
6	总计					
7						
8						

图 4.22　选定单元格区域

Step 03 单击“开始”选项卡“编辑”组中的“自动求和”按钮Σ▾，结果如图 4.23 所示。

	A	B	C	D	E	F
1						
2		第一季度	第二季度	第三季度	第四季度	
3	华北	￥ 22,000.00	￥200,000.00	￥ 28,600.00	￥275,000.00	
4	华东	￥ 9,300.00	￥150,000.00	￥ 19,100.00	￥ 18,090.00	
5	华南	￥ 8,800.00	￥ 11,000.00	￥ 18,500.00	￥ 26,000.00	
6	总计	￥ 40,100.00	￥361,000.00	￥ 66,200.00	￥319,090.00	
7						
8						

图 4.23　自动求和的结果

实训 4　使用数组进行计算

数组是一组长方形范围的公式或值。数组是小空间内进行大量计算的强有力的方法，它可以替代很多重复的公式，因而能节省内存。

如图 4.24 所示为饰品统计输入数组公式。图中第 2 行是饰品单价，第 3 行是饰品数量。如果使用标准公式，可以通过将 2 行乘以 3 行得出结果。但这种方法需要进行 4 次计算。

输入数组公式的具体步骤如下。

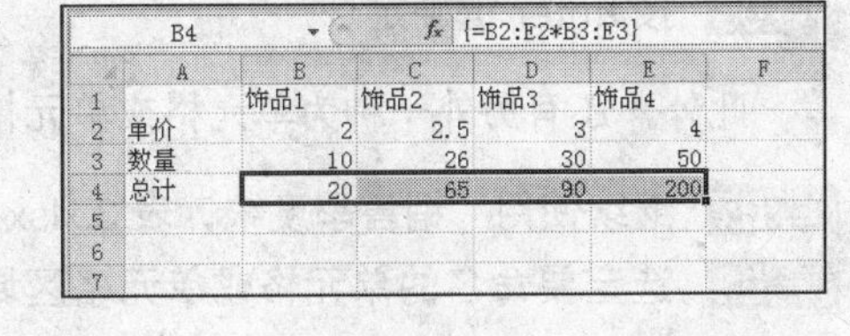

B4 {=B2:E2*B3:E3}

	A	B	C	D	E	F
1		饰品1	饰品2	饰品3	饰品4	
2	单价	2	2.5	3	4	
3	数量	10	26	30	50	
4	总计	20	65	90	200	
5						
6						
7						

图 4.24　数组公式的输入

Step 01　打开“素材和源文件\素材\cha04\饰品销售表.xlsx”，并另存为一份。

Step 02　选择存放结果区域，如 B4:E4。

Step 03　直接输入“=B2:E2*B3:E3”。

Step 04　按 Shift+Ctrl+Enter 组合键将公式作为数组的形式输入。

显示在编辑栏里的公式（见图 4.24）不是将两个单元格相乘，而是将两行单元格 B2:E2 和 B3:E3 配对相乘。相应的结果放在单元格区域 B4:E4 的各个单元格中。

知识拓展

当工作表中的公式较多时，审核公式的正确性将是至关重要的。关于公式的审核，请参见“素材和源文件\知识拓展\第 4 章\审核公式.doc”。

实训 5　创建名称

用户可以对工作表中的单元格或单元格区域重新命名，使它们有个更易被记住的名称。

例如，工作表中的 B3:B5 是第一季度的销售额，用户可以把它定义为“一季度销售额”，就不必再去记忆单元格的起始和终止位置，如果用户想求出季度销售总额，也不必输入公式“=SUM(B3:B5)”，只需输入公式“=SUM(一季度销售额)”即可，使用起来方便易记。

在创建名称时，应遵循以下一些规则：

- 名称可以包含大小写字母、数字、汉字及下划线字符“_”等。
- 名称的第一个字符不能是数字，而必须是一个字母或者下划线字符。
- 名称最多包含 256 个字符。
- 名称不能与单元格的引用相同。
- 名称中不能含有空格。

在工作表中，为单元格或单元格区域创建名称主要有两种方法，用其中的一种方法可以快速为单元格或单元格区域创建名称，具体操作步骤如下。

Step 01　打开“素材和源文件\素材\cha04\销售季度统计表 3.xlsx”，并另存为一份。

Step 02　选定要命名的单元格或单元格区域，本例选定 B3:B5。

Step 03　单击编辑栏左边的“名称”框。

Step 04　在“名称”框中输入所需的名称，这里输入“一季度销售额”，如图 4.25 所示。

一季度销售额 22000

	A	B	C	D	E
1					
2		第一季度	第二季度	第三季度	第四季度
3	华北	￥ 22,000.00	￥200,000.00	￥ 28,600.00	￥275,000.00
4	华东	￥ 9,300.00	￥150,000.00	￥ 19,100.00	￥ 18,090.00
5	华南	￥ 8,800.00	￥ 11,000.00	￥ 18,500.00	￥ 26,000.00
6	总计				

图 4.25　在“名称”框中输入名称

Step 05 按 Enter 键确定。

此外，还有另外一种为单元格或单元格区域创建名称的方法，其具体操作步骤如下。

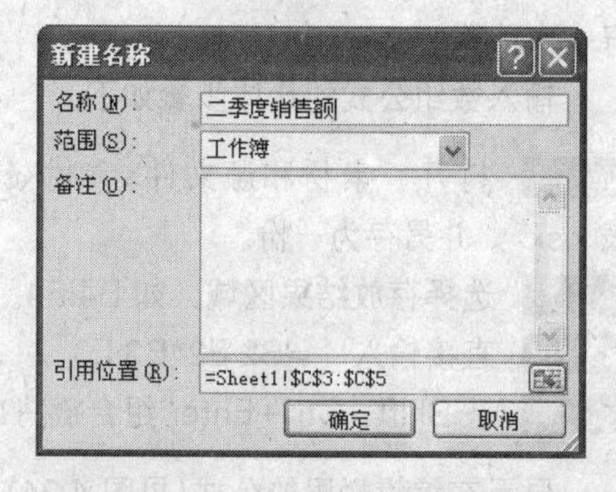

图 4.26 “新建名称”对话框

图 4.27 “新建名称 - 引用位置”对话框

Step 01 继续使用“销售季度统计表 3.xlsx”工作表。

Step 02 选定要命名的单元格或单元格区域，本例选定 C3:C5。

Step 03 单击“公式”选项卡“定义的名称”组中的“定义名称”按钮，打开“新建名称”对话框，在“名称”文本框中输入名称，如图 4.26 所示。

Step 04 在“引用位置”文本框中列出了所选区域的地址，该地址的表示方法为“工作表名！单元格引用”。

Step 05 如果更改引用位置，可以单击“引用位置”文本框右边的按钮，打开“新建名称-引用位置”对话框，如图 4.27 所示。

Step 06 在工作表中选定新的单元格或单元格区域，此时选定的单元格或单元格区域会出现在该对话框的文本框中。

Step 07 单击按钮，返回“新建名称”对话框，然后单击“确定”按钮。

提 示

如果要改变或删除单元格或单元格区域的名称，可以单击“公式”选项卡“定义的名称”组中的“名称管理器”按钮，打开“名称管理器”对话框，如图 4.28 所示。选择相应的名称，单击“编辑”或“删除”按钮进行操作。

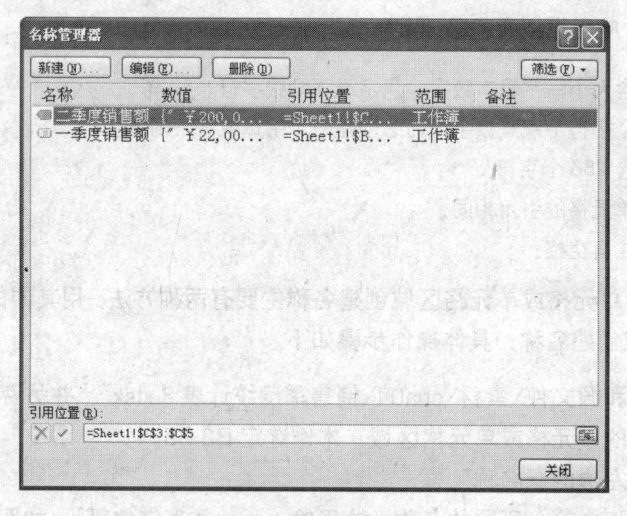

图 4.28 名称管理器

技巧案例 使用快捷键设置单元格格式

常规数字格式	Ctrl+Shift+~
带两个小数位的“货币”格式	Ctrl+Shift+$

不带小数位的"百分比"格式	Ctrl+Shift+%
带两个小数位的"科学记数"数字格式	Ctrl+Shift+^
年月日"日期"格式	Ctrl+Shift+#
小时和分钟"时间"格式，并表明上午或下午	Ctrl+Shift+@
外边框	Ctrl+Shift+&
取消选定单元格区域中的所有边框	Ctrl+Shift+_

综合案例 个人所得税计算表

Step 01 启动 Excel 2010 软件，系统会自动新建一个"工作簿 1"工作表文档。

Step 02 选择 I6:J6 单元格区域，单击"开始"选项卡"对齐方式"组中的"合并后居中"按钮，在 I6、K6 和 L6 单元格中分别输入文本，并将文本对齐方式设置为居中，如图 4.29 所示。

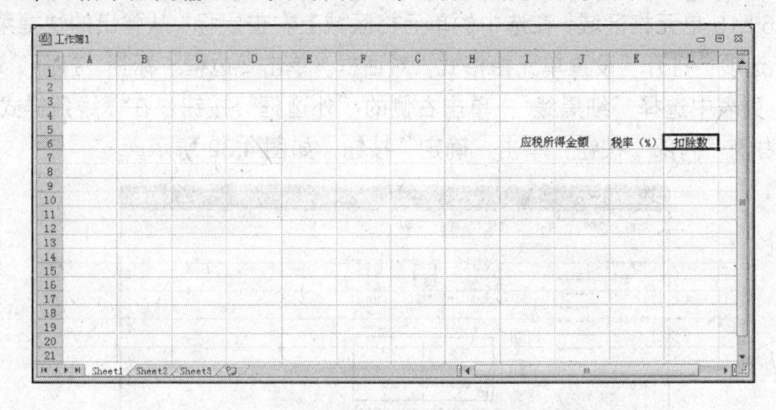

图 4.29 输入文本

Step 03 选择 H6:H15 单元格区域，单击"合并后居中"按钮，并输入文本。选中该单元格区域，单击"开始"选项卡"对齐方式"组中的"方向"按钮，在弹出的下拉列表中选择"竖排文字"，调整 H 列的列宽为 3，完成后的效果如图 4.30 所示。

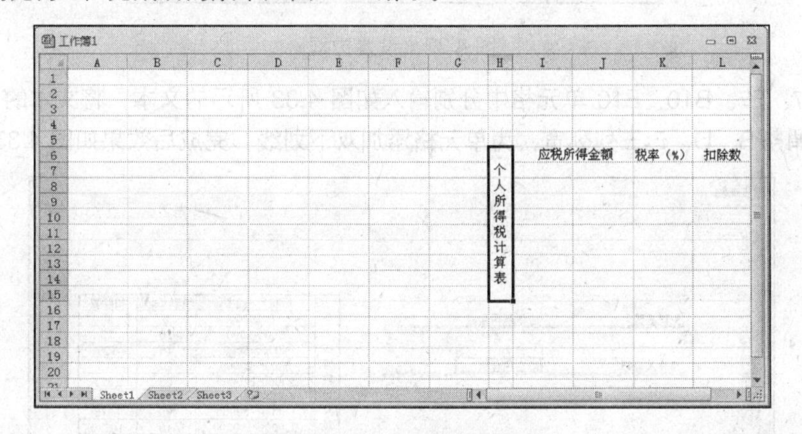

图 4.30 输入并设置文本

Step 04 按住 Ctrl 键，分别选择 I7:J7、I8:J8、I9:J9、I10:J10、I11:J11、I12:J12、I13:J13、I14:J14、I15:J15 单元格区域，单击"合并后居中"按钮，并在 I7:L15 单元格中分别输入如图 4.31 所示的文本，将后两列文本对齐方式也设置为居中。

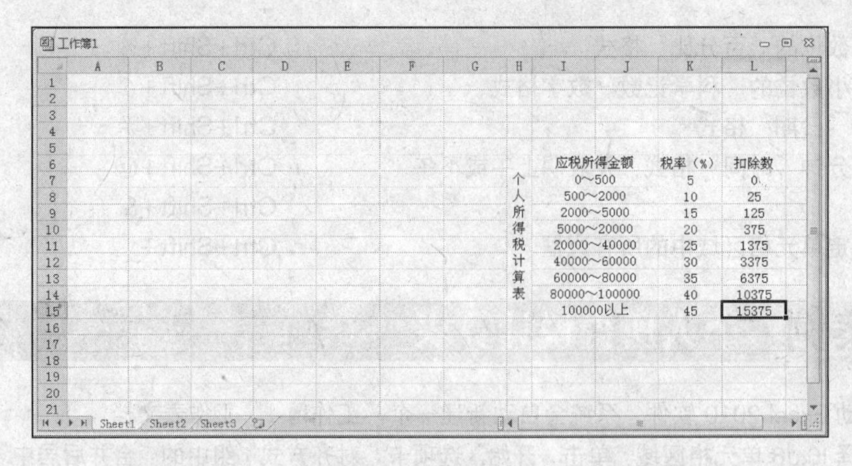

图 4.31　输入文本

Step 05　选择 H6:L15 单元格区域，在选中的单元格区域上右击鼠标，从弹出的快捷菜单中选择“设置单元格格式”选项，打开“设置单元格格式”对话框。单击“边框”标签，打开“边框”选项卡，在“线条样式”列表中选择“细黑线”，单击右侧的“外边框”按钮；在“线条样式”列表中选择“细线”，单击右侧“内部”按钮；单击“确定”按钮，如图 4.32 所示。

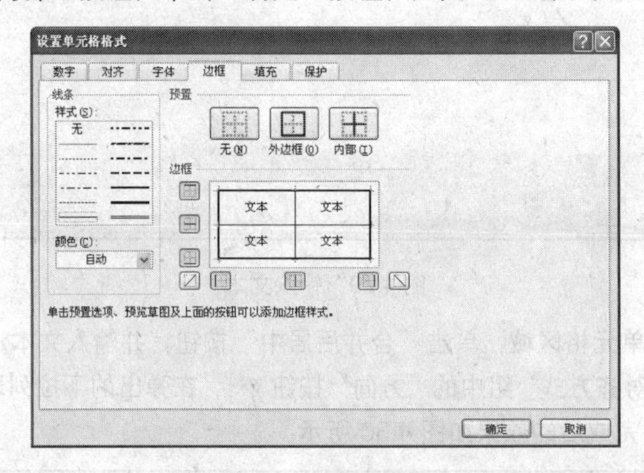

图 4.32　设置边框

Step 06　在 B7、E7、B10、E10 单元格中分别输入如图 4.33 所示的文本，将文本的“字体”设置为“黑体”。调整 B、D、E 三列列宽，为单元格添加双下划线，完成后效果如图 4.33 所示。

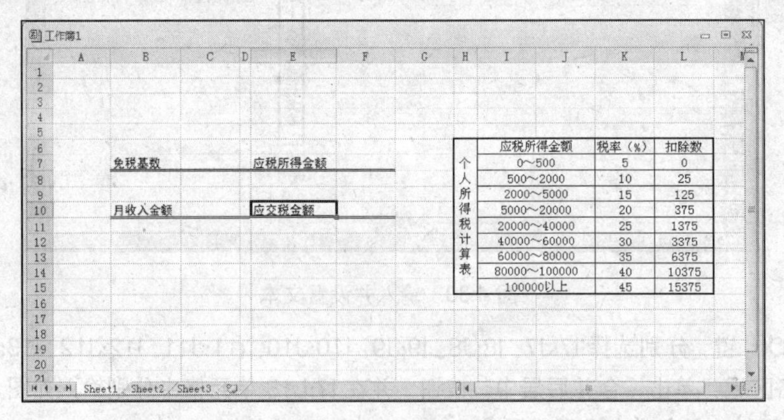

图 4.33　输入并设置文本

Step 07 在 C7 单元格中输入免税基数。选择 F7 单元格，输入公式“=IF(C10>C7,C10-C7,IF(C10<=C7,0))”，按 Enter 键确认，如图 4.34 所示。

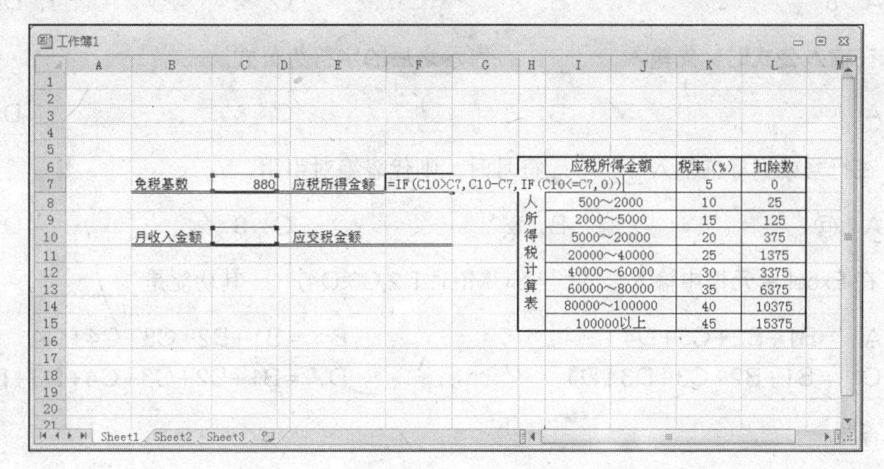

图 4.34 输入公式

Step 08 在 F10 单元格中输入公式“=IF(F7>=100000,F7*0.45-15375,IF(F7>=80000,F7*0.4-10375,IF(F7>=60000,F7*0.35-6375,IF(F7>=40000,F7*0.3-3375,IF(F7>=20000,F7*0.25-1375,IF(F7>=5000,F7*0.2-375,IF(F7>=2000,F7*0.15-125,IF(F7>=500,F7*0.1-25,IF(F7<500,F7*0.05)))))))))”，按 Enter 键确认，如图 4.35 所示。

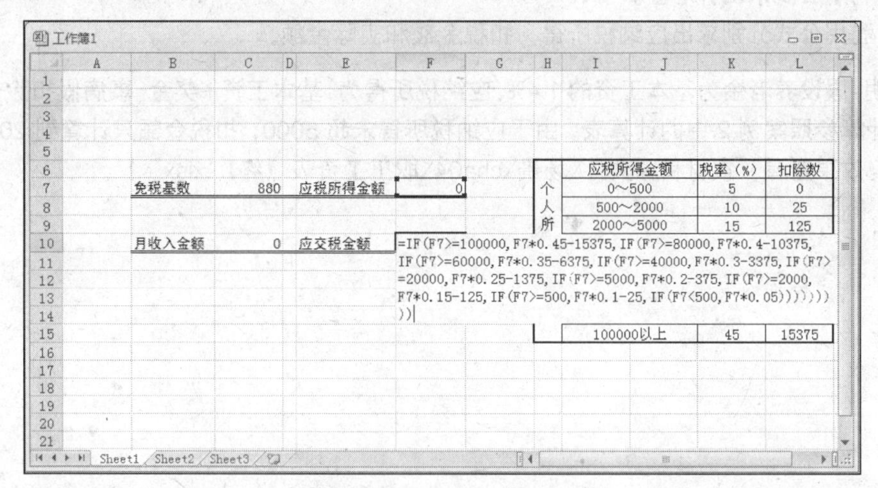

图 4.35 输入公式

Step 09 至此个人所得税计算表制作完成，在“月收入金额”中输入数值，会自动计算出应税所得金额和应交税金额。将文件保存。

课后习题与上机操作

1. 选择题

（1）下面的运算符中，________的运算顺序在最前。

A. *　　B. +　　C. >　　D. :

（2）在 Excel 公式中的运算符有________种。

A．5　　B．4　　C．2　　D．3

（3）在输入公式时，先输入________，表示之后的字符为公式。

A．=　　B．/　　C．&　　D．#

（4）在行号或列标前输入________符号时，则代表绝对引用。

A．@　　B．&　　C．$　　D．#

（5）在 Excel 单元格中输入公式“=SUM(B1:B2,C3:D4)”，其功能是________。

A．=B1+B2+C3+D4　　B．=B1+B2+C3+C4+D4
C．=B1+B2+C3+D3+D4　　D．=B1+B2+C3+C4+D3+D4

2. 简答题

（1）有几种输入公式的方法？
（2）简述单元格的相对引用与绝对引用的区别。

3. 操作题

（1）打开“素材和源文件\素材\cha04\职工工资表.xlsx”。
（2）利用公式求出养老金。
（3）利用公式分别求出应纳税所得、扣税金额和实际金额。

（说明：假设养老金为基本工资的 1.4%，应纳税所得为“基本工资+奖金-事病假扣除-养老金”，扣税金额计算参照案例 2 中的计算表。由于应纳税所得未超 5000，扣税金额只计算到 2000～5000 之间。最终效果查看“素材和源文件\场景\cha04\职工工资表（终）.xlsx”）。

项目5

管理分析数据

项目导读

Excel 不仅可以制作一般的表格，而且可以对数据清单进行排序，筛选，分类汇总等，还可以分析数据和对数据创建透视表。通过本章学习，读者应掌握对数据的管理与分析。

知识要点

- 数据的排序
- 筛选数据
- 分类汇总数据
- 模拟运算表
- 使用数据透视表
- 使用方案管理器

任务1 数据管理的基础操作

实训1 排序数据

排序是指根据某一特定字段的内容来重排数据。在管理数据的过程中，常用到排序功能。通常，工作表中的数据都是随机输入的，缺乏相应的条理性。为了对工作表中的数据管理更加方便，就需要对工作表中的数据进行排序。

1. 简单排序

简单排序也叫单列排序，它是最简单、最常用的排序方法，也就是根据工作表中某一列的数据对整个工作表进行升序或降序排列。

下面以一张销售报表的工作表为例，按某一指定列的数据进行降序排序，其具体操作步骤如下。

Step 01 打开“素材和源文件\素材\cha05\产品销售表.xlsx”，并另存为一份，如图5.1所示。

Step 02 选中“销售量”所在列中的任意一个单元格。

Step 03 单击“数据”选项卡“排序和筛选”组中的“升序”按钮，升序排序效果如图5.2所示。

Step 04 选中“单价”所在列中的任意一个单元格。

产品销售表.xlsx

产品销售情况表

产品编码	产品名称	单价	销售量	销售金额
M10001	写真机	6000	10	¥ 60,000
M10002	喷绘机	10000	12	¥ 120,000
M10003	复印机	3000	20	¥ 60,000
M10004	扫描仪	450	35	¥ 15,750
M10005	写真机	7500	18	¥ 135,000
M10006	复印机	2000	50	¥ 100,000
M10007	喷绘机	22000	16	¥ 352,000
M10008	扫描仪	600	35	¥ 21,000
M10009	复印机	1800	10	¥ 18,000
M10010	写真机	8000	8	¥ 64,000
M10011	喷绘机	40000	12	¥ 480,000
M10012	扫描仪	1100	14	¥ 15,400
M10013	写真机	8500	35	¥ 297,500
M10014	喷绘机	60000	18	¥ 1,080,000
M10015	扫描仪	860	11	¥ 9,460
M10016	写真机	10000	13	¥ 130,000

产品销售表 eet2 Sheet3

图5.1 产品销售表

Step 05 单击“数据”选项卡“排序和筛选”组中的“降序”按钮，降序排序效果如图 5.3 所示。

产品销售情况表

产品编码	产品名称	单价	销售量	销售金额
M10010	写真机	8000	8	¥ 64,000
M10001	写真机	6000	10	¥ 60,000
M10009	复印机	1800	10	¥ 18,000
M10015	扫描仪	860	11	¥ 9,460
M10002	喷绘机	10000	12	¥ 120,000
M10011	喷绘机	40000	12	¥ 480,000
M10016	写真机	10000	13	¥ 130,000
M10012	扫描仪	1100	14	¥ 15,400
M10007	喷绘机	22000	16	¥ 352,000
M10005	写真机	7500	18	¥ 135,000
M10014	喷绘机	60000	18	¥ 1,080,000
M10003	复印机	3000	20	¥ 60,000
M10004	扫描仪	450	35	¥ 15,750
M10008	扫描仪	600	35	¥ 21,000

图 5.2 按销售量升序排序的结果

产品销售情况表

产品编码	产品名称	单价	销售量	销售金额
M10014	喷绘机	60000	18	¥ 1,080,000
M10011	喷绘机	40000	12	¥ 480,000
M10007	喷绘机	22000	16	¥ 352,000
M10002	喷绘机	10000	12	¥ 120,000
M10016	写真机	10000	13	¥ 130,000
M10013	写真机	8500	35	¥ 297,500
M10010	写真机	8000	8	¥ 64,000
M10005	写真机	7500	18	¥ 135,000
M10001	写真机	6000	10	¥ 60,000
M10003	复印机	3000	20	¥ 60,000
M10006	复印机	2000	50	¥ 100,000
M10009	复印机	1800	10	¥ 18,000
M10012	扫描仪	1100	14	¥ 15,400
M10015	扫描仪	860	11	¥ 9,460

图 5.3 按单价降序排序的结果

提 示

还可以在工作表上右击，在弹出的快捷菜单中选择“排序”命令，在弹出的级联菜单中选择“升序”或“降序”命令即可。

2. 复杂排序

在按单列进行排序的结果中，可能遇到这一列中有相同数据的情况。如果想再进一步排序，就要用到多列排序，也就是在单列排序的基础上增加对一列或两列数据的排序。下面仍以“产品销售表”为例来进行说明。

要按多列排序，其具体操作步骤如下。

Step 01 打开“素材和源文件\素材\cha05\产品销售表.xlsx”，并另存为一份。

Step 02 在“产品销售表”工作表中选择任意一个单元格。

Step 03 单击“数据”选项卡“排序和筛选”组中的“排序”按钮，打开“排序”对话框，如图 5.4 所示。

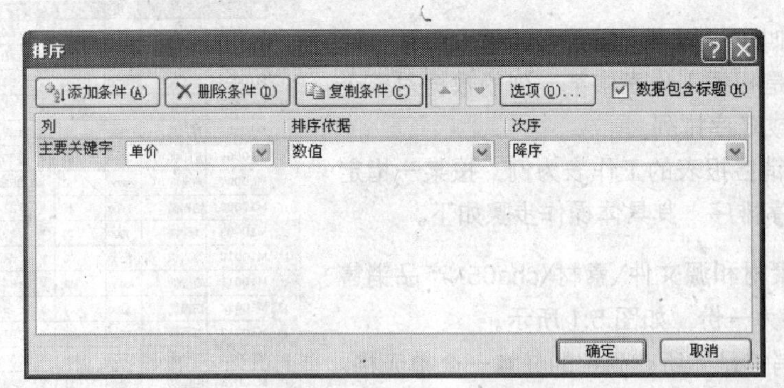

图 5.4 “排序”对话框

Step 04 单击“主要关键字”下拉列表框，在打开的下拉列表中选择“产品名称”选项，同时单击右边“排序依据”下拉列表框，在打开的下拉列表中选择“数值”选项，单击右边“次序”下拉列表框右边的下三角按钮，在打开的下拉列表中选择“升序”选项。

Step 05 单击“添加条件”按钮，添加“次要关键字”选项，单击“次要关键字”下拉列表框，在下拉列表中选择“销售金额”，同时设置“次序”为“降序”，如图 5.5 所示。

Step 06 单击“确定”按钮，效果如图 5.6 所示。

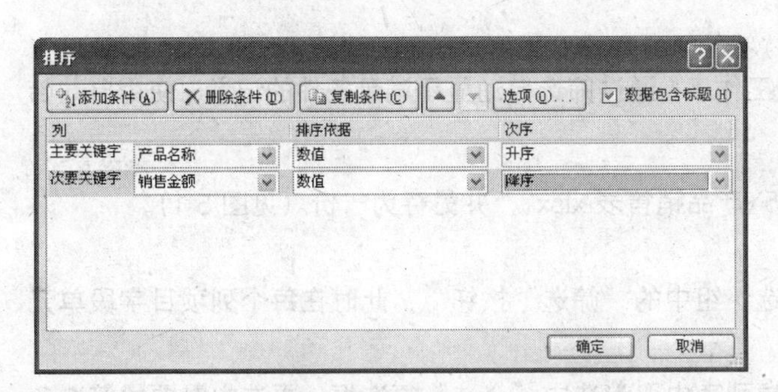

图 5.5　设置关键字

产品销售情况表

产品编码	产品名称	单价	销售量	销售金额
M10006	复印机	2000	50	¥ 100,000
M10003	复印机	3000	20	¥ 60,000
M10009	复印机	1800	10	¥ 18,000
M10014	喷绘机	60000	18	¥ 1,080,000
M10011	喷绘机	40000	12	¥ 480,000
M10007	喷绘机	22000	16	¥ 352,000
M10002	喷绘机	10000	12	¥ 120,000
M10008	扫描仪	600	35	¥ 21,000
M10004	扫描仪	450	35	¥ 15,750
M10012	扫描仪	1100	14	¥ 15,400
M10015	扫描仪	860	11	¥ 9,460
M10013	写真机	8500	35	¥ 297,500
M10005	写真机	7500	18	¥ 135,000
M10016	写真机	10000	13	¥ 130,000

图 5.6　排序后的效果

实训 2　筛选数据

在很多情况下，用户只需要工作表中的某些数据，以方便查看、分析或打印，这时就需要对工作表中的数据进行筛选。通过对工作表的筛选，可以在工作表中只显示符合条件的数据行，而将不符合条件的数据行全部隐藏起来。在 Excel 2010 中，用户可以用 3 种方法来筛选数据：“自动筛选”、“自定义筛选”和“高级筛选”。

自动筛选是指用户需要设置筛选条件，在筛选器上直接选择需要的筛选条件即可；自定义筛选是指用户按照需要自定义筛选条件；而“高级筛选”要稍微复杂一些，但它可以帮助用户查询非常复杂的问题，也是最为实用的方法。

1. 条件的指定

查询条件实际上就是一些关系表达式。这种关系表达式有很多种形式，可以是一个词组，如“地区”；也可以是一个比较条件，如“销量>100”；甚至还可以是一个公式。

Excel 中的比较运算符有以下几种：“=”（等于），“>”（大于），“>=”（大于或等于），“<”（小于），“<=”（小于或等于）和“< >”（不等于）。

例如，要查找所有的以字母“P”或“P”前面的字母开头的文本输入项，可以使用条件“<=P”。

提 示

使用“=”条件，而且后面不加任何字符，可以查找空白字段；使用“< >”条件，而且后面不加任何字符，可以查找非空白的字段。

比较运算符也可以用来查找日期。例如，如果想在工作表中查找 2010 年 11 月 11 日以后的日期，只要在相关字段中输入“>2010-11-11”即可。

在 Excel 中，查找文本类型的数据时，可以使用“*”和“?”两个通配符。其中，“*”代表同一位置上任意的一组字符，“?”代表同一位置上任意单个字符。在工作表的使用过程中，经常会遇到不能确定某个数据中某个字的拼写情况，或者需要查找与某个数据类似但并不相同的所有数据。这时候，使用通配符来进行查找就非常方便。

在 Excel 中，一个汉字也被视为一个字符。另外，如果要在工作表中查找真正的“*”或“?”符号，则需要在“*”或“?”之前加上一个转义符“~”，这样 Excel 就不会把“*”或“?”看做是通配符了。

当要查找满足多个条件的记录时，可以指定多重条件。“与”和“或”是连接多重条件的两个关系。当多重条件是“与”关系时，所有的条件都必须满足才能执行；而当多重条件是“或”关系时，只要有一个条件满足，就可以执行。

2. “自动筛选”功能查询

自动筛选功能能让用户快速访问大量工作表，通过筛选自动显示满足条件的记录。使用自动筛选功能查询数据的具体操作步骤如下。

Step 01 打开“素材和源文件\素材\cha05\产品销售表.xlsx”，并另存为一份（见图 5.1）。

Step 02 在工作表中选择任意一个单元格。

Step 03 单击“数据”选项卡“排序和筛选”组中的“筛选”按钮，此时在每个列项目字段单元格的右侧都出现下三角按钮。

Step 04 单击该下三角按钮，在弹出的下拉列表中取消选中“全选”复选框，再选中需要的筛选条件前的复选框，然后单击“确定”按钮。这里选中“写真机”复选框，如图 5.7 所示。

Step 05 此时在工作表中显示了所有写真机数据，如图 5.8 所示。

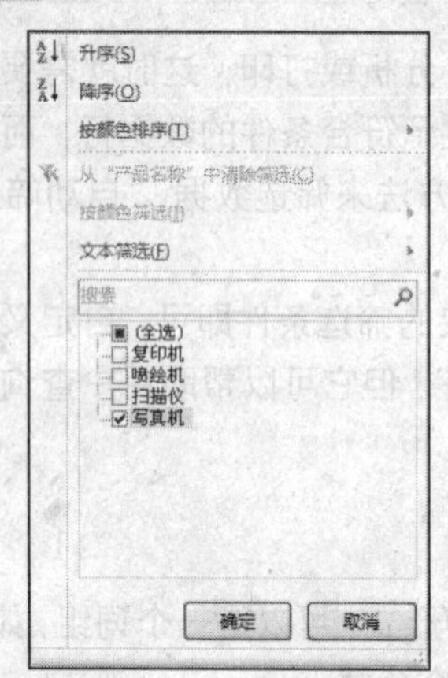

图 5.7　设置筛选条件

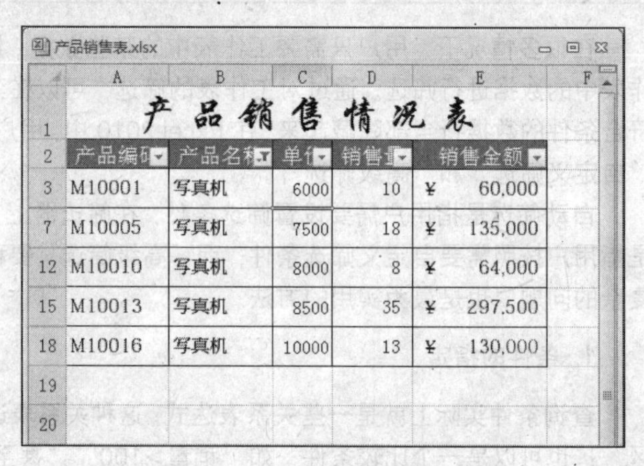

	A	B	C	D	E
2	产品编号	产品名称	单价	销售量	销售金额
3	M10001	写真机	6000	10	¥ 60,000
7	M10005	写真机	7500	18	¥ 135,000
12	M10010	写真机	8000	8	¥ 64,000
15	M10013	写真机	8500	35	¥ 297,500
18	M10016	写真机	10000	13	¥ 130,000

图 5.8　显示写真机的筛选数据

Step 06 如果要退出该列的筛选，单击该列旁边的下三角按钮，在弹出的下拉列表框中选中“全选”复选框即可。

提 示

如果想退出筛选状态，再一次单击“数据”选项卡“排序和筛选”组中的“筛选”按钮即可。

3. 使用“自定义筛选”功能查询数据

在自动筛选数据时，如果自动筛选条件不能满足用户需求，就需要进行自定义筛选。要使用“自定义筛选”功能进行筛选数据，具体的操作步骤如下。

Step 01 打开“素材和源文件\素材\cha05\产品销售表.xlsx”，并另存为一份。

Step 02 在要进行筛选的工作表中选择任意一个单元格。

Step 03 单击“数据”选项卡“排序和筛选”组中的“筛选”按钮，此时在每个列项目字段单元格的右侧都出现下三角按钮。

Step 04 单击数据列（如“销售金额”）右侧的下三角按钮，会出现一个下拉列表，选择“数字筛选”|“自定义筛选”命令，打开“自定义自动筛选方式”对话框，如图 5.9 所示。

Step 05 单击“销售金额”选项组中左侧的下拉列表框，在打开的下拉列表中选择“大于”选项，在其右侧的下拉列表框中输入数据“60000”。再选中“与”单选按钮，接着在其下方设置条件为“小于或等于”、“360000”，单击“确定”按钮，筛选结果如图 5.10 所示。

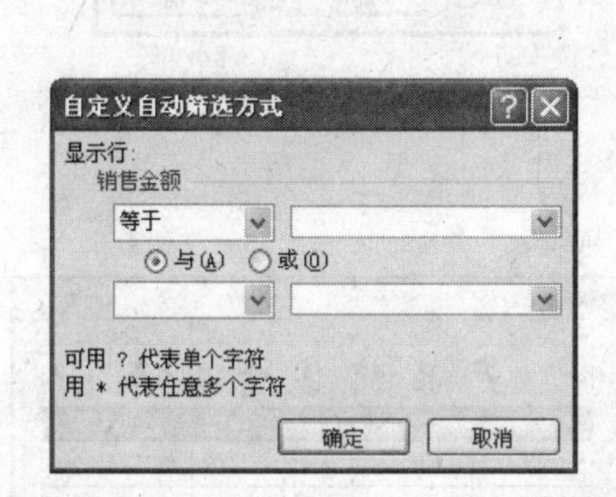

图 5.9 “自定义自动筛选方式”对话框

	A	B	C	D	E
1	产品销售情况表				
2	产品编号	产品名称	单价	销售量	销售金额
4	M10002	喷绘机	10000	12	¥ 120,000
7	M10005	写真机	7500	18	¥ 135,000
8	M10006	复印机	2000	50	¥ 100,000
9	M10007	喷绘机	22000	16	¥ 352,000
12	M10010	写真机	8000	8	¥ 64,000
15	M10013	写真机	8500	35	¥ 297,500
18	M10016	写真机	10000	13	¥ 130,000

图 5.10 筛选后的结果

Step 06 此时在工作表中显示了销售金额小于 360 000 和大于 60 000 的数据记录。

提 示

如果不需要显示筛选结果，可以将筛选结果清除，单击“数据”选项卡“排序和筛选”组中的“清除”按钮。

4. 使用“高级筛选”功能查询数据

如果用户需要设置复杂的筛选条件，可以使用“高级筛选”功能进行设置。使用“高级筛选”功能查询数据的具体操作步骤如下。

Step 01 打开“素材和源文件\素材\cha05\产品销售表 2.xlsx”，并另存为一份，如图 5.11 所示。

Step 02 在工作表中选择任意一个单元格。

Step 03 单击“数据”选项卡“排序和筛选”组中的“高级”按钮，打开“高级筛选”对话框，如图 5.12 所示。

Step 04 在“高级筛选”对话框的“方式”选项组中选中“在原有区域显示筛选结果”单选按钮。单击“列表区域”文本框后的折叠按钮，返回工作表中，拖动鼠标选中单元格区域，这里选择“A2:E18”，如图 5.13 所示，然后单击“高级筛选-列表区域”对话框中的折叠按钮，返回“高级筛选”对话框。

Step 05 用同样的方法，单击“条件区域”文本框后的折叠按钮，在工作表中选择条件区域为“A20:E18”。

Step 06 在返回的“高级筛选”对话框中，单击“确定”按钮，此时就显示出经过筛选后的工作表，如图 5.14 所示。

	A	B	C	D	E
9	M10007	喷绘机	22000	16	¥ 352,000
10	M10008	扫描仪	600	35	¥ 21,000
11	M10009	复印机	1800	10	¥ 18,000
12	M10010	写真机	8000	8	¥ 64,000
13	M10011	喷绘机	40000	12	¥ 480,000
14	M10012	扫描仪	1100	14	¥ 15,400
15	M10013	写真机	8500	35	¥ 297,500
16	M10014	喷绘机	60000	18	¥ 1,080,000
17	M10015	扫描仪	860	11	¥ 9,460
18	M10016	写真机	10000	13	¥ 130,000
19					
20	产品编码	产品名称	单价	销售量	销售金额
21		写真机			>=60000

图 5.11　产品销售表

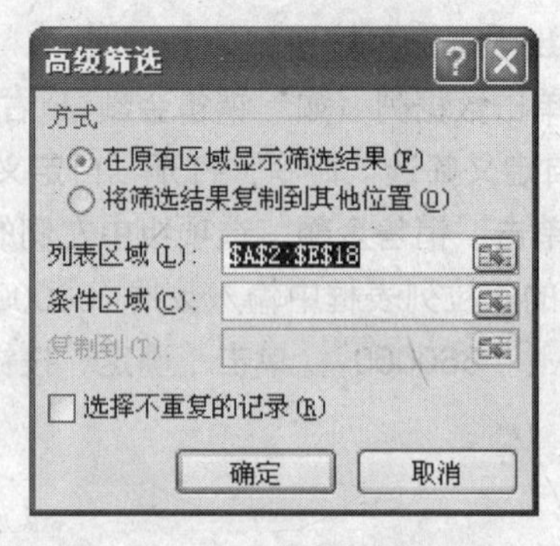

图 5.12　“高级筛选”对话框

	A	B	C	D	E
2	产品编码	产品名称	单价	销售量	销售金额
3	M10001	写真机	6000	10	¥ 60,000
4	M10002	喷绘机	10000	12	¥ 120,000
5	M10003	复印机	3000	20	¥ 60,000
6	M10004	扫描仪	450	35	¥ 15,750
7	M10005	写真机	7500	18	¥ 135,000
8	M10006	复印机	2000	50	¥ 100,000
9	M10007	喷绘机	2		
10	M10008	扫描仪	600	35	¥ 21,000
11	M10009	复印机	1800	10	¥ 18,000
12	M10010	写真机	8000	8	¥ 64,000
13	M10011	喷绘机	40000	12	¥ 480,000
14	M10012	扫描仪	1100	14	¥ 15,400
15	M10013	写真机	8500	35	¥ 297,500
16	M10014	喷绘机	60000	18	¥ 1,080,000
17	M10015	扫描仪	860	11	¥ 9,460
18	M10016	写真机	10000	13	¥ 130,000

高级筛选 - 列表区域:
销售报表!$A$2:$E$18

图 5.13　选择“列表区域”

	A	B	C	D	E
1	产品销售情况表				
2	产品编码	产品名称	单价	销售量	销售金额
3	M10001	写真机	6000	10	¥ 60,000
7	M10005	写真机	7500	18	¥ 135,000
12	M10010	写真机	8000	8	¥ 64,000
15	M10013	写真机	8500	35	¥ 297,500
18	M10016	写真机	10000	13	¥ 130,000
19					
20	产品编码	产品名称	单价	销售量	销售金额
21		写真机			>=60000
22					

图 5.14　高级筛选结果

随堂演练　创建和删除分类汇总

分类汇总是对数据进行分析的一个非常有用的工具。例如，对一份包含上千条商品信息的工作表，有产品名称、销售量等字段信息，用户可以根据需要使用分类汇总功能，产生按产品名称、销售量分类的工作表。

分类汇总可以对工作表中的某一个字段提供如求和、平均值这样的汇总函数，对分类汇总值进行计算，并且能将计算的结果分级显示出来。

在执行分类汇总的命令前，必须先对工作表进行排序，工作表的第一行里必须有列标记（即字段名）。

1. 创建分类汇总

要创建分类汇总，其具体操作步骤如下。

Step 01　打开“素材和源文件\素材\cha05\产品销售表.xlsx”，并另存为一份。

Step 02　对需要分类汇总的字段进行排序，这里根据“产品名称”进行降序排序。

Step 03　在工作表中选择任意一个单元格。

Step 04 单击“数据”选项卡“分级显示”组中的“分类汇总”按钮，打开“分类汇总”对话框，如图 5.15 所示。

Step 05 单击“分类字段”下拉列表框，在弹出的下拉列表中选择要进行分类汇总的列，这里选择“产品名称”选项。同样单击“汇总方式”下拉列表框，在弹出的下拉列表中选择分类汇总的函数，此处选择“求和”选项。

Step 06 在“选定汇总项”列表框中选择相应的列，这里选中“销售量”复选框。

Step 07 单击“确定”按钮，就产生了按地区分类汇总的结果，如图 5.16 所示。

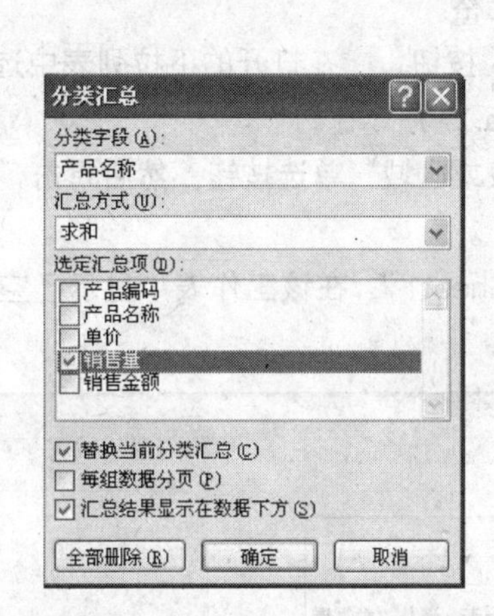

图 5.15 “分类汇总”对话框

产品销售表.xlsx

	A	B	C	D	E
2	产品编码	产品名称	单价	销售量	销售金额
3	M10001	写真机	6000	10	¥ 60,000
4	M10005	写真机	7500	18	¥ 135,000
5	M10010	写真机	8000	8	¥ 64,000
6	M10013	写真机	8500	35	¥ 297,500
7	M10016	写真机	10000	13	¥ 130,000
8		写真机 汇总		84	
9	M10004	扫描仪	450	35	¥ 15,750
10	M10008	扫描仪	600	35	¥ 21,000
11	M10012	扫描仪	1100	14	¥ 15,400
12	M10015	扫描仪	860	11	¥ 9,460
13		扫描仪 汇总		95	
14	M10002	喷绘机	10000	12	¥ 120,000
15	M10007	喷绘机	22000	16	¥ 352,000
16	M10011	喷绘机	40000	12	¥ 480,000
17	M10014	喷绘机	60000	18	¥ 1,080,000

产品销售表 eet2 Sheet3

图 5.16 分类汇总的结果

在图 5.15 中，如果选中“替换当前分类汇总”复选框，则可以替换任何现存的分类汇总；如果选中“每组数据分页”复选框，则可以在每组数据之前插入分页符；“汇总结果显示在数据下方”复选框默认处于选中状态，如果要在数据组之前显示分类汇总的结果，则应清除此复选框。

2. 删除分类汇总

对工作表进行了分类汇总后，如果对结果不满意，可以删除分类汇总，回到工作表的初始状态，其具体操作步骤如下。

Step 01 在工作表中任意选择一个单元格。

Step 02 单击“数据”选项卡“分级显示”组中的“分类汇总”按钮，在弹出的“分类汇总”对话框中单击“全部删除”按钮即可。

另外，也可以直接单击快速访问工具栏上的“撤销”按钮来删除分类汇总，但是这种方法要求汇总后没有进行过其他操作。

任务 2 使用数据透视表

在 Excel 中，有很多方法可以对工作表中的数据进行查找或编辑，如上文介绍的排序、筛选、分类汇总等。但是如果需要一个详尽的交叉分析报表，就要用到数据透视表功能。它是一种特殊形式的表，是一种对大量数据快速汇总和建立交叉列表的交互式表格，它可以转换行和列以查看源数据的不同汇总结果，可以显示不同页面以筛选数据，还可以根据需要显示区域中的详细数据。建立数据透视表后，可以重排列表，以便从其他角度查看数据，而且可以随时根据源数据的变化自动更新数据。

实训 1　创建数据透视表

使用“数据透视表”命令，可以对现有的数据源建立交叉制表和进行汇总，并重新布置，且能立即计算出结果。在创建过程中，用户必须考虑该如何汇总数据。

要创建数据透视表，其具体操作步骤如下。

Step 01　打开“素材和源文件\素材\cha05\产品销售表.xlsx”，并另存为一份。

Step 02　在要创建数据透视表的工作表中选择任意一个单元格。

Step 03　单击“插入”选项卡“表格”组中的“数据透视表”按钮，在打开的下拉列表中选择“数据透视表”选项，打开“创建数据透视表”对话框，如图 5.17 所示。

Step 04　单击“创建数据透视表”对话框中的“选择一个表或区域”单选按钮，然后单击“新工作表”单选按钮，最后单击“确定”按钮。

Step 05　这时在工作簿中创建了一个新工作表，这里为“Sheet1”，在该工作表中显示了空的数据透视表，如图 5.18 所示。

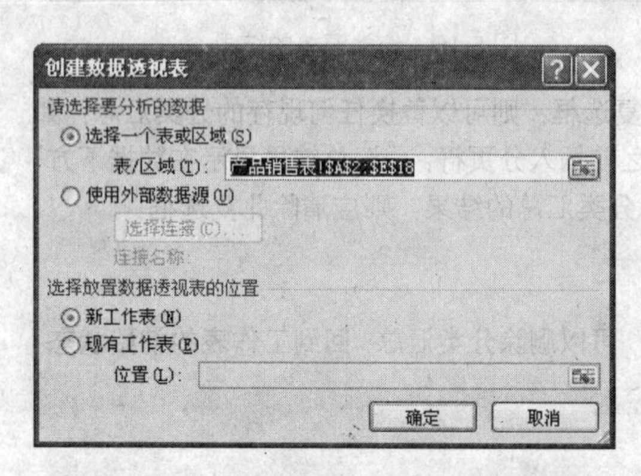

图 5.17　“创建数据透视表”对话框

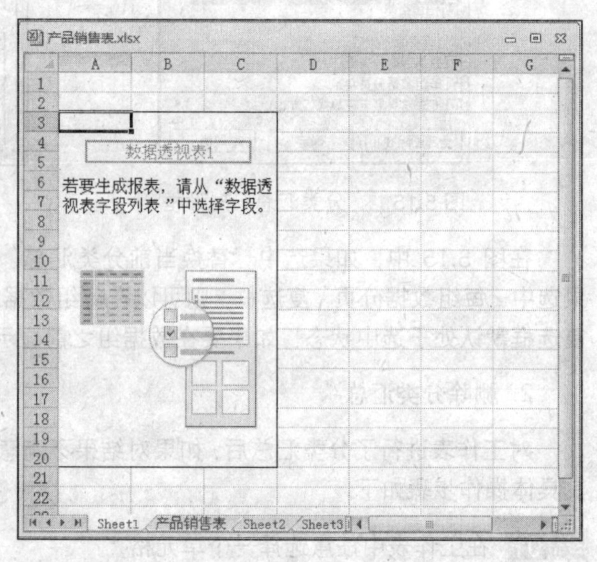

图 5.18　空的数据透视表

Step 06　在该数据透视表中，单击“数据透视表字段列表”任务窗格的“选择要添加到报表的字段”列表中要添加的字段，这里选择全部，效果如图 5.19 所示。

提 示

（1）在“创建数据透视表”对话框中还可以选择“使用外部数据源”单选按钮，根据存储在当前工作簿或 Excel 之外的数据库及文件中的数据创建数据透视表。

（2）在 Excel 中，无论是新建工作表还是现有工作表，都可以放置数据透视表，但最好不要把数据透视表放在可能改写数据的地方。

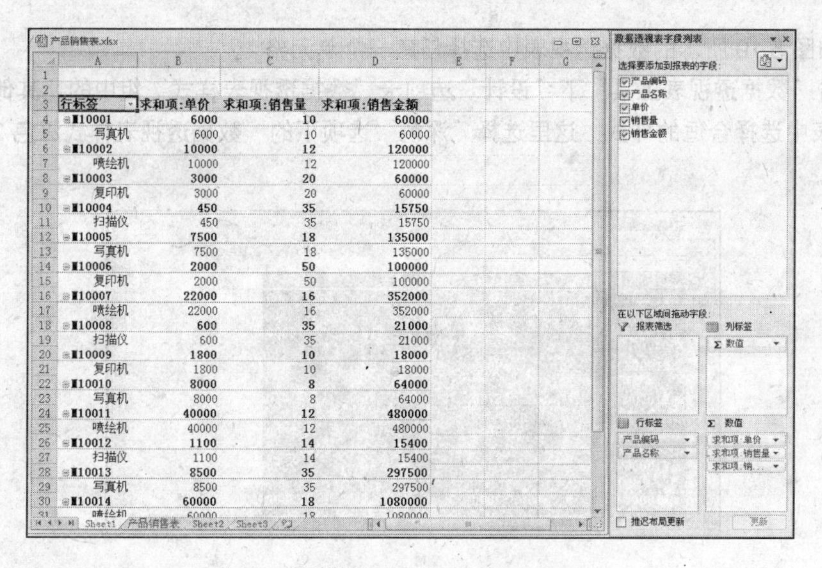

图 5.19 添加字段后的数据透视表

实训 2 修改或删除数据透视表中的数据

创建数据透视表以后，用户可能会发现数据透视表中的布局与设想的不同。虽然可以通过重建数据透视表来改变布局，但那样操作太麻烦。在 Excel 中，可以通过修改的方法来建立符合要求的数据透视表。

要修改数据透视表中的数据，其具体操作步骤如下。

Step 01 在上节创建的数据透视表中选定任意一个单元格。

Step 02 在“数据透视表字段列表”窗格中，单击“数值”列表中“求和项：销售金额”后的下三角按钮，在打开的下拉列表中选择“删除字段”命令，然后将鼠标置于“行标签”列表中的“产品名称”字段上，当鼠标指针变成✥状时，按住鼠标左键拖动到“列标签”列表框中，显示的效果如图 5.20 所示。

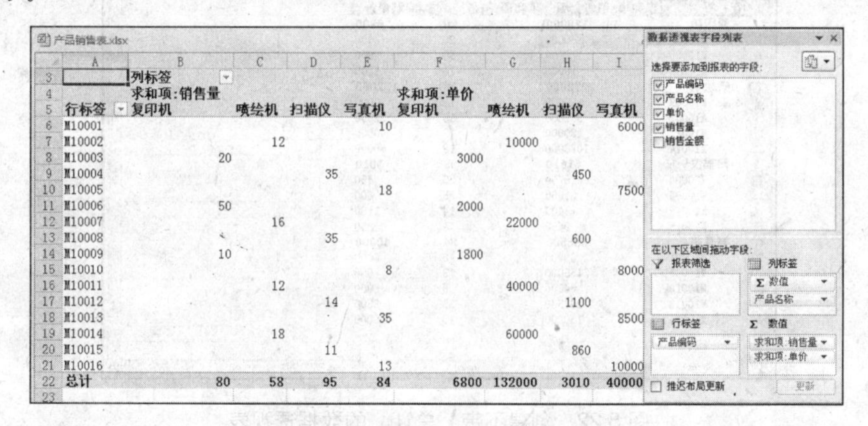

图 5.20 修改后的数据透视表

实训 3 套用数据透视表自动样式

在数据透视表中套用数据透视表样式，可以快速设计数据库报表。套用数据透视表样式的具体操作步骤如下。

Step 01 在如图 5.19 所示的数据透视表中选择任意一个单元格。

Step 02 单击“数据透视表工具”下“设计”选项卡“数据透视表样式”组中的“其他”按钮，在打开的列表中选择合适的样式，这里选择“深色”选项下的“数据透视表样式深色 23”，效果如图 5.21 所示。

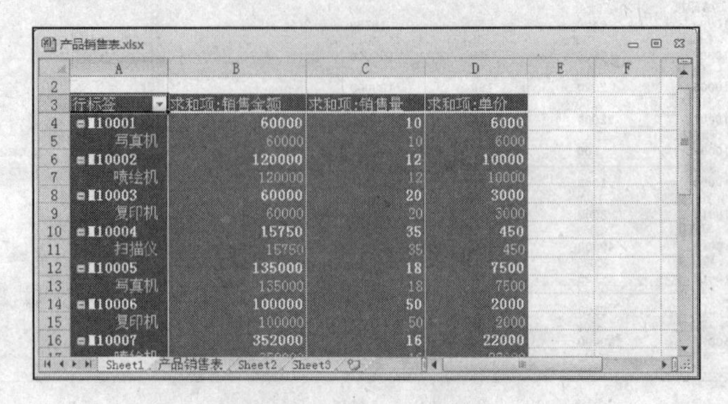

行标签	求和项:销售金额	求和项:销售量	求和项:单价
⊟M10001	60000	10	6000
写真机	60000	10	6000
⊟M10002	120000	12	10000
喷绘机	120000	12	10000
⊟M10003	60000	20	3000
复印机	60000	20	3000
⊟M10004	15750	35	450
扫描仪	15750	35	450
⊟M10005	135000	18	7500
写真机	135000	18	7500
⊟M10006	100000	50	2000
复印机	100000	50	2000
⊟M10007	352000	16	22000

图 5.21 使用数据透视表样式的效果

实训 4 创建不带“总计”的数据透视表

通常情况下，只要数据透视表中使用了一个以上的数据字段，数据透视表就会为每个数据字段生成各自的“总计”，这个“总计”一般在数据透视表的最右一列和最末一行。但是有时这样的“总计”没有任何意义，这时可以创建不带“总计”的数据透视表。

要创建不带“总计”的数据透视表，其具体操作步骤如下。

Step 01 在如图 5.19 所示的数据透视表中选择任意一个单元格。

Step 02 单击“数据透视表工具”选项卡集下“设计”选项卡“布局”组中的“总计”按钮，在出现的列表中选择“对行和列禁用”选项，效果如图 5.22 所示。

行标签	求和项:销售金额	求和项:销售量	求和项:单价
⊟复印机	178000	80	6800
M10003	60000	20	3000
M10006	100000	50	2000
M10009	18000	10	1800
⊟喷绘机	2032000	58	132000
M10002	120000	12	10000
M10007	352000	16	22000
M10011	480000	12	40000
M10014	1080000	18	60000
⊟扫描仪	61610	95	3010
M10004	15750	35	450
M10008	21000	35	600
M10012	15400	14	1100
M10015	9460	11	860
⊟写真机	686500	84	40000
M10001	60000	10	6000
M10005	135000	18	7500
M10010	64000	8	8000
M10013	297500	35	8500
M10016	130000	13	10000

图 5.22 创建不带“总计”的数据透视表

实训 5 设置汇总方式

使用“数据透视表”，可以根据数据透视表中的每个数据字段生成分类汇总行，并且在默认情况下的汇总使用的是与相关数据字段相同的汇总函数。但也有时需要使用与相关数据字段不同的汇总函数。

要设置汇总方式，其具体操作步骤如下。

Step 01 在如图 5.19 所示的数据透视表中单击任意单元格，然后在“数据透视表工具”选项卡集中，单击“选项”选项卡“活动字段”组中的“字段设置”按钮 字段设置，打开“值字段设置”对话框，如图 5.23 所示。

Step 02 在“值字段汇总方式”列表框中选择要使用的函数，这里选择“最大值”，效果如图 5.24 所示。

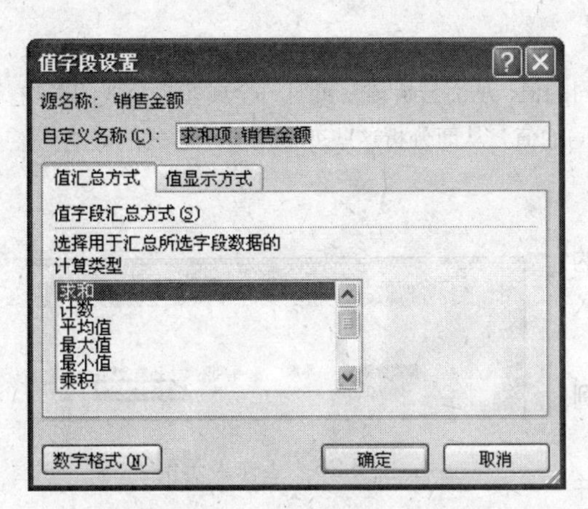

图 5.23 “值字段设置”对话框

	A	B	C	D
2				
3	行标签	最大值项:销售金额	求和项:销售量	求和项:单价
4	⊟复印机	100000	80	6800
5	M10003	60000	20	3000
6	M10006	100000	50	2000
7	M10009	18000	10	1800
8	⊟喷绘机	1080000	58	132000
9	M10002	120000	12	10000
10	M10007	352000	16	22000
11	M10011	480000	12	40000
12	M10014	1080000	18	60000
13	⊟扫描仪	21000	95	3010
14	M10004	15750	35	450
15	M10008	21000	35	600
16	M10012	15400	14	1100
17	M10015	9460	11	860
18	⊟写真机	297500	84	40000
19	M10001	60000	10	6000
20	M10005	135000	18	7500
21	M10010	64000	8	8000
22	M10013	297500	35	8500
23	M10016	130000	13	10000
24	总计	1080000	317	181810

图 5.24 设置汇总方式后的效果

实训 6 设置数据透视表的显示方式

与操作其他的工作表一样，用户也可以改变数据透视表的显示方式。要设置数据透视表的布局，其具体操作步骤如下。

Step 01 在如图 5.19 所示的数据透视表中选择一个单元格。

Step 02 单击“数据透视表工具”选项卡集下“设计”选项卡“布局”组中的“报表布局”按钮，在弹出的列表中选择报表显示方式，这里选择“以表格形式显示”，效果如图 5.25 所示。

	A	B	C	D	E
3	产品名称	产品编码	求和项:销售金额	求和项:销售量	求和项:单价
4	⊟复印机	M10003	60000	20	3000
5		M10006	100000	50	2000
6		M10009	18000	10	1800
7	复印机 汇总		178000	80	6800
8	⊟喷绘机	M10002	120000	12	10000
9		M10007	352000	16	22000
10		M10011	480000	12	40000
11		M10014	1080000	18	60000
12	喷绘机 汇总		2032000	58	132000
13	⊟扫描仪	M10004	15750	35	450
14		M10008	21000	35	600
15		M10012	15400	14	1100
16		M10015	9460	11	860
17	扫描仪 汇总		61610	95	3010
18	⊟写真机	M10001	60000	10	6000
19		M10005	135000	18	7500
20		M10010	64000	8	8000
21		M10013	297500	35	8500
22		M10016	130000	13	10000
23	写真机 汇总		686500	84	40000
24	总计		2958110	317	181810

图 5.25 以表格形式显示数据透视表

任务3 分析数据

实训1 使用模拟运算表

模拟运算表可以显示一个或几个公式替换不同值时的结果，它为同时求解某一运算中所有可能的变化值的组合提供了捷径，并且还可将所有不同的计算结果同时显示在工作表中，便于用户查找和比较。

在 Excel 2010 中，有以下两种类型的模拟运算表。

- **单变量模拟运算表**：用户可以对一个变量输入不同的值，从而分析该变量对一个或多个公式的影响。
- **双变量模拟运算表**：用户可以对两个变量输入不同的值，从而分析这些变量对一个公式的影响。

1. 创建单变量模拟运算表

如果要查看某个变量的更改对一个或多个公式的影响，可以使用单变量模拟运算表，其结构特点是输入的数值被排列在一列或一行中。

如图 5.26 所示是一个贷款计算表，下面以此为例来说明创建单变量模拟运算表的步骤。

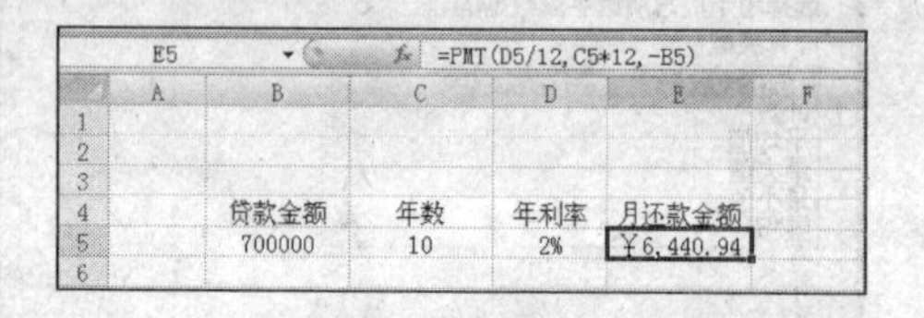

图 5.26 工作表示例

该计算表中列出了所有影响月还款金额的因素，并在编辑栏中给出了月还款金额计算的公式，即“=PMT(D5/12,C5*12,-B5)”，其含义是：贷款金额为 700 000 元时，如果年利率为 2%，年数为 10 年，那么每月的还款金额为￥6 440.94 元。

如果要了解年利率对月还款金额的影响，可以通过创建单变量模拟运算表来实现这一目的，其具体操作步骤如下。

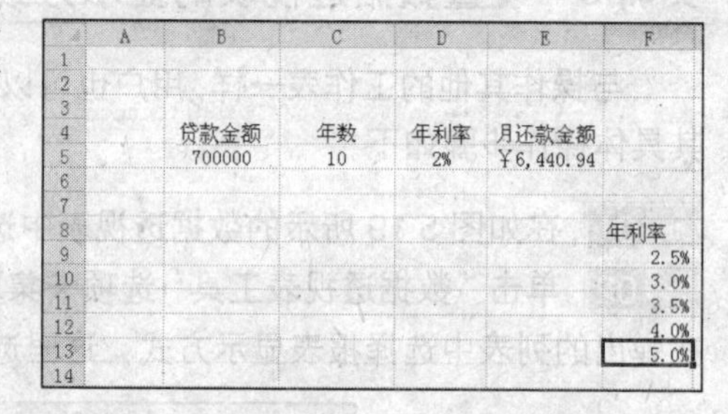

图 5.27 输入数据

Step 01 打开“素材和源文件\素材\cha05\贷款计算表.xlsx”，并另存为一份，其工作表见图 5.26。

Step 02 在 F8:F13 单元格区域输入如图 5.27 所示的数据。

Step 03 选定要输入公式单元格，本例选定 G8 单元格，然后在其中输入公式“=PMT(D5/12,C5*12,-B5)”，如图 5.28 所示。

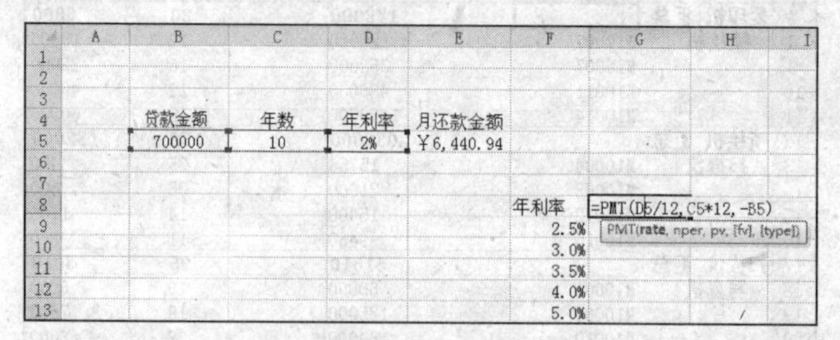

图 5.28 输入公式

Step 04 选定包含公式和需要被替换数值的单元格区域，如这里选择 F8:G13，然后单击“数据”选项卡“数据工具”组中的“模拟分析”按钮，在打开的下拉列表中选择“模拟运算表”选项，打开“模拟运算表”对话框，如图 5.29 所示。

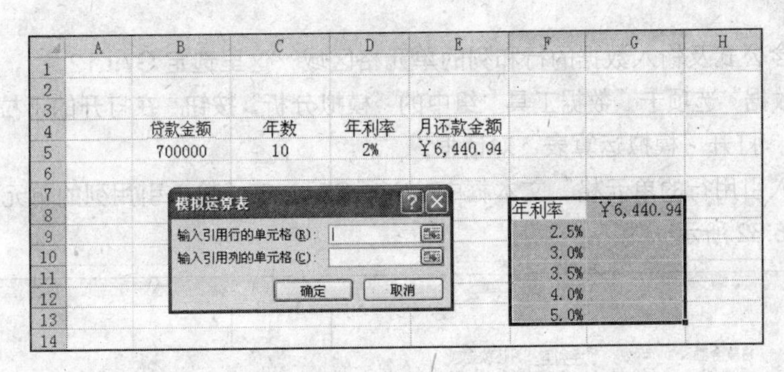

图 5.29 “模拟运算表”对话框

Step 05 在“输入引用列的单元格”文本框中输入“D5”。如果模拟运算表是行方向的，则应在“输入引用行的单元格”文本框中输入相应的引用单元格。

Step 06 单击“确定”按钮，此时 Excel 2010 将建立单变量模拟运算表，表中根据“年利率”的变化反映出不同的月还款金额，如图 5.30 所示。

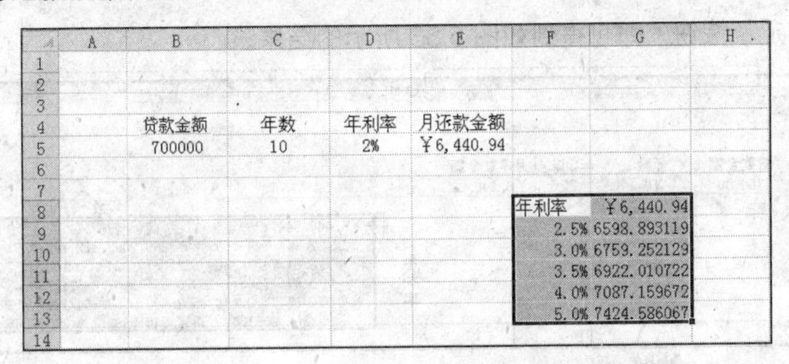

图 5.30 执行单变量模拟运算后的结果

提 示

在输入年利率时，先要设置单元格格式为百分比数字且小数位数设置为 1。

2. 创建双变量模拟运算表

如果要查看两个变量对一个公式的影响，可以使用双变量模拟运算表。

如图 5.31 工作表所示，如果想同时了解年利率和年数对月还款金额的影响，就可以创建双变量模拟运算表，其具体操作步骤如下。

Step 01 打开“素材和源文件\素材\cha5\贷款计算表.xlsx”文件，并另存为一份。

Step 02 在如图 5.31 所示单元格中分别输入数据，其中在 G7 单元格中输入公式“=PMT(D5/12,C5*12,-B5)”，如图 5.31 所示。

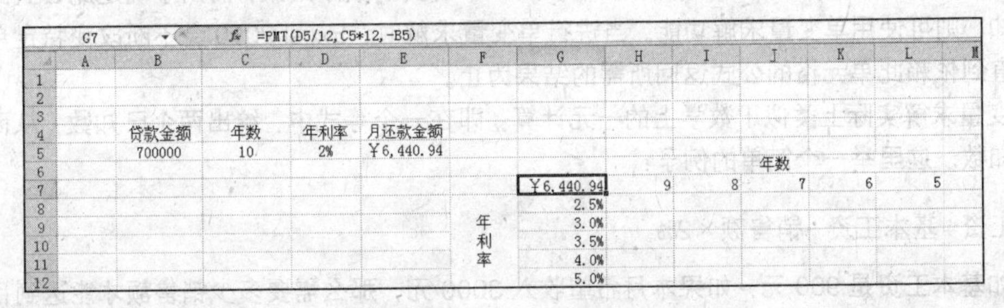

图 5.31 输入数据

Step 03 选择包含公式及输入数据的行和列的单元格区域，这里选定 G7:L12。

Step 04 单击“数据”选项卡“数据工具”组中的“模拟分析”按钮，在打开的下拉列表中选择“模拟运算表”选项，打开“模拟运算表”对话框。

Step 05 在“输入引用行的单元格”文本框中输入“C5”，在“输入引用列的单元格”文本框中输入“D5”，如图 5.32 所示。

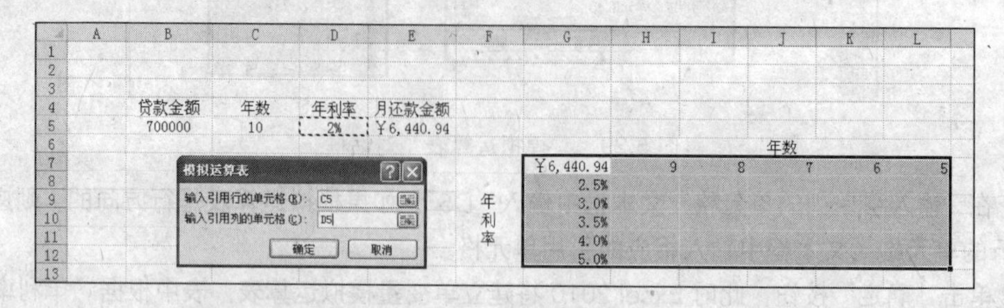

图 5.32　模拟运算表

Step 06 单击“确定”按钮，即可得到如图 5.33 所示的结果。

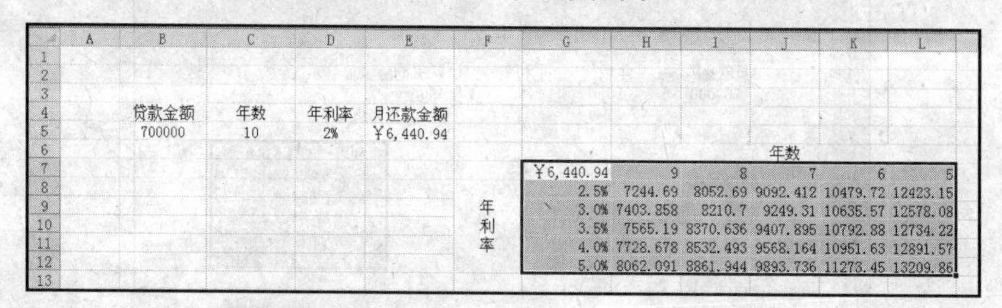

	A	B	C	D	E	F	G	H	I	J	K	L
4		贷款金额	年数	年利率	月还款金额							
5		700000	10	2%	¥6,440.94							
6										年数		
7							¥6,440.94	9	8	7	6	5
8							2.5%	7244.69	8052.69	9092.412	10479.72	12423.15
9						年	3.0%	7403.858	8210.7	9249.31	10635.57	12578.08
10						利	3.5%	7565.19	8370.636	9407.895	10792.88	12734.22
11						率	4.0%	7728.678	8532.493	9568.164	10951.63	12891.57
12							5.0%	8062.091	8861.944	9893.736	11273.45	13209.86

图 5.33　执行双变量模拟运算后的结果

3. 删除计算结果或模拟运算表

在模拟运算表中，由于计算结果存放在数组中，所以不能只删除个别计算结果，而必须同时删除所有计算结果。如果不删除整个模拟运算表，则应确认没有选定使用的公式和输入的数值。

要删除计算结果，只需选定模拟运算表中的所有计算结果单元格，然后单击“开始”选项卡“编辑”组中的“清除”按钮，在弹出的下拉列表中选择“全部清除”选项即可。

要删除模拟运算表，只需选定整个模拟运算表，然后单击“开始”选项卡“编辑”组中的“清除”按钮，在弹出的下拉列表中选择“全部清除”选项即可。

实训 2　单变量求解

单变量求解是一个模拟分析工具。如果已知单个公式的预期结果，而用于确定此公式结果的输入值未知，则可使用单变量求解功能。当进行单变量求解时，Excel 2010 会不断改变特定单元格中的值，直到依赖此单元格的公式返回所需的结果为止。

单变量求解实际上类似于数学上的一元计算，即在一个等式中，给出两个已知数，从而求出另一个未知数。这里举一个简单的例子：

月工资=基本工资+销售额×2%

假如基本工资是 900 元，如果本月希望收入 3000 元，那么需要多少销售额才能达到目的？这时可以通过公式“销售额=（月工资-基本工资）/2%”得到结果。

但如果是复杂的公式，计算起来就不方便了。在 Excel 2010 中，可以使用单变量求解的方法解任何复杂的单变量公式。

本节简要介绍单变量求解的方法。假设在贷款年数和贷款金额不变的情况下，如果月还款金额只能是 6350 元，那么年利率是多少？这时可通过单变量求解来得到结果，其具体操作步骤如下。

Step 01 打开“素材和源文件\素材\cha05\单变量求解.xlsx”，并另存为一份。

Step 02 在工作表中选定目标单元格 E5，如图 5.34 所示。

Step 03 单击“数据”选项卡“数据工具”组中的“模拟分析”按钮，在打开的下拉列表中选择“单变量求解”选项，打开“单变量求解”对话框，如图 5.35 所示。

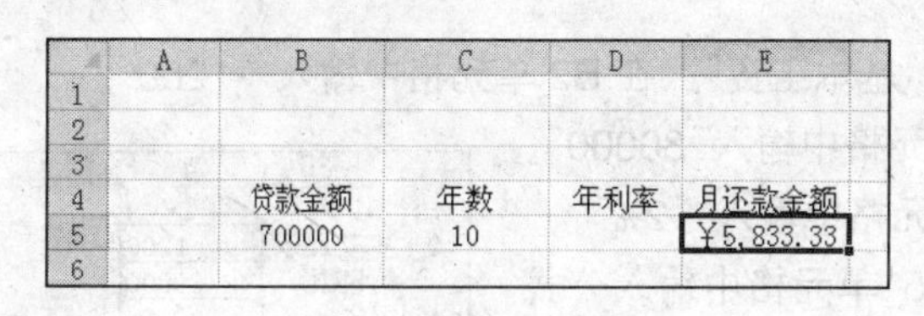

图 5.34　选定单元格 B4

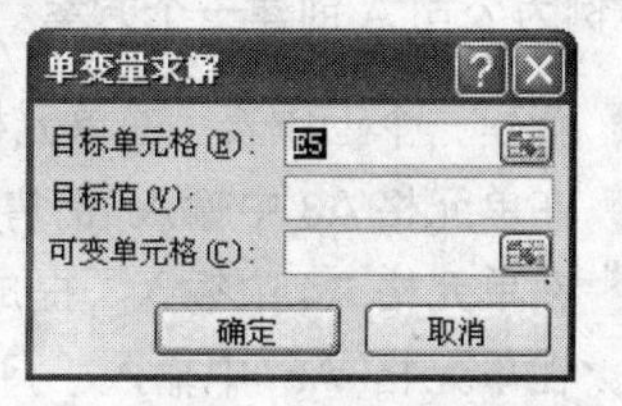

图 5.35 “单变量求解”对话框

Step 04 此时在“目标单元格”文本框中会显示当前选定的单元格 E5；如果显示的单元格不是目标单元格，可以在该文本框中重新输入。

Step 05 在“目标值”文本框中输入“6350”。

Step 06 在“可变单元格”文本框中输入“D5”。

Step 07 单击“确定”按钮，此时会弹出“单变量求解状态”对话框，如图 5.36 所示。在单元格 D5 中显示的数值为“1.7%”，这意味着月还款金额是 6350 元时，年利率只能是 1.7%。

Step 08 单击“确定”按钮，关闭“单变量求解状态”对话框。

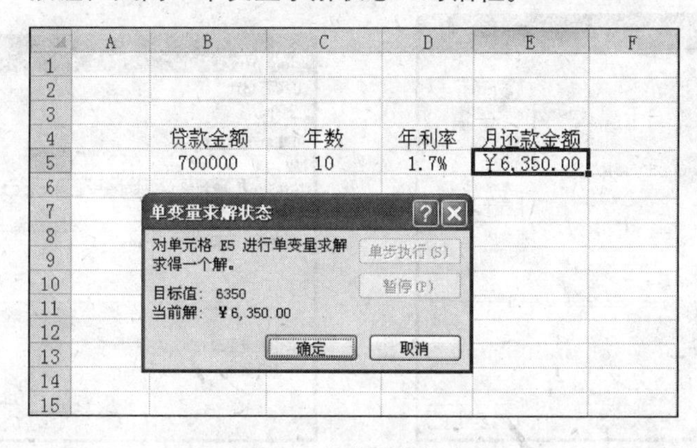

图 5.36　单变量求解状态

实训 3　方案管理器

在 Excel 2010 中，有时用户会面对超过两个以上的变量，这时根本无法运用单变量和双变量模拟运算表来分析问题。正因为如此，Excel 2010 提供了一个方案管理器的功能，能够帮助用户在多变量的情况下分析数据。

方案是 Excel 2010 保存在工作表中并可进行自动替换的一组值。用户可以使用方案来预测工作表模型的输出结果，同时还可以在工作表中创建并保存不同的数值组，然后切换到任意新方案以查看不同的结果。

1. 创建方案

假如一位售楼员经过面试以后，有 3 家公司希望聘用他，而这 3 家公司的工资如下。

- 公司 A：基本工资 1200 元，提成 2%。
- 公司 B：基本工资 1000 元，提成 5%。
- 公司 C：基本工资 800 元，提成 10%。

针对这 3 家公司提出的条件，如果售楼员每月的销售额为 30 000 元，那么他究竟去哪家公司最好？这时售楼员可为每一家公司的情况创建一个方案，最后根据实际情况进行选择。

本例为公司 A 创建一个方案，其具体操作步骤如下。

Step 01 新建一个工作表，在单元格 A2 中输入“基本工资”，在 B2 单元格中输入“1200”。

Step 02 在单元格 A3 中输入“销售额”，在 B3 单元格中输入“30000”。

Step 03 在单元格 A4 中输入“提成”，在 B4 单元格中输入“2%”。

Step 04 在单元格 A5 中输入“月收入”，在 B5 单元格中输入公式“=B2+B3*B4”，如图 5.37 所示。

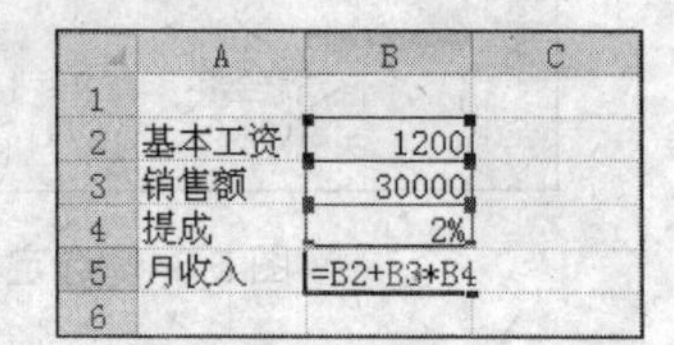

图 5.37 方案 1 示例

Step 05 单击“数据”选项卡“数据工具”组中的“模拟分析”按钮，在打开的下拉列表中选择“方案管理器”选项，打开“方案管理器”对话框，如图 5.38 所示。

Step 06 单击“添加”按钮，打开“添加方案”对话框。

Step 07 在“方案名”文本框中输入“公司 A”。

Step 08 在“可变单元格”文本框中输入“B2，B4”，此时要用逗号分开不相邻的引用，如图 5.39 所示。

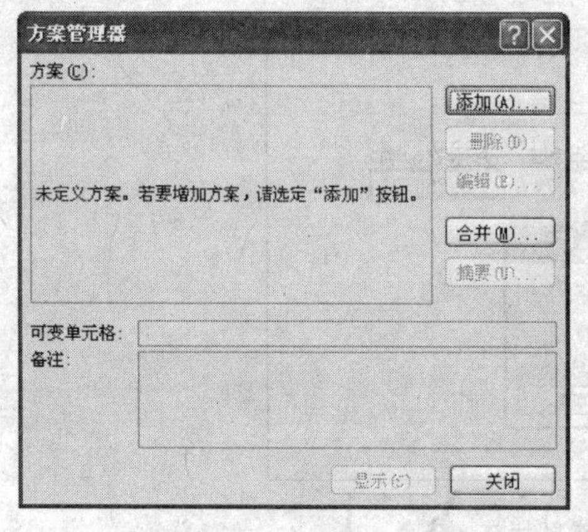

图 5.38 “方案管理器”对话框

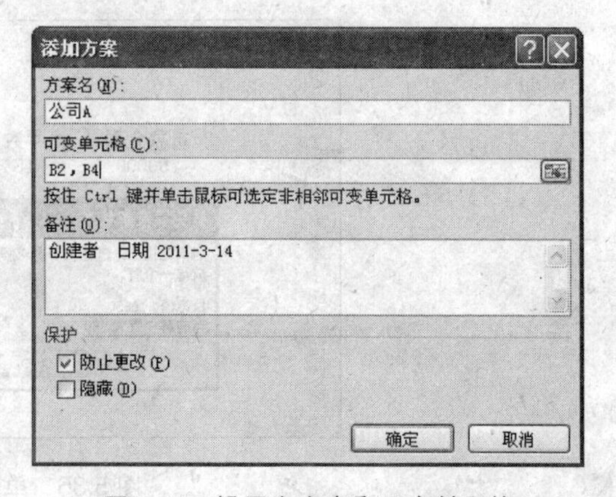

图 5.39 设置方案名和可变单元格

Step 09 单击“确定”按钮，打开“方案变量值”对话框，如图 5.40 所示。

Step 10 由于公司 A 的基本工资和提成数据已经输入，所以此处直接单击“确定”按钮，返回“方案管理器”对话框。此时，在“方案”列表框中显示出“公司 A”，这表示已成功地建立了一个名为“公司 A”的方案，如图 5.41 所示。

Step 11 单击“添加”按钮，再次打开“添加方案”对话框。输入方案名“公司 B”后单击“确定”按钮，又打开“方案变量值”对话框。

Step 12 在其中输入公司 B 的基本工资和提成比例，分别为“1000”、“0.05”，如图 5.42 所示。

Step 13 单击“确定”按钮，返回“方案管理器”对话框。

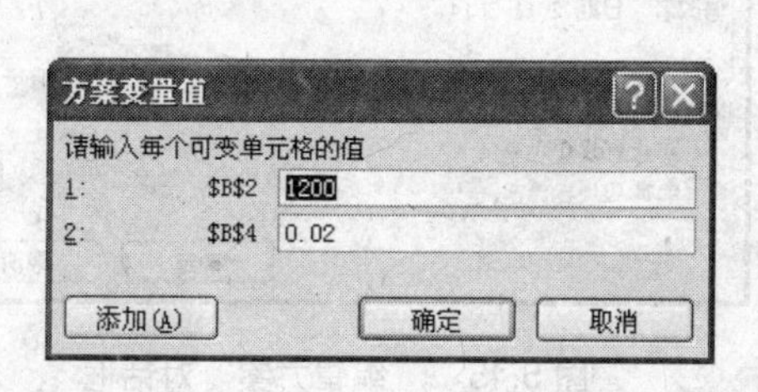

图 5.40 “方案变量值”对话框

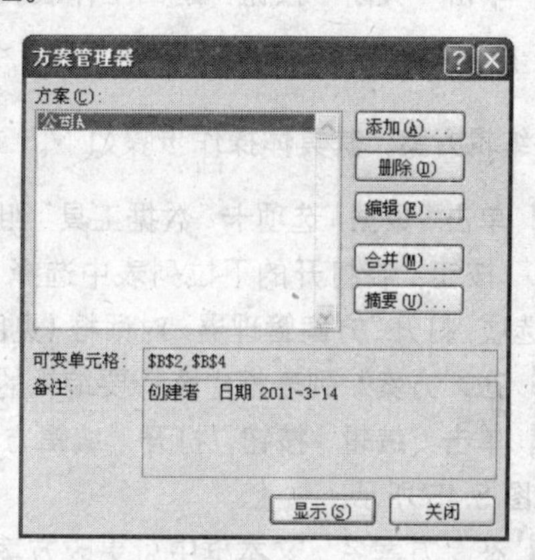

图 5.41 已建立名为“公司 A”的方案

Step 14 按照 Step 11 ~ Step 13 进行类似的操作，为公司 C 建立方案，结果如图 5.43 所示（文件参见“素材和源文件\场景\cha05\创建方案.xlsx”）。

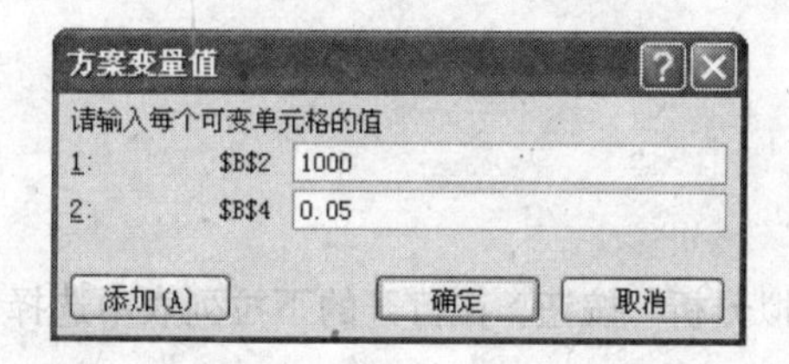

图 5.42 输入“公司 B”方案的变量值

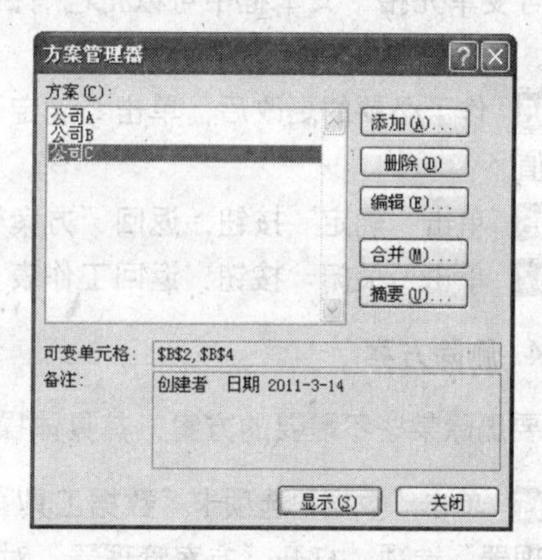

图 5.43 建立了 3 个方案

2. 显示方案

建立好方案后，用户可以随时显示某个方案及其分析的结果，其具体操作步骤如下。

Step 01 单击“数据”选项卡“数据工具”组中的“模拟分析”按钮，在打开的下拉列表中选择“方案管理器”选项，打开“方案管理器”对话框（见图 5.43）。

Step 02 在“方案”列表框中选择要显示的方案。

Step 03 单击“显示”按钮，Excel 2010 将显示工作表中每个单元格的值，如图 5.44 所示。

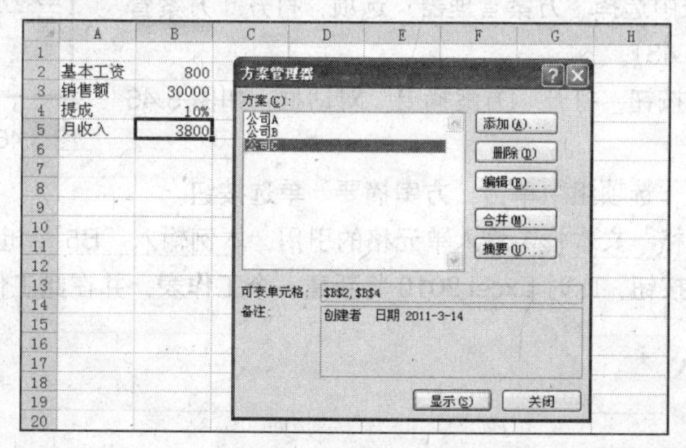

图 5.44 显示方案

Step 04 单击“关闭”按钮，返回工作表。

3. 编辑方案

要编辑方案，其具体操作步骤如下。

Step 01 单击“数据”选项卡“数据工具”组中的“模拟分析”按钮，在打开的下拉列表中选择“方案管理器”选项，打开“方案管理器”对话框（见图 5.43）。

Step 02 在“方案”列表框中选择要编辑的方案。

Step 03 单击“编辑”按钮，打开“编辑方案”对话框，如图 5.45 所示。

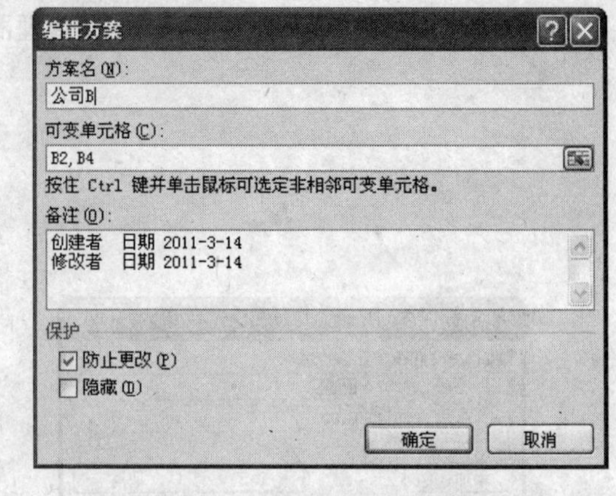

图 5.45 “编辑方案”对话框

Step 04 在“方案名”文本框中可更改方案的名称，在“可变单元格”文本框中可以把已有的可变单元格改变为另一个单元格，用户可根据需要进行更改。

Step 05 作了必要的更改后，单击“确定”按钮，打开“方案变量值”对话框，在其中输入相应的更改值。

Step 06 单击“确定”按钮，返回“方案管理器”对话框。

Step 07 单击“关闭”按钮，返回工作表。

4. 删除方案

要删除某些不需要的方案，其具体操作步骤如下。

Step 01 单击“数据”选项卡“数据工具”组中的“模拟分析”按钮，在打开的下拉列表中选择“方案管理器”选项，打开“方案管理器”对话框。

Step 02 在“方案”列表框中选择要删除的方案名，然后单击“删除”按钮。

5. 创建方案摘要报告

如果在一张工作表中创建的方案很多，可以逐一显示方案。但是这种方法的缺点是不能对各个方案进行对比，此时用户可以通过创建方案摘要报告来实现，其具体操作步骤如下。

Step 01 单击“数据”选项卡“数据工具”组中的“模拟分析”按钮，在打开的下拉列表中选择“方案管理器”选项，打开“方案管理器”对话框（见图 5.43）。

Step 02 单击“摘要”按钮，打开“方案摘要”对话框，如图 5.46 所示。

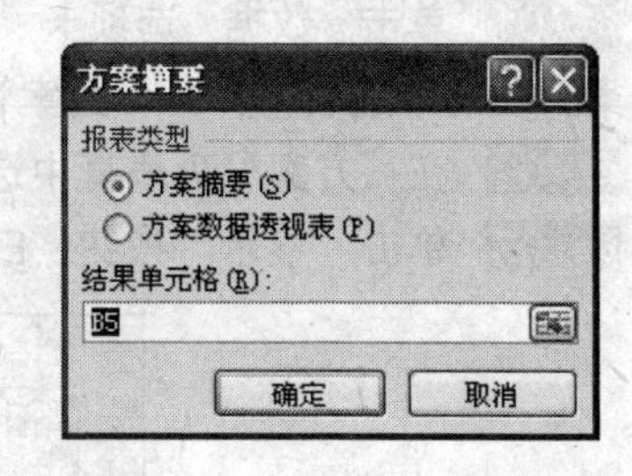

图 5.46 “方案摘要”对话框

Step 03 在“报表类型”选项组中单击“方案摘要”单选按钮。

Step 04 在“结果单元格”文本框中输入单元格的引用，本例输入“B5”，也就是月收入。

Step 05 单击“确定”按钮，此时 Excel 2010 将新建一个工作表，并在此工作表中创建方案摘要报告，如图 5.47 所示。

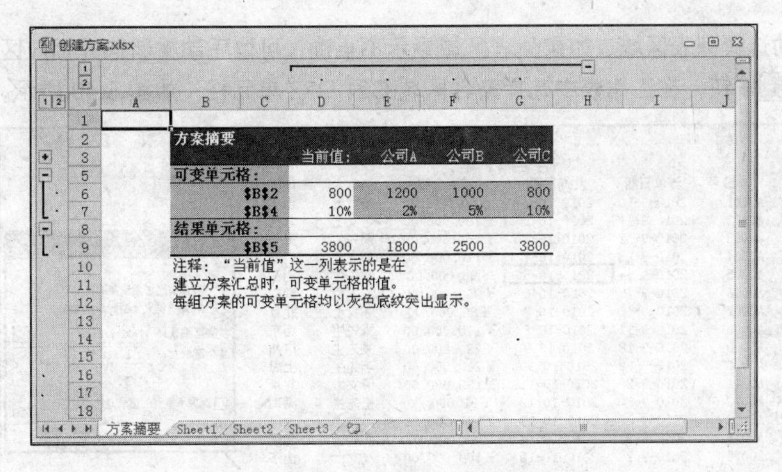

图 5.47　创建方案摘要报告

技巧案例　隐藏工作表和工作表中的网格线

- 如果想要隐藏某个工作表，选中要隐藏的工作表，单击“文件”按钮，在弹出的菜单中选择“Excel 选项”，打开“Excel 选项”对话框。在左侧选择“高级”选项，在右侧“显示”下的“此工作簿的显示选项”区域中，取消选中的“显示工作表标签”复选框，即可隐藏选定的工作表。
- 如果想要隐藏工作表中的网格线，打开该工作表，单击“文件”按钮，在弹出的菜单中选择“Excel 选项”，打开“Excel 选项”对话框，在左侧选择“高级”选项，在右侧“显示”下的“此工作表的显示选项”区域中，取消选中的“显示网格线”复选框，即可隐藏工作表中的网格线。

综合案例 1　使用“高级筛选”功能查询数据

Step 01 打开“素材和源文件\场景\cha05\销售订单.xlsx。

Step 02 在 C21:D22 单元格中输入如图 5.48 所示的筛选条件。

	A	B	C	D	E	F
1			销售订单			
2	订单编号	订单日期	发货日期	订单金额	订货人	地区
3	A0001	2010-9-10	2010-10-1	￥80,000.00	李女士	山东
4	A0002	2010-9-11	2010-10-2	￥750,000.00	谢女士	北京
5	A0003	2010-9-12	2010-10-3	￥150,000.00	周先生	上海
6	A0004	2010-9-13	2010-10-4	￥110,000.00	刘女士	广州
7	A0005	2010-9-14	2010-10-5	￥90,000.00	郑先生	山东
8	A0006	2010-9-15	2010-10-6	￥200,000.00	王先生	湖南
9	A0007	2010-9-16	2010-10-7	￥86,000.00	陈女士	北京
10	A0008	2010-9-17	2010-10-8	￥115,000.00	张先生	山东
11	A0009	2010-9-18	2010-10-9	￥920,000.00	吴先生	广州
12	A0010	2010-9-19	2010-10-10	￥260,000.00	李先生	上海
13	A0011	2010-9-20	2010-10-11	￥135,000.00	何女士	北京
14	A0012	2010-9-21	2010-10-12	￥91,000.00	王先生	湖南
15	A0013	2010-9-22	2010-10-13	￥105,000.00	冯女士	上海
16	A0014	2010-9-23	2010-10-14	￥80,000.00	贾先生	北京
17	A0015	2010-9-24	2010-10-15	￥100,000.00	沈女士	山东
18						
19						
20						
21			订单金额	地区		
22			>80000	北京		
23						

图 5.48　输入筛选条件

Step 03 选择 A2:F17 单元格区域中任意单元格，单击“数据”选项卡“排序和筛选”组中的“高级”按钮，打开“高级筛选”对话框。选择“在原有区域显示筛选结果”单选按钮，在“列表区域”

文本框中会自动选择列表区域。如果列表区域显示不正确，可以手动重新选择相应区域：单击“条件区域”右侧按钮，在工作表中选择条件区域 C21:D22 单元格，如图 5.49 所示。

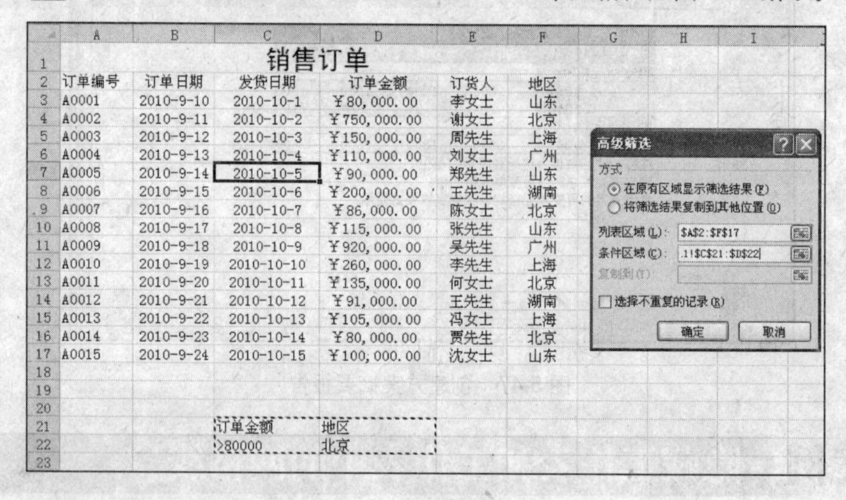

	A	B	C	D	E	F
1			销售订单			
2	订单编号	订单日期	发货日期	订单金额	订货人	地区
3	A0001	2010-9-10	2010-10-1	￥80,000.00	李女士	山东
4	A0002	2010-9-11	2010-10-2	￥750,000.00	谢女士	北京
5	A0003	2010-9-12	2010-10-3	￥150,000.00	周先生	上海
6	A0004	2010-9-13	2010-10-4	￥110,000.00	刘女士	广州
7	A0005	2010-9-14	2010-10-5	￥90,000.00	郑先生	山东
8	A0006	2010-9-15	2010-10-6	￥200,000.00	王先生	湖南
9	A0007	2010-9-16	2010-10-7	￥86,000.00	陈女士	北京
10	A0008	2010-9-17	2010-10-8	￥115,000.00	张先生	山东
11	A0009	2010-9-18	2010-10-9	￥920,000.00	吴先生	广州
12	A0010	2010-9-19	2010-10-10	￥260,000.00	李先生	上海
13	A0011	2010-9-20	2010-10-11	￥135,000.00	何女士	北京
14	A0012	2010-9-21	2010-10-12	￥91,000.00	王先生	湖南
15	A0013	2010-9-22	2010-10-13	￥105,000.00	冯女士	上海
16	A0014	2010-9-23	2010-10-14	￥80,000.00	贾先生	北京
17	A0015	2010-9-24	2010-10-15	￥100,000.00	沈女士	山东
18						
19						
20						
21			订单金额	地区		
22			>80000	北京		
23						

图 5.49 “高级筛选”对话框

Step 04 单击“确定”按钮，工作表中将显示出满足条件的数据，如图 5.50 所示。

	A	B	C	D	E	F
1			销售订单			
2	订单编号	订单日期	发货日期	订单金额	订货人	地区
4	A0002	2010-9-11	2010-10-2	￥750,000.00	谢女士	北京
9	A0007	2010-9-16	2010-10-7	￥86,000.00	陈女士	北京
13	A0011	2010-9-20	2010-10-11	￥135,000.00	何女士	北京
18						
19						
20						
21			订单金额	地区		
22			>80000	北京		
23						

图 5.50 高级筛选结果

综合案例 2 LOOKUP 函数的应用

Step 01 打开“素材和源文件\素材\cha05\LOOKUP 函数应用.xlsx。

Step 02 在单元格 E14 和 E15 中分别输入如图 5.51 所示文本，并调整这两个单元格的宽度。

	A	B	C	D	E	F
1	姓名	数学	语文	英语		
2	蔡健	86	90	95		
3	赵六	65	80	70		
4	于文	82	95	60		
5	周五	91	72	80		
6	郑三	100	70	91		
7	李萌	90	85	80		
8	王宝	72	89	74		
9	昊天	98	96	99		
10	张海	80	82	78		
11						
12						
13						
14					查找语文最高分的学生	
15					查找数学最低分的学生	
16						
17						

图 5.51 输入文本

Step 03 选中 F14 单元格，单击“公式”选项卡“函数库”组中的“插入函数”按钮 f_x 按钮，打开“插入函数”对话框。单击“或选择类别”下拉列表框，在打开的列表中选择“查找与引用”选项，在“选择函数”列表框中选择“LOOKUP”函数，如图 5.52 所示。

Step 04 单击“确定”按钮，弹出“选定参数”对话框。使用默认选项，单击“确定”按钮，如图 5.53 所示。

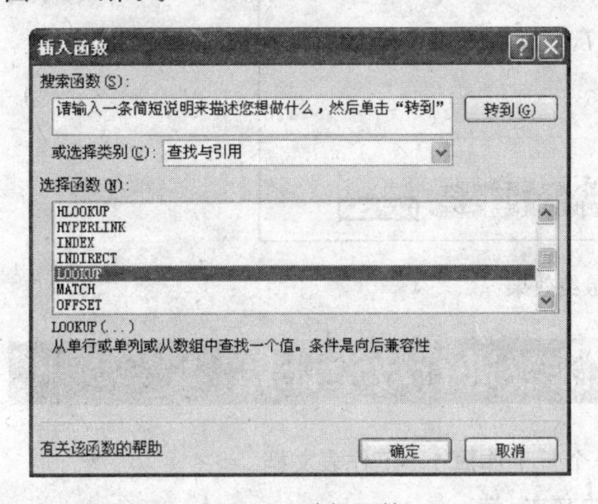

图 5.52 选择函数

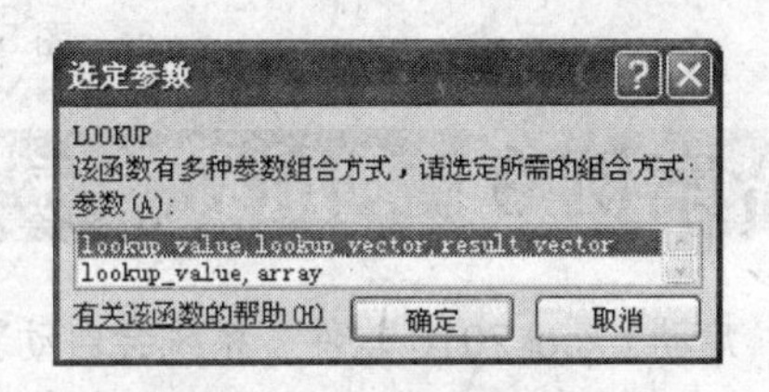

图 5.53 选定参数对话框

Step 05 在“函数参数”对话框中，输入“Lookup_value”、“Lookup_vector”和“Result_vector”的参数，如图 5.54 所示。

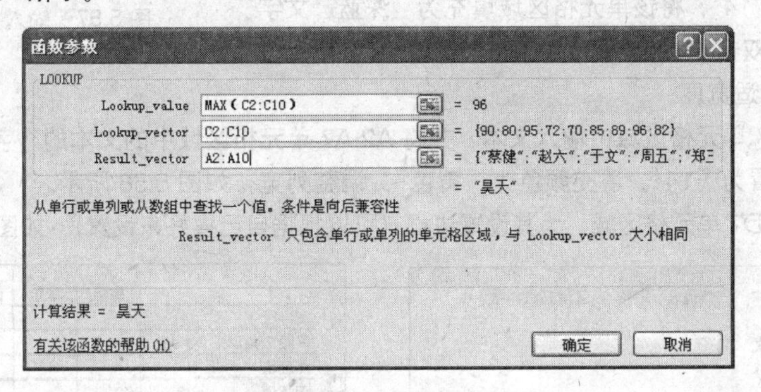

图 5.54 设置函数参数

Step 06 单击“确定”按钮，在工作表中显示计算结果，如图 5.55 所示。

	A	B	C	D	E	F	G
1	姓名	数学	语文	英语			
2	蔡健	86	90	95			
3	赵六	65	80	70			
4	于文	82	95	60			
5	周五	91	72	80			
6	郑三	100	70	91			
7	李萌	90	85	80			
8	王宝	72	89	74			
9	昊天	98	96	99			
10	张海	80	82	78			
11							
12							
13							
14					查找语文最高分的学生	昊天	
15					查找数学最低分的学生		
16							

图 5.55 计算结果

Step 07 我们也可以在单元格中直接输入函数公式。选中 F15 单元格，输入公式“=LOOKUP(MIN(B2:B10),B2:B10,A2:A10)”，按 Enter 键确认，最终效果如图 5.56 所示。

	A	B	C	D	E	F	G
1	姓名	数学	语文	英语			
2	蔡健	86	90	95			
3	赵六	65	80	70			
4	于文	82	95	60			
5	周五	91	72	80			
6	郑三	100	70	91			
7	李萌	90	85	80			
8	王宝	72	89	74			
9	昊天	98	96	99			
10	张海	80	82	78			
11							
12							
13							
14					查找语文最高分的学生	昊天	
15					查找数学最低分的学生	赵六	
16							

图 5.56　最终效果

综合案例 3　利用数学与三角函数进行数学计算

Step 01 启动 Excel 2010 软件，系统会自动新建一个“工作簿 1”工作表文档。

Step 02 在 B1:D1 单元格区域输入如图 5.57 所示的文本。选择 B1:D1 单元格，单击“开始”选项卡“对齐方式”组中的“居中”按钮，在“字体”组中将“字体”设置为“黑体”，“字号”设置为“14”，将该单元格区域填充为“深蓝，文字 2，淡色 80%”。双击 D 列与 E 列之间的分隔线，将单元格 D1 自动调整为合适宽度。

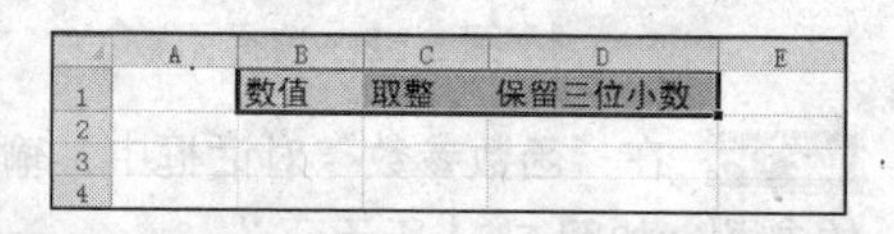

	A	B	C	D	E
1		数值	取整	保留三位小数	
2					
3					
4					

图 5.57　输入并设置文本

Step 03 在 A2:A7 单元格区域中输入文本，并将 A2:A7 单元格区域中的文本的“字体”设置为“黑体”，“字号”设置为“14”，填充颜色为“黄色”，调整列宽，如图 5.58 所示。

Step 04 选择 A1:D7 单元格区域，为其设置边框（可以根据自己喜好来设置），如图 5.59 所示。

	A	B	C	D	E
1		数值	取整	保留三位小数	
2	圆半径				
3	等腰三角形顶角角度				
4	弧度值				
5	正弦值				
6	圆面积				
7	扇形面积				
8					

图 5.58　输入并设置文本

	A	B	C	D	E
1		数值	取整	保留三位小数	
2	圆半径				
3	等腰三角形顶角角度				
4	弧度值				
5	正弦值				
6	圆面积				
7	扇形面积				
8					

图 5.59　设置边框

Step 05 分别在单元格 B2 和 B3 中输入数据 50 和 45。选中 B4 单元格，单击“公式”选项卡“函数库”组中的“插入函数”按钮，打开“插入函数”对话框，在“搜索函数”文本框中输入“将角度转换为弧度”，如图 5.60 左所示。单击“转到”按钮，在“选择函数”列表框中便会出现我们搜索的函数，如图 5.60 右所示。

Step 06 单击“确定”按钮，打开“函数参数”对话框，单击“Angle”文本框右侧按钮，在工作表中选择“B3”单元格。单击按钮，返回“函数参数”对话框。单击“确定”按钮，完成插入函数的操作，如图 5.61 所示。

Step 07 调整 B 列的列宽，将单元格内数值全部显示出。选中 B5 单元格，单击“公式”选项卡“函数库”组中的“插入函数”按钮，打开“插入函数”对话框。在“搜索函数”文本框中输入“角度的正弦值”，单击“转到”按钮，在“选择函数”列表框中选择“SIN”函数，如图 5.62 所示。(也可以单击“或选择类别”下拉列表框，在打开的下拉列表中选择“数学与三角函数”选项，在“选择函数”列表框中选择我们需要的“SIN”函数。)

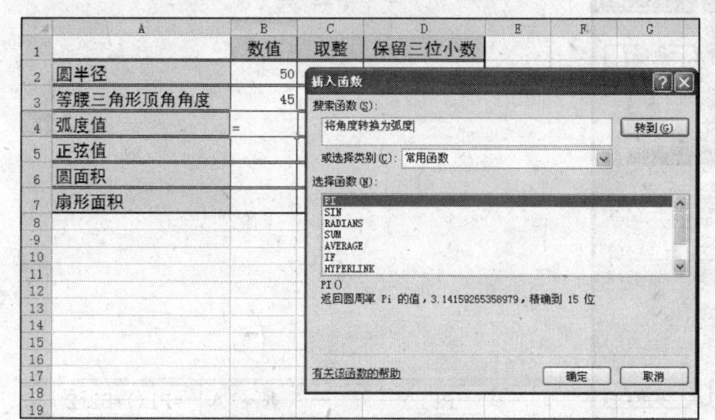

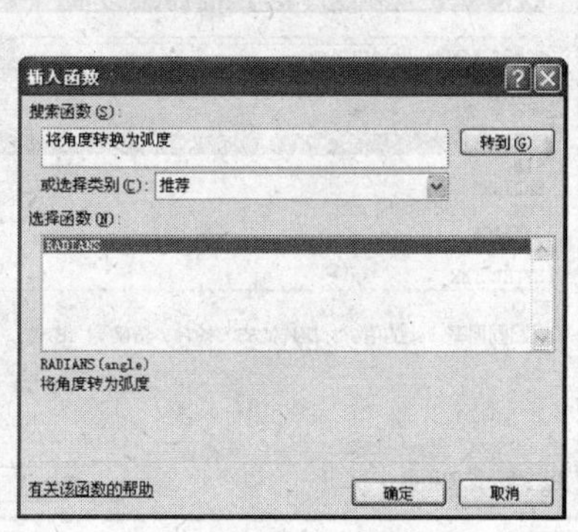

图 5.60 “插入函数”对话框

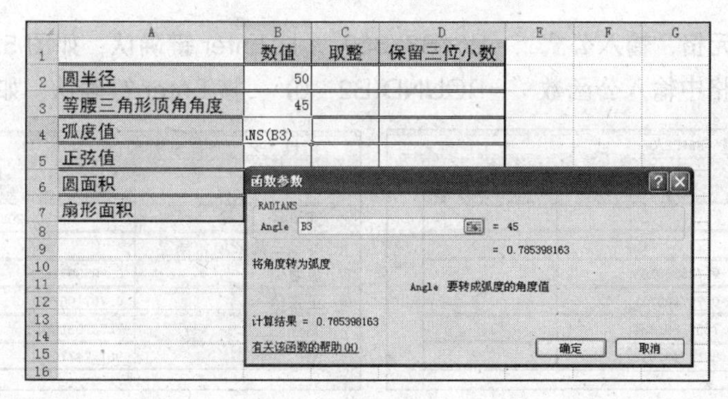

图 5.61 “函数参数”对话框

Step 08 单击“确定”按钮，打开“函数参数”对话框。单击按钮，在工作表中选择 B4 单元格。单击按钮，返回“函数参数”对话框，如图 5.63 所示。单击“确定”按钮，插入函数。

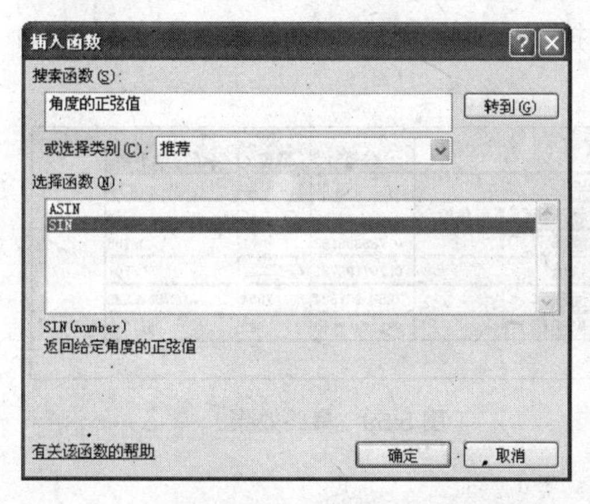

图 5.62 选择函数

图 5.63 函数参数

Step 09 选中 B6 单元格，单击“插入函数”按钮，打开“插入函数”对话框。选择“PI”函数，单击“确定”按钮，打开“函数参数”对话框，直接单击“确定”按钮，插入函数，如图 5.64 所示。

Step 10 在编辑栏中 “=PI()” 后输入 “*B2^2”，将公式补充完整。单击 “输入” 按钮，如图 5.65 所示。

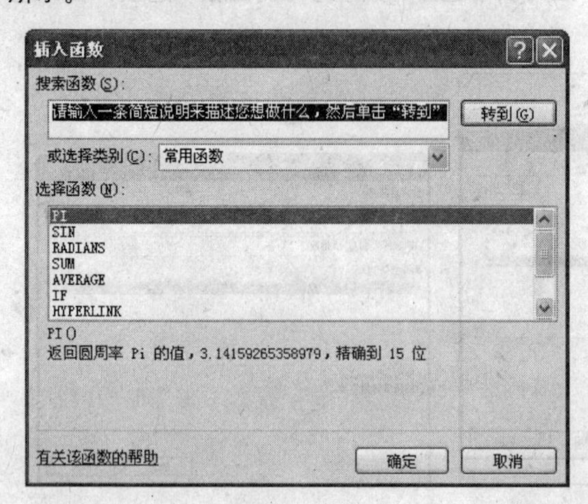

图 5.64　选择函数

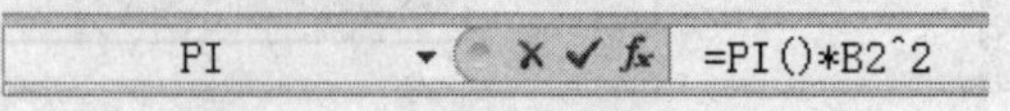

图 5.65　输入公式

Step 11 选择 B7 单元格，输入公式 “=B6*B3/360”，按 Enter 键确认，如图 5.66 所示。

Step 12 在 C2 单元格中输入公函数 “=ROUND(B2，0)”，按 Enter 键确认，如图 5.67 所示。

B7　=B6*B3/360

	A	B	C	D
1		数值	取整	保留三位小数
2	圆半径	50		
3	等腰三角形顶角角度	45		
4	弧度值	0.785398163		
5	正弦值	0.707106781		
6	圆面积	7853.981634		
7	扇形面积	981.7477042		
8				

图 5.66　输入公式

PI　=ROUND(B2,0)

	A	B	C	D
1		数值	取整	保留三位小数
2	圆半径	50	=ROUND(B2,0)	
3	等腰三角形顶角角度	45		
4	弧度值	0.785398163		
5	正弦值	0.707106781		
6	圆面积	7853.981634		
7	扇形面积	981.7477042		
8				

图 5.67　输入四舍五入函数

Step 13 选中 C2 单元格，将光标移至边框右下角，按住鼠标左键向下拖动填充，完成后的效果如图 5.68 所示。

Step 14 在 D2 单元格中输入 “=ROUND(B2，3)”，按 Enter 键确认，并向下填充后最终效果如图 5.69 所示。

	A	B	C	D	E
1		数值	取整	保留三位小数	
2	圆半径	50	50		
3	等腰三角形顶角角度	45	45		
4	弧度值	0.785398163	1		
5	正弦值	0.707106781	1		
6	圆面积	7853.981634	7854		
7	扇形面积	981.7477042	982		
8					
9					

图 5.68　填充数据

	A	B	C	D	E
1		数值	取整	保留三位小数	
2	圆半径	50	50	50	
3	等腰三角形顶角角度	45	45	45	
4	弧度值	0.785398163	1	0.785	
5	正弦值	0.707106781	1	0.707	
6	圆面积	7853.981634	7854	7853.982	
7	扇形面积	981.7477042	982	981.748	
8					
9					

图 5.69　最终效果

课后习题与上机操作

1. 选择题

（1）在 Excel 中，共有________种类型的模拟运算表。

A. 3　　B. 5　　C. 2　　D. 1

（2）单变量模拟运算表中输入的数值被排列在________中。

A. 一行　　B. 多列　　C. 一列　　D. 多行

（3）在多变量情况下分析数据时使用________。

A. 方案管理器　　B. 模拟运算表　　C. 单变量求解

2. 简答题

（1）在 Excel 2010 中，模拟运算表有几种类型？分别如何创建？

（2）简述方案管理器的创建、显示和删除方案？

3. 操作题

（1）假如房款总金额为 50 万元，期限为 15 年，假设年利率为 4.5%，计算每月应付款金额。

（2）接上题，当期限变为 12、10、8 年时，年利率为 4%，3.6%时，每月付款金额是多少？（要求使用模拟运算表）最终效果查看“素材和源文件\场景\cha05\课后练习.xlsx。

项目6

制作图表

项目导读

在 Excel 中，可以根据工作表中的数据创建直观、形象的图表，清晰地表达出数据的信息。通过本章学习，使读者掌握利用工作表中的数据创建需要的图表，并对图表进行修改设置。

知识要点

- ✪ 认识图表
- ✪ 创建图表
- ✪ 编辑图表
- ✪ 设置图表类型
- ✪ 设置图表格式

任务 1 认识和创建图表

在创建图表之前，先来了解图表的一般构成，如图 6.1 所示。

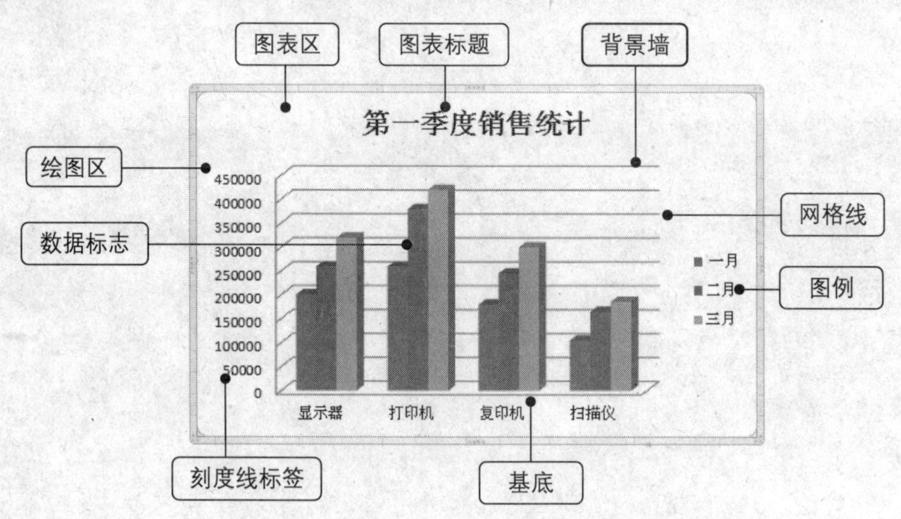

图 6.1　图表的一般构成

- **图表区**：图表区包括图表中所有的元素。
- **图表标题**：图表标题是用来表示图表内容的说明性文本，它可以自动与坐标轴对齐或者在图表顶部居中。

- **绘图区：** 在二维图表中，绘图区是以坐标轴为界并包含所有数据系列的区域。在三维图表中，绘图区是以坐标轴为界并包含数据系列、分类名称、刻度线标签和坐标轴标题的区域。
- **数据标志：** 数据标志是图表中的条形、面积、圆点、扇面或其他符号，代表数据表单元格的单个数据点或值。图表中的相关数据标志构成了数据系列。
- **数据系列：** 数据系列是在图表中绘制的相关数据点，这些数据源自数据表的行或列。图表中的每个数据系列具有唯一的颜色或图案，并且在图表的图例中表示出来。用户可以在图表中绘制一个或多个数据系列，但是饼图中只有一个数据系列。
- **坐标轴：** 坐标轴是界定图表绘图区的线条，是用作度量的参照框架。一般图表都有 X 轴和 Y 轴，X 轴通常为水平坐标轴并包含分类，Y 轴通常为垂直坐标轴并包含数值。三维图表有第 3 个轴（Z 轴）。饼图和圆环图没有坐标轴。
- **刻度线：** 刻度线是类似于直尺分隔线的短度量线，与坐标轴相交。刻度线标签用于标识图表上的分类、值或系列。
- **网格线：** 图表中的网格线是可添加到图表中以便于查看和计算数据的线条。网格线是坐标轴上刻度线的延伸，它穿过了绘图区。
- **背景墙和基底：** 背景墙和基底只有在三维图表中才有，它是包围在许多三维图表周围的区域，用于显示图表的维度和边界。绘图区中有两个背景墙和一个基底。
- **图例：** 图例是一个方框，用来标识图表中的数据系列或分类指定的图案及颜色。

实训 1　创建图表

在 Excel 中，用户可以在工作表上创建图表，或者将图表作为工作表的嵌入对象使用。另外，用户也可以在 Web 页上发布图表。如果要创建图表，就必须先在工作表中为图表输入数据，然后再选择数据并使用“图表向导”来逐步完成选择图表类型和其他各种图表选项的过程，或使用“图表”工具栏来快速创建可设置格式的基本图表。

1. 使用“插入图表”对话框创建图表

“图表向导”是指一系列的对话框，通过它的指导，用户可以完成新图表的建立或修改现有图表设置所需的所有步骤。通过使用“图表向导”，可以很快地完成许多修饰图表的任务，否则将会花费很长的时间。对于刚接触 Excel 的用户来说，“图表向导”是最好的选择，因为用户可以根据提示，选择一种最合适的图表类型来表达数据。

要使用“图表向导”创建图表，其具体操作步骤如下。

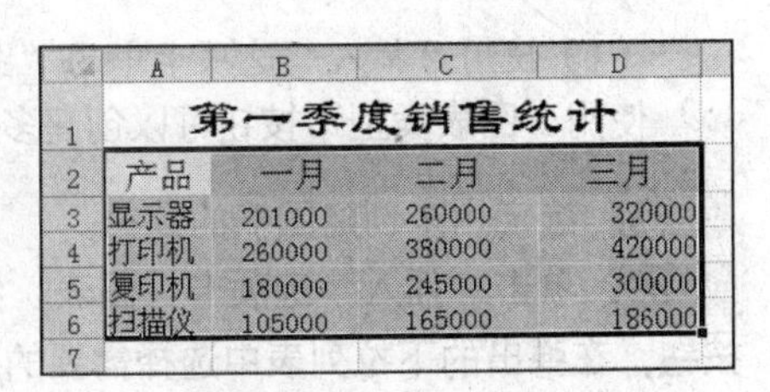

	A	B	C	D
1	第一季度销售统计			
2	产品	一月	二月	三月
3	显示器	201000	260000	320000
4	打印机	260000	380000	420000
5	复印机	180000	245000	300000
6	扫描仪	105000	165000	186000
7				

图 6.2　选定数据区域

Step 01 打开“素材和源文件\素材\cha06\第一季度销售统计.xlsx”，并另存为一份。

Step 02 选定用于创建图表的数据区域。如果要选定非相邻区域，则要先选定第 1 组含有分类或数据系列的单元格，然后按住 Ctrl 键，再选定其他单元格，非相邻区域要能形成一个矩形。本例选定的区域为 A2:D6，如图 6.2 所示。

Step 03 单击“插入”选项卡“图表”组中的按钮，打开“插入图表”对话框，如图 6.3 所示。

Step 04 在“插入图表”对话框左侧选择相应的图表类型，这里选择“柱形图”，然后在右侧选择子图表类型“三维簇状柱形图”，单击“确定”按钮即可插入图表，如图 6.4 所示。

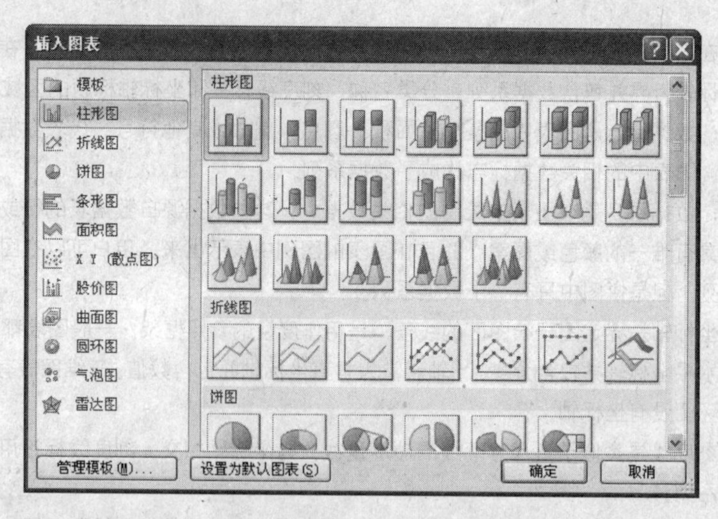

图 6.3 “插入图表”对话框

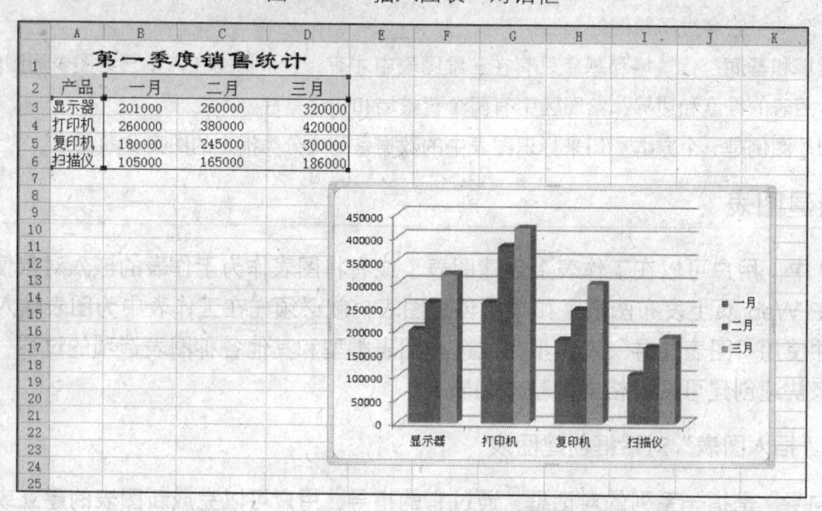

图 6.4 插入图表

2. 快速创建图表

在 Excel 2010 中，除了可以使用“插入图表”对话框创建图表外，还可以快速创建图表。

（1）使用“插入”选项卡中的“图表”组创建图表

使用“图表类型”按钮可以创建多种类型的图表，其具体操作步骤如下。

Step 01 选定用来创建图表的数据。

Step 02 单击“插入”选项卡“图表”组中要插入的图表类型按钮，在弹出的下拉列表中选择需要的图表类型。

Step 03 在该工具栏的“图表类型”选项中（如图 6.5 所示）选择所需的图表类型，即可快速地创建一个嵌入式图表。

图 6.5 图表类型

（2）使用 F11 键创建图表

使用 F11 键创建的图表类型是 Excel 默认的柱形图，其具体操作步骤如下。

Step 01 选中用于创建图表的数据，例如图 6.2 中的 A2:D6 单元格区域。

Step 02 按 F11 键，即出现一个图表，如图 6.6 所示。

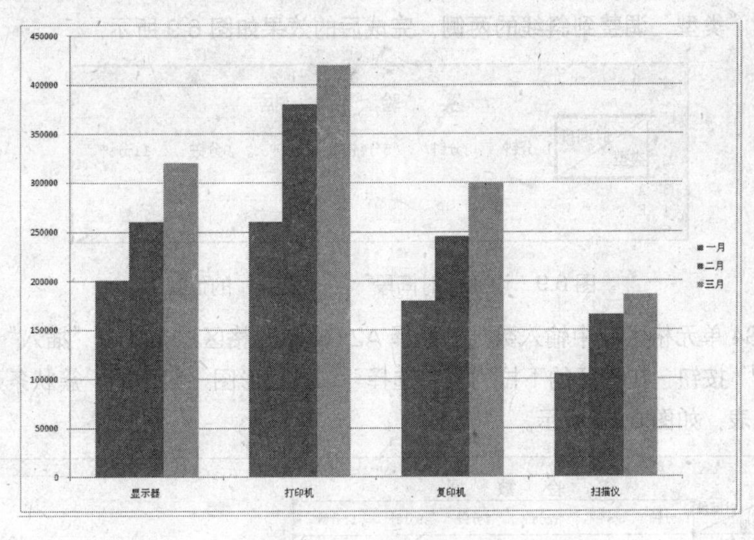

图 6.6　用快捷键创建图表

实训 2　制作实验数据图表

Step 01 启动 Excel 2010 软件，系统会自动新建一个“工作簿 1”工作表文档。在工作表中输入如图 6.7 所示的文本，将标题的“字体”设置为“黑体”，“字号”设置为 16。

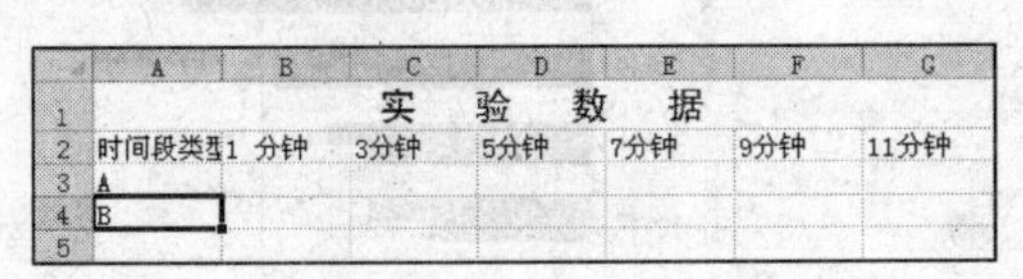

	A	B	C	D	E	F	G
1	实　验　数　据						
2	时间段类型	1 分钟	3分钟	5分钟	7分钟	9分钟	11分钟
3	A						
4	B						
5							

图 6.7　输入文本

Step 02 选择 A2 单元格，右击鼠标，在弹出的快捷菜单中选择“设置单元格格式”选项，打开“设置单元格格式”对话框。打开“边框”选择卡，在“线条样式”列表框中选择一种细线，在右侧“边框”区域中单击按钮，如图 6.8 所示。

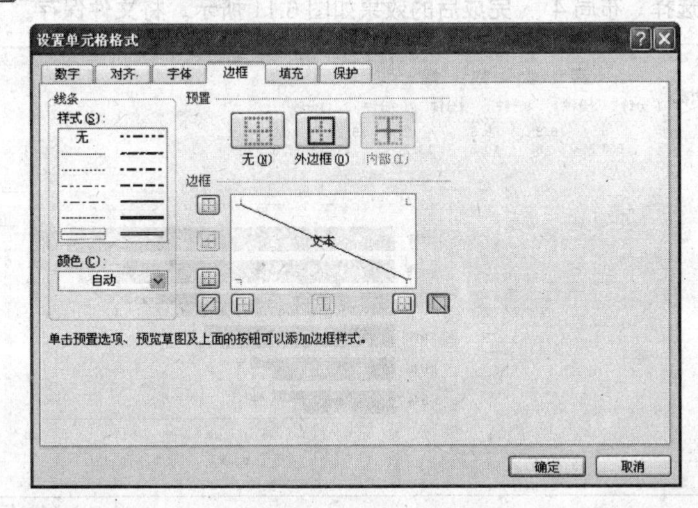

图 6.8　设置边框

Step 03 双击 A2 单元格，在“时间段”后插入光标，按 Alt+Enter 组合键换行，然后通过空格键将“时间段”和“类型”调整到斜线的两侧，完成后的效果如图 6.9 所示。

	A	B	C	D	E	F	G
1	实验数据						
2	时间段 类型	1 分钟	3分钟	5分钟	7分钟	9分钟	11分钟
3	A						
4	B						
5							

图 6.9　设置“时间段”、“类型”的位置

Step 04 在 B3:G4 单元格区域中输入数据。选择 A2:G4 单元格区域，单击“插入”选项卡“图表”组中的“条形图”按钮，在打开的下拉列表中选择“二维条形图”组中的“簇状条形图”图表，在工作表中插入图表，如图 6.10 所示。

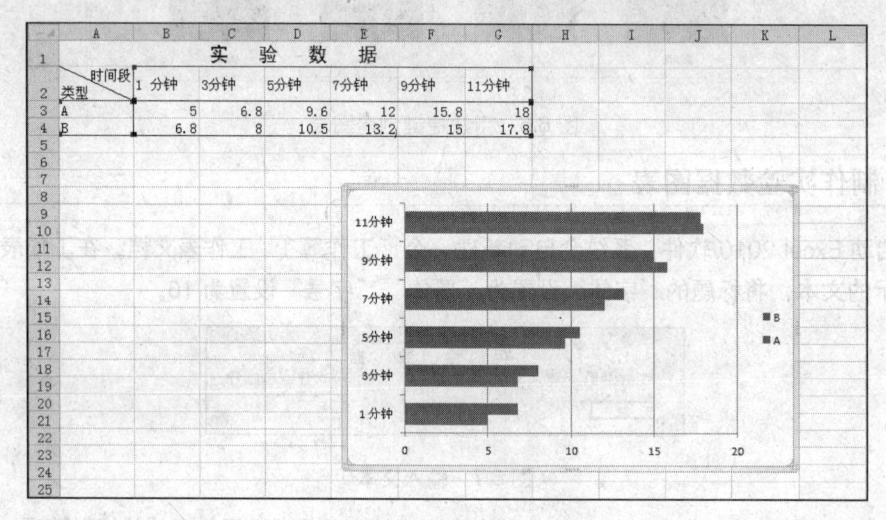

图 6.10　插入图表

Step 05 在“图表工具”选项卡集中，单击“设计”选项卡“图表布局”组中“其他”按钮，在打开的下拉列表中选择“布局 4”，完成后的效果如图 6.11 所示。将文件保存。

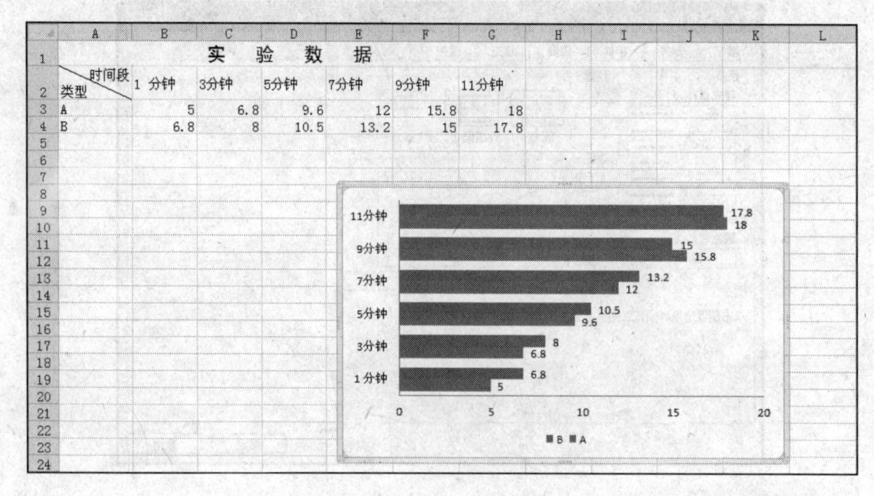

图 6.11　最终效果

任务 2 编辑图表

在实际工作中，创建一个图表后，常需要修改工作表中的数据。对于这种情况，重新创建图表当然是一种办法，其实也可以利用 Excel 提供的编辑功能来解决这个问题。由于图表与它的源数据是相链接的，因此当源数据发生变化时，图表也将自动更新；反之，用户也可以通过修改图表来修改其源数据。

实训 1 激活嵌入图表与图表工作表

对于已经创建的图表，只要单击它，就可将其激活。激活图表后，可以对其移动、更改大小，同时也可以重新设置图表的格式，并在其中添加数据。

另外，图表被激活后，在“图表工具”选项卡集中，单击“格式”选项卡“当前所选内容”组中的“图表元素”右侧的下三角按钮，在打开的下拉列表中选择要编辑的图表项。

图表被激活后，与图表对应的数据和标志会分别被蓝色、绿色和紫色的边框标示出来。这样用户就可以迅速查看图表的源数据。

与工作簿中其他工作表相同，图表工作表占用了一个窗口。要激活图表工作表，只要单击工作簿底部的图表标签即可。

实训 2 调整图表的位置和大小

在同一个工作表中调整图表的位置，可以直接按住鼠标左键进行拖放操作，将其拖到合适的位置。

用户除了可对图表的位置进行调整外，还可对图表的大小进行调整。其具体操作步骤如下。

Step 01 单击所要调整大小的图表，将鼠标置于图表的某个句柄上。

Step 02 当鼠标指针变成双向箭头时，按住鼠标左键拖动即可进行调整大小。

实训 3 移动图表位置

如果要将图表移到其他的工作表中，则要用到“图表工具”中的“移动图表”命令。其具体操作步骤如下。

Step 01 选中需要进行位置调整的图表。

Step 02 在“图表工具”选项卡集中，单击“设计”选项卡“位置”组中的“移动图表”按钮，打开“移动图表”对话框，如图 6.12 所示。

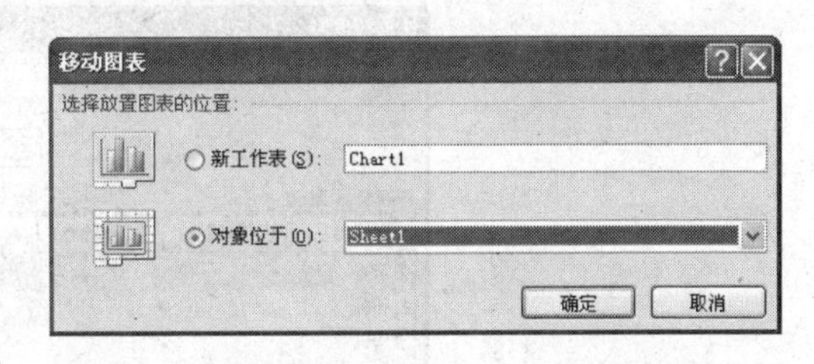

图 6.12 “移动图表”对话框

Step 03 单击“新工作表”单选按钮，可生成一张新的图表工作表，用户可在其右边的文本框中输入图表工作表的名称；单击“对象位于”单选按钮，可将图表嵌入到工作表中，并可在其右边的下拉列表框中选择所需的工作表。

Step 04 设置完成后，单击“确定”按钮。

实训 4 添加图表标题

可以为图表添加图表标题，具体的操作步骤如下。

Step 01 打开“素材和源文件\素材\cha06\第一季度销售统计 2.xlsx”，并另存为一份。

Step 02 选中工作表中的图表，在“图表工具”选项卡集中，单击“布局”选项卡“标签”组中的“图表标题”按钮，在打开的下拉菜单中选择图表标题的位置。这里选择“图表上方”选项，此时出现“图表标题”文本框，如图 6.13 所示。

Step 03 单击“图表标题”文本框，输入图表标题，如图 6.14 所示

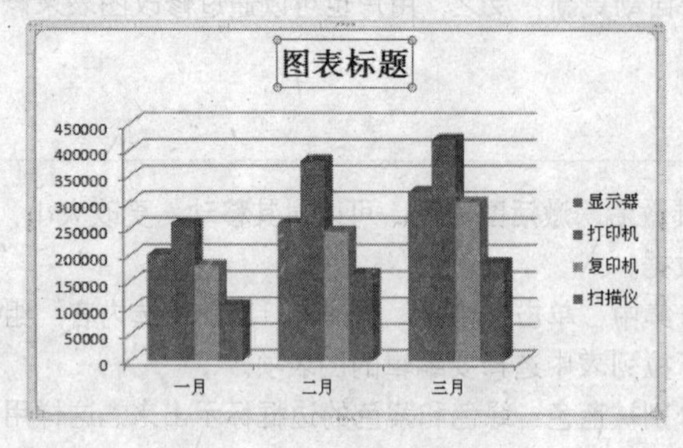

图 6.13 插入图表标题

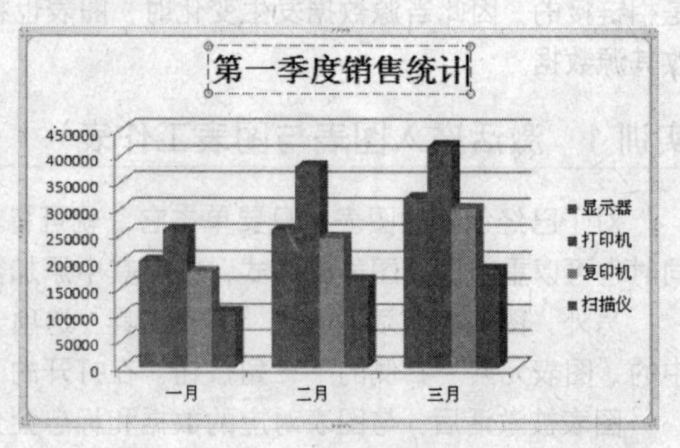

图 6.14 输入图表标题

实训 5 添加和删除数据

由于图表与其源数据之间在创建图表时已经建立了链接关系，因此，当对工作表中的数据进行修改后，Excel 会自动更新图表；反之，当对图表进行修改后，其源数据中的数据也会随之改变。

1. 使用“选择数据源”对话框添加数据

要使用“选择数据源”对话框来添加数据，其具体操作步骤如下。

Step 01 接上面，选中需要添加数据的图表，即图 6.14 中的图表。

Step 02 在“图表工具”选项卡集中，单击“设计”选项卡“数据”组中的“选择数据”按钮，打开“选择数据源”对话框，如图 6.15 所示。

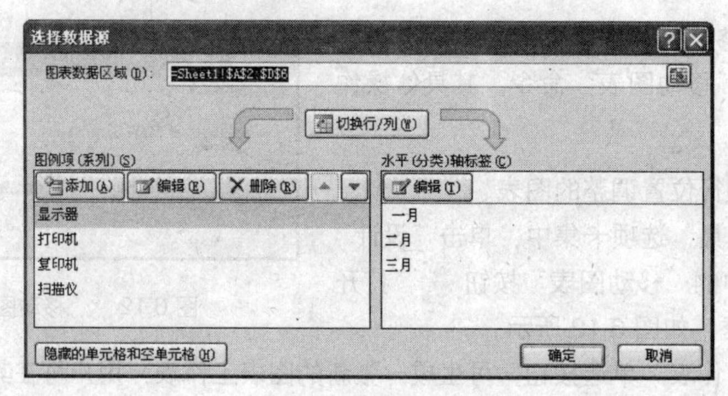

图 6.15 “选择数据源”对话框

Step 03 单击“添加”按钮，打开“编辑数据系列”对话框，如图 6.16 所示，然后单击“系列名称”文本框右侧的按钮，折叠“编辑数据系列”对话框，并在工作表中单击 A7 单元格，如图 6.17 所示。然后单击“编辑数据系列”对话框中的按钮，返回“编辑数据系列”对话框，或者直接在“编辑数据系列”对话框的“系列名称”文本框中输入“传真机”。

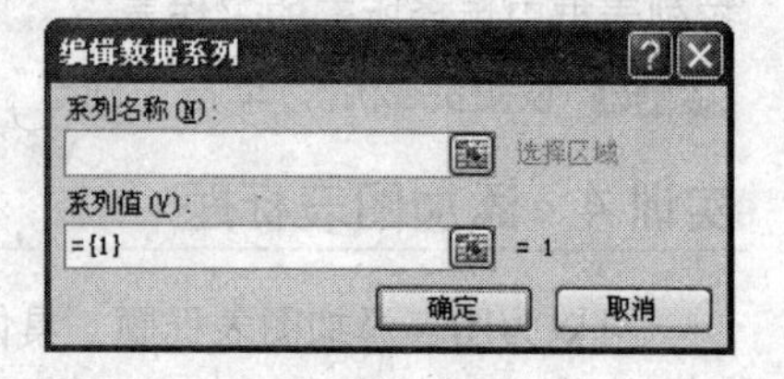

图 6.16 “编辑数据系列”对话框

Step 04 单击“系列值”文本框右侧的按钮，折叠“编辑数据系列”对话框，如图 6.18 所示。

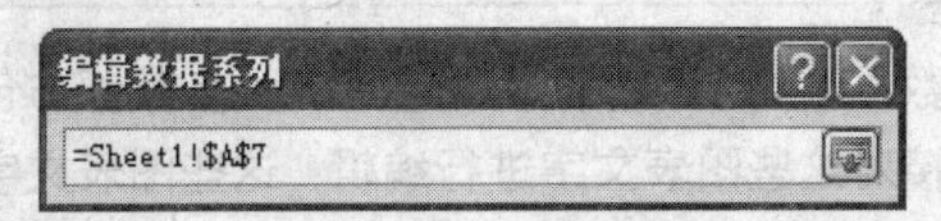

图 6.17 选择区域

图 6.18 折叠“编辑数据系列”对话框

Step 05 在工作表中选定所要添加的单元格区域 B7:D7，然后单击“编辑数据系列”对话框中的按钮，返回“编辑数据系列”对话框。

Step 06 单击“确定”按钮，在返回的“选择数据源”对话框中单击“确定”按钮，“传真机”的数据系列就被添加到图表中，如图 6.19 所示。

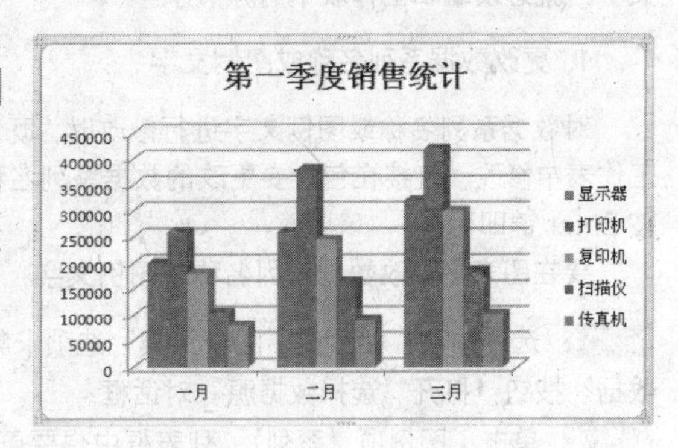

图 6.19 添加新数据后的图表

2. 用复制的方法添加数据

复制的方法是非常简单、易操作的向图表中添加数据的方法。其具体操作步骤如下。

Step 01 打开“素材和源文件\素材\cha06\第一季度销售统计 2.xlsx”，并另存为一份。选择 A7:D7 单元格区域。

Step 02 单击“开始”选项卡“剪贴板”组中的“复制”按钮。

Step 03 单击需要添加数据的图表。

Step 04 单击“开始”选项卡“剪贴板”组中的“粘贴”按钮，即可完成向图表中添加数据的操作。结果如图 6.20 所示。

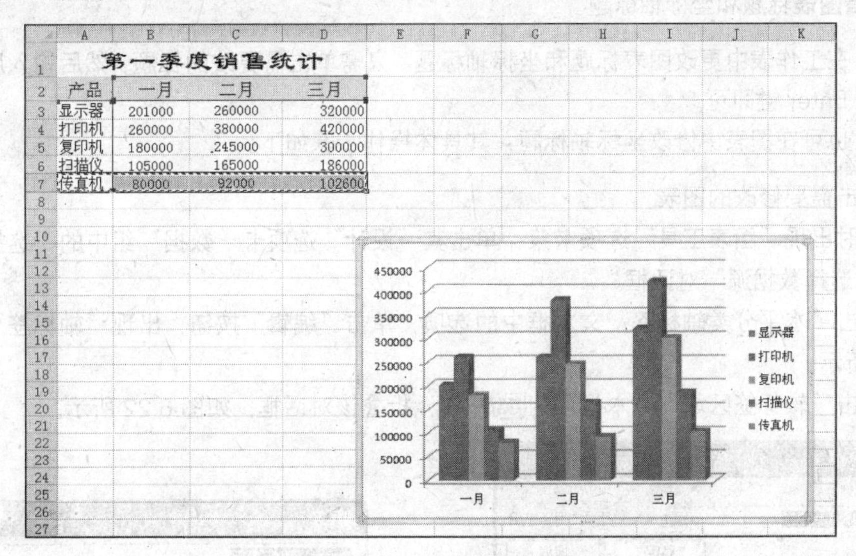

图 6.20 用复制的方法添加数据

3. 删除数据

用户如果要删除数据，其操作非常简单：如果要同时删除工作表和图表中的数据，只要从工作表中删除数据，图表将会自动更新；如果只从图表中删除数据，则在图表上单击所要删除的数据系列，然后按 Delete 键；或右击数据系列，在弹出的菜单中选择“删除”命令即可。

实训 6　更改图表文字

图表中的文本也就是图表文字，如分类轴标志、数据系列名称、图例文字等，大多数都与创建该图表的工作表中的单元格相链接，如果在图表中直接对这些图表文字进行编辑，这些图表文字就失去了与工作表中单元格的链接关系。如果既想保持与工作表中单元格的链接关系，又要更改图表文字，就必须编辑工作表中的源文字。

1. 更改数据系列名称或图例文字

对数据系列名称或图例文字进行修改时，既可以在工作表上修改，也可以在图表上修改。要在工作表中修改，直接在包含要更改的数据系列名称的单元格中删除原来的名称，输入新名称，然后按 Enter 键即可。

要在图表上更改数据系列名称或图例文字，其具体操作步骤如下。

Step 01 选中图表，然后在“图表工具”选项卡集中，单击“设计”选项卡“数据”组中的“选择数据”按钮，打开“选择数据源”对话框。

Step 02 单击“图例项（系列）”列表框中想要更改的数据系列名称，单击“编辑”按钮。

Step 03 在打开的“编辑数据系列”对话框中单击“系列名称”文本框后的按钮，出现“编辑数据系列”对话框，在工作表中指定要作为图例文本或数据系列名称的工作表单元格。

Step 04 单击“编辑数据系列”对话框右下方的按钮，返回“编辑数据系列”对话框中。也可以输入想要使用的名称，如果在“名称”文本框中直接输入了文字，则图例文字或数据系列名称将不再与工作表单元格链接。

Step 05 单击“确定”按钮。

2. 编辑图表标题和坐标轴标题

如果要在工作表中更改图表标题和坐标轴标题，只需单击需更改的标题，然后输入所需的新文字，最后按 Enter 键即可。

另外，也可在图表中修改坐标轴标题，其具体操作步骤如下。

Step 01 单击需要修改的图表。

Step 02 此时出现“图表工具”选项卡集，单击其“设计”选项卡“数据”组中的“选择数据”按钮，打开“选择数据源”对话框。

Step 03 单击“水平分类轴标签”文本框中的选项，单击“编辑”按钮，出现“轴标签”对话框，如图 6.21 所示。

Step 04 单击“轴标签区域”文本框后的按钮，折叠该对话框，如图 6.22 所示。

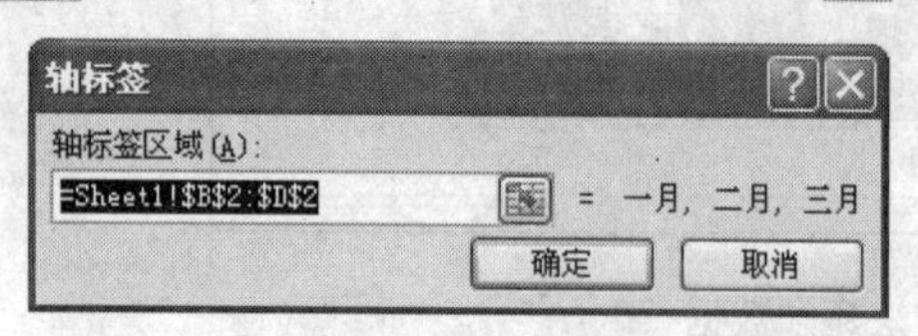

图 6.21　“轴标签”对话框

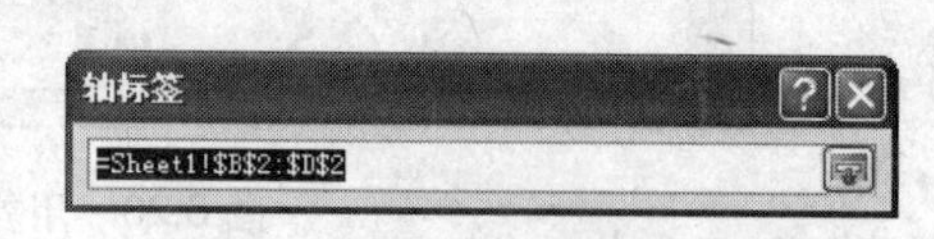

图 6.22　折叠“轴标签”对话框

Step 05 在工作表中，选定要用作分类轴标志的区域，然后单击“轴标签”对话框中的按钮，回到“轴标签”对话框中。

Step 06 单击“确定”按钮。

提 示

如果在图 6.21 的“轴标签”文本框中直接输入文字，那么分类轴中的文字就不再与工作表中相应的单元格相链接。

实训 7　设置坐标轴和网格线

用户可在图表中添加坐标轴和网格线，下面分别加以介绍。

1. 设置坐标轴

坐标轴是图表中用来对数据进行分类和度量的参考线。如果用户要设置坐标轴，其具体操作步骤如下。

Step 01　打开“素材和源文件\素材\cha06\第一季度销售统计 2.xlsx”，并另存为一份。单击要设置坐标轴的图表以激活它。

Step 02　在“图表工具”选项卡集中，单击其“布局”选项卡“坐标轴”组中的“坐标轴”按钮，在打开的列表中选择“主要横坐标轴标题”或“主要纵坐标轴标题”选项，在弹出的菜单中再选择坐标轴的显示位置，这里选择“主要横坐标轴标题” | “显示从右向左坐标轴”，图表效果如图 6.23 所示。

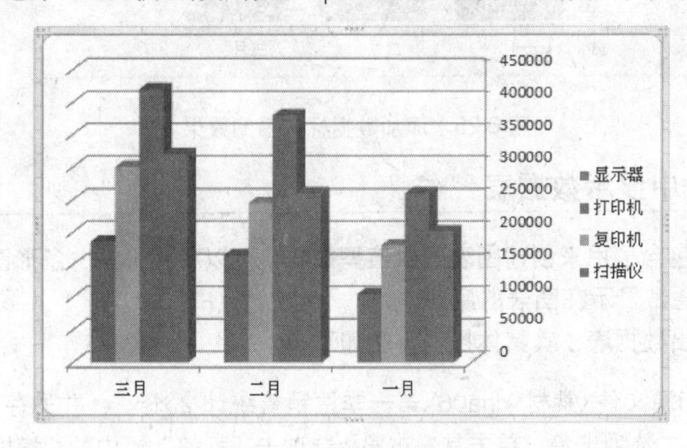

图 6.23　设置坐标轴

2. 添加网格线

添加网格线的作用是使图表中的数值更容易被确定，它只是简单地延伸了坐标轴上的刻度。要添加网格线，其具体操作步骤如下。

Step 01　首先要激活图表，这里单击图 6.23 中的图表。

Step 02　在“图表工具”选项卡集中，单击其“布局”选项卡“坐标轴”组中的“网格线”按钮，在打开的列表中选择“主要横网格线”或“主要纵网格线”，这里选择“主要纵网格线” | “主要网格线”，图表效果如图 6.24 所示。

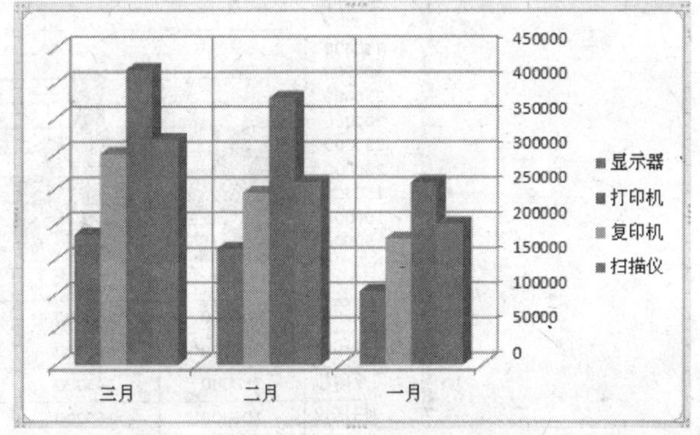

图 6.24　添加网格线

实训 8　添加数据标签

要添加数据标签，其具体操作步骤如下。

Step 01 打开“素材和源文件\素材\cha06\第一季度销售统计 2.xlsx”，并另存为一份。激活图表。

Step 02 在“图表工具”选项卡集中，单击其“布局”选项卡“标签”组中的“数据标签”按钮，在打开的列表中选择显示选项，如图 6.25 所示。（在“数据标签”下拉列表中选择“其他数据标签选项”，打开“设置数据标签格式”对话框，可以对标签进行颜色，位置等设置。）

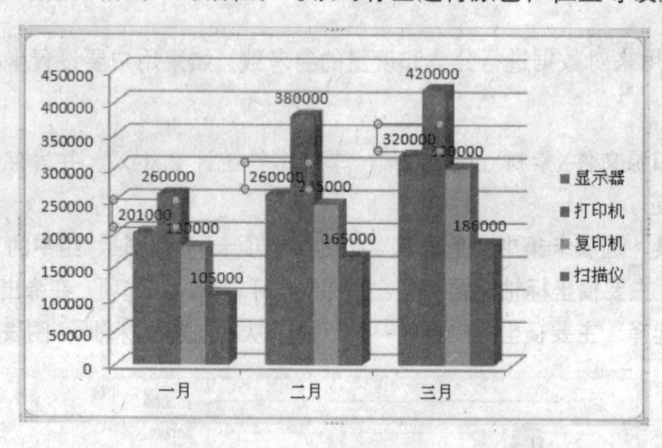

图 6.25　添加数据标签后的效果

随堂演练　在图表中显示数据表

图表中的数据表包含了用来创建图表的数值型数据，可以在柱形图、条形图、折线图和面积图中显示出来，数据表通常显示在图表的底部。

要在图表中显示出数据表，其具体操作步骤如下。

Step 01 打开“素材和源文件\素材\cha06\第一季度销售统计 2.xlsx”，并另存为一份。激活图表。

Step 02 在“图表工具”选项卡集，单击其“布局”选项卡“标签”组中的“模拟运算表”按钮，在打开的列表中选择“显示模拟运算表”或“显示模拟运算表和图例项标示”选项，这里选择“显示模拟运算表”选项，如图 6.26 所示。（在“模拟运算表”下拉列表中选择“其他模拟运算表选项”，打开“设置模拟运算表格式”对话框，可以对模拟运算进行表边框、填充等设置。）

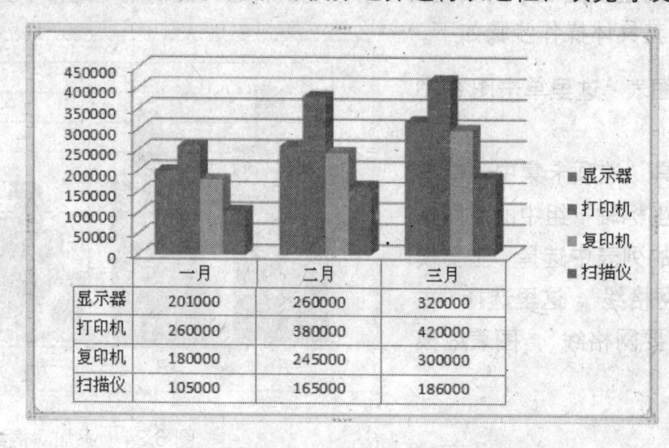

	一月	二月	三月
显示器	201000	260000	320000
打印机	260000	380000	420000
复印机	180000	245000	300000
扫描仪	105000	165000	186000

图 6.26　在图表中显示模拟运算表

提 示

如果要隐藏模拟运算表，只需在“模拟运算表”列表中选择“无”选项即可。

任务 3 设置图表

Excel 中提供了多种图表类型，而且每种类型的图表都有几种不同的格式。用户可以根据需要进行选择，以便将数据以最有效的形式展现出来。

实训 1 更改图表类型

新创建的图表如果不能很好地表示出工作表中的数据，用户可以选择其他类型的图表。对于大部分二维图表，既可以更改数据系列的图表类型，也可以更改整张图表的图表类型。对于大部分三维图表，更改图表类型将影响到整张图表。对于三维条形图和柱形图，用户还可以将有关数据系列更改为圆锥、圆柱或棱锥类型。

要更改图表类型，其具体操作步骤如下。

Step 01 打开“素材和源文件\素材\cha06\第一季度销售统计 2.xlsx”，并另存为一份。激活图表。

Step 02 在“图表工具”选项卡集中，单击其“设计”选项卡“类型”组中的“更改图表类型”按钮。

Step 03 在打开的“更改图表类型”对话框的左侧列表中选择合适的图表类型，然后从右侧列表框中选择合适的子类型，本例将“三维簇状柱形图”改成“条形图”中的“簇状条形图”，如图 6.27 所示。

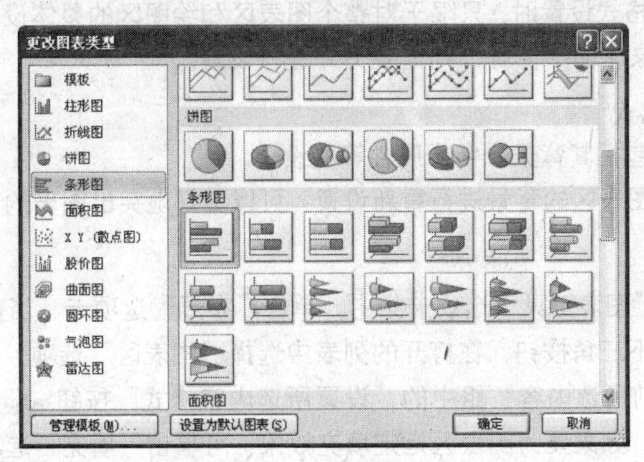

图 6.27 “更改图表类型”对话框

Step 04 选择完后，单击“确定”按钮。最后效果如图 6.28 所示。

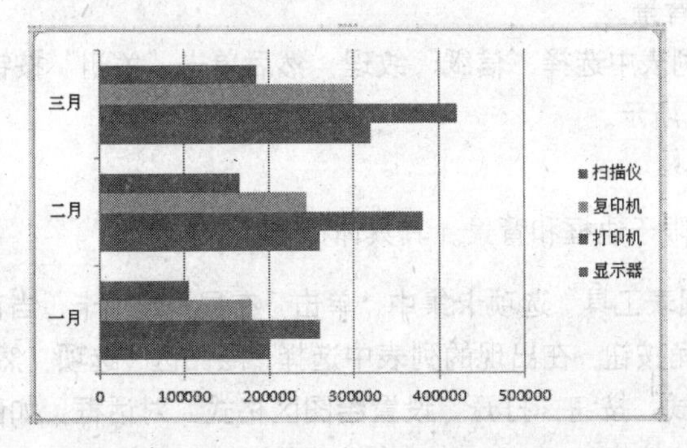

图 6.28 更改图表类型后的效果

实训 2　设置默认的图表类型

在用“图表向导”创建一个图表时，如果每一步都采用 Excel 默认的图表类型（柱形图），那么，柱形图就是默认的图表类型。在 Excel 中，用户可以将自己比较常用的图表类型设置成 Excel 默认的图表类型。

要将标准图表类型设为默认的图表类型，其具体操作步骤如下。

Step 01 单击工作表中的图表以激活图表。

Step 02 在“图表工具”选项卡集中，单击其“设计”选项卡“类型”组中的“更改图表类型”按钮。

Step 03 在打开的“更改图表类型”对话框中，选中要设置为默认的图表类型，单击对话框下方的“设置为默认图表”按钮，然后单击“确定”按钮。

在 Excel 中，用户既可将 Excel 已经设置好的标准图表类型设为默认图表类型，也可将自定义的图表类型设为默认图表类型。

实训 3　设置图表格式

如果用户觉得图表中图表元素的格式（如图表区和绘图区格式、图表标题格式、坐标轴格式、数据系列格式及图例格式等）不能有效地表现数据，可以对它们重新进行设置。

1. 设置图表区和绘图区格式

对图表区和绘图区格式设置时，只限于对整个图表区和绘图区的整体设置。对于其中具体的图表项的设置，如图例中文本的字体等，则需要另外进行设置。

（1）设置图表区格式

图表区格式的设置包括其背景、字体属性等的设置。

在某些情况下，对图表区的背景进行重新设置，可以更好地突出图表的内容。其具体操作步骤如下。

Step 01 选中图表，在“图表工具”选项卡集中，单击“布局”选项卡“当前所选内容”组中“图表元素”列表框右侧的下三角按钮，在打开的列表中选择“图表区”选项。

Step 02 然后单击“当前所选内容”组中的“设置所选内容格式”按钮 设置所选内容格式，打开“设置图表区格式”对话框。如果要为图表区指定填充效果，可单击“填充”选项，在“填充”选项卡中选择某种填充格式的单选按钮，如选择“图案或纹理填充”单选按钮，如图 6.29 所示。在该选项的子区域中，用户可以设置图表背景纹理、对齐方式，缩放和透明度等进行设置，另外，也可以将自定义图片作为图表的背景。

Step 03 在“纹理”下拉列表中选择“信纸”纹理，然后单击“关闭”按钮，就完成了对图表格式的设置，其效果如图 6.30 所示。

（2）设置绘图区格式

绘图区的格式设置只限于边框和背景。其具体操作步骤如下。

Step 01 选中图表，在“图表工具”选项卡集中，单击“布局”选项卡“当前所选内容”组中的“图表元素”列表框后的下三角按钮，在出现的列表中选择“绘图区”选项，然后单击“当前所选内容”组中的“设置所选内容格式”按钮，打开“设置绘图区格式”对话框，如图 6.31 所示。

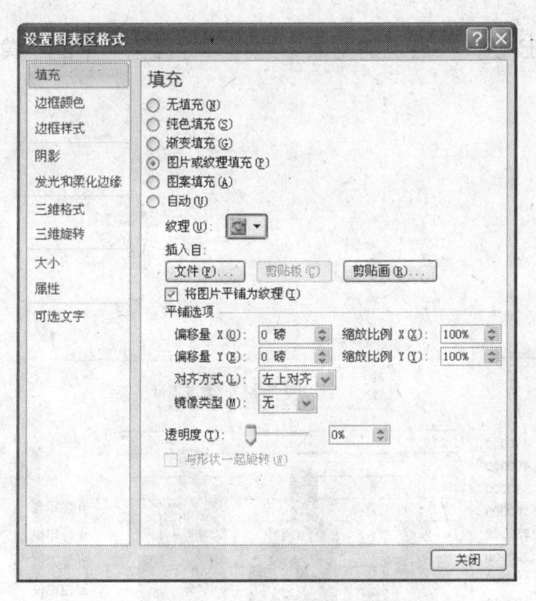

图 6.29 “设置图表区格式”对话框

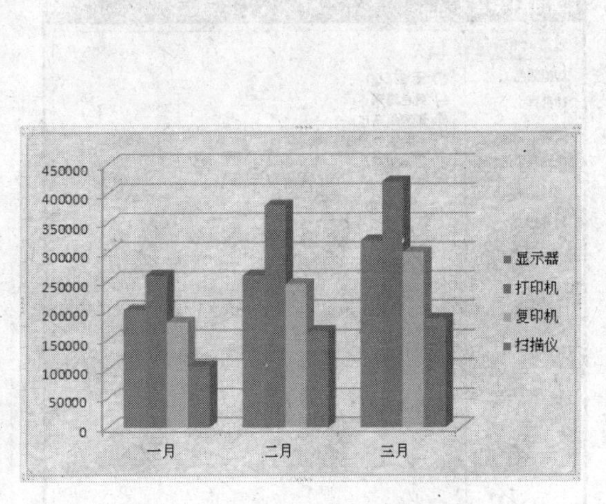

图 6.30 设置图表区格式后的效果

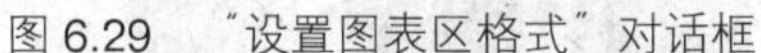

Step 02 在该对话框中设置绘图区格式，这里选择“边框颜色”选项，然后在“边框颜色”选项卡中选择“实线”单选按钮，然后单击“颜色”后的下三角按钮，在打开的列表中选择“标准色”的“浅蓝”，然后单击“关闭”按钮，效果如图 6.32 所示。

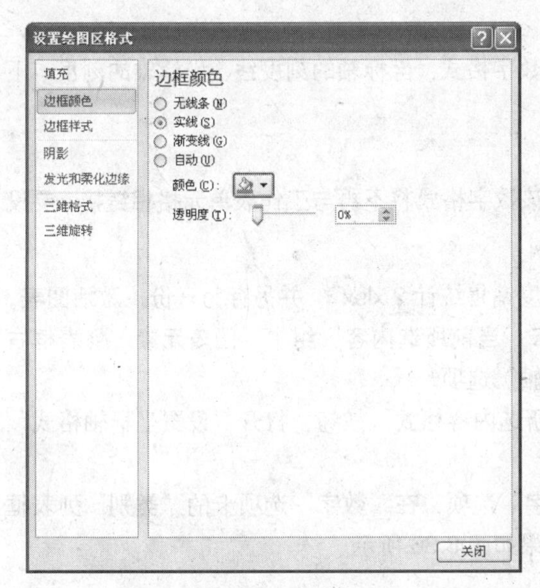

图 6.31 “设置绘图区格式”对话框

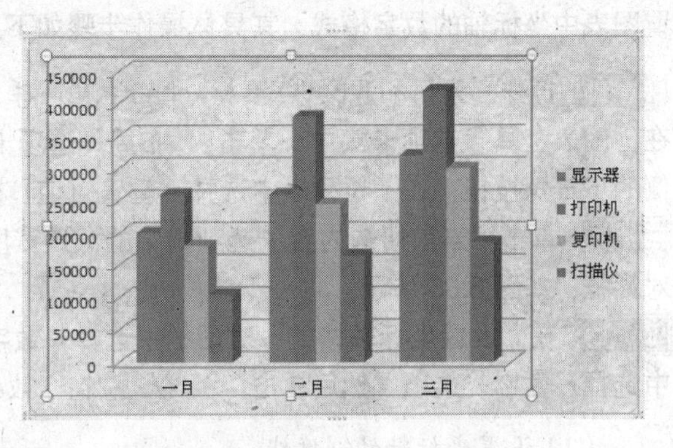

图 6.32 设置绘图区格式后的效果

（3）设置图表标题的格式

要设置图表标题的格式，其具体操作步骤如下。

Step 01 选中有图表标题的图表，在“图表工具”选项卡集中，单击其“布局”选项卡中“标签”组中的“图表标题”按钮，在打开的菜单中选择“其他标题选项”，或者右击图表标题，在弹出的快捷菜单中选择“设置图表标题格式”命令，打开“设置图表标题格式”对话框，如图 6.33 所示。

Step 02 在该对话框中设置标题格式，这里单击“填充”选项，在“填充”选项卡中选择“纯色填充”单选按钮，然后单击“颜色”选项后的下三角按钮，在出现的列表中选择“标准色”中的“黄色”，然后单击“关闭”按钮，如图 6.34 所示。

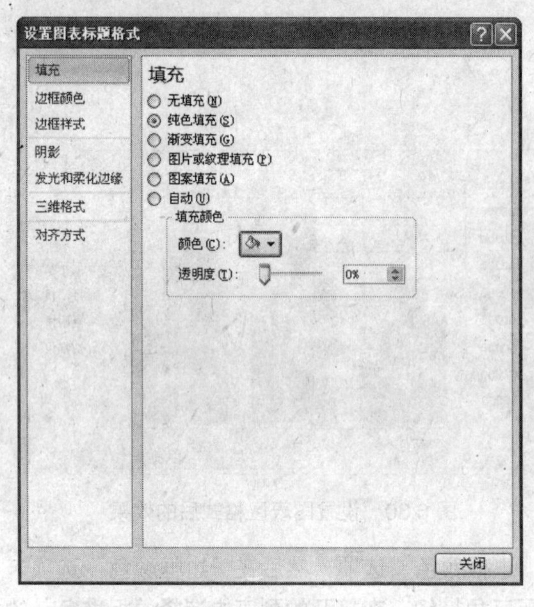

图 6.33 “设置图表标题格式”对话框

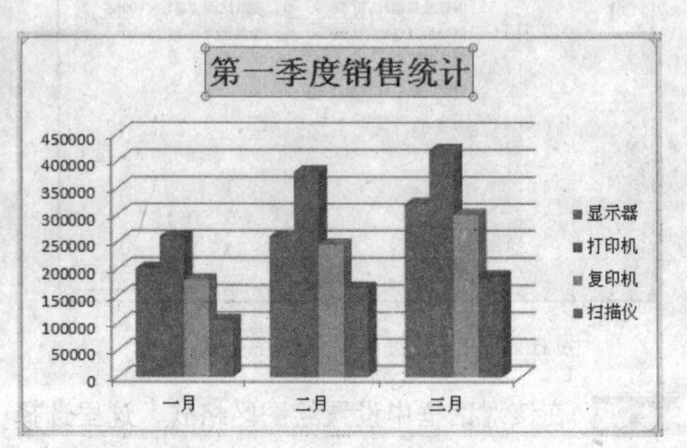

图 6.34 设置图表标题后的效果

2. 设置图表中的坐标轴格式

设置图表中的坐标轴格式，包括设置坐标轴的数字格式、坐标轴的刻度线、坐标轴的刻度。下面以设置 Y 轴格式为例，分别加以介绍。

（1）设置坐标轴的数字格式

如果直接更改图表中坐标轴的数字格式，那么该数字格式将不再与工作表单元格相链接。要设置图表中坐标轴的数字格式，其具体操作步骤如下。

Step 01 打开“素材和源文件\素材\cha06\第一季度销售统计 2.xlsx”，并另存为一份。激活图表。在“图表工具”选项卡集中，单击 “布局”选项卡“当前所选内容”组中“图表元素”列表框右侧的下三角按钮，在下拉列表中选择“垂直（值）轴”选项。

Step 02 单击“当前所选内容”选项组中的“设置所选内容格式”按钮，打开“设置坐标轴格式”对话框，如图 6.35 所示。

Step 03 在“设置坐标轴格式”对话框中选择“数字”选项，在“数字”选项卡的“类别”列表框中选择“数字”选项，然后单击“关闭”按钮，效果如图 6.36 所示。

（2）设置坐标轴的刻度线

要设置坐标轴的刻度线，其具体操作步骤如下。

Step 01 继续上一例子，右击需要更改的坐标轴，在弹出的快捷菜单中选择“设置坐标轴格式”命令，打开“设置坐标轴格式”对话框，如图 6.37 所示。

Step 02 然后选择“坐标轴选项”选项，在“坐标轴选项”选项卡中，分别单击“主要刻度线类型”和“次要刻度线类型”下拉列表框后的下三角按钮，在打开的列表中选择类型，这里设置“主要刻度线类型”为“交叉”，设置“次要刻度线类型”为“外部”，然后单击“关闭”按钮，效果如图 6.38 所示。

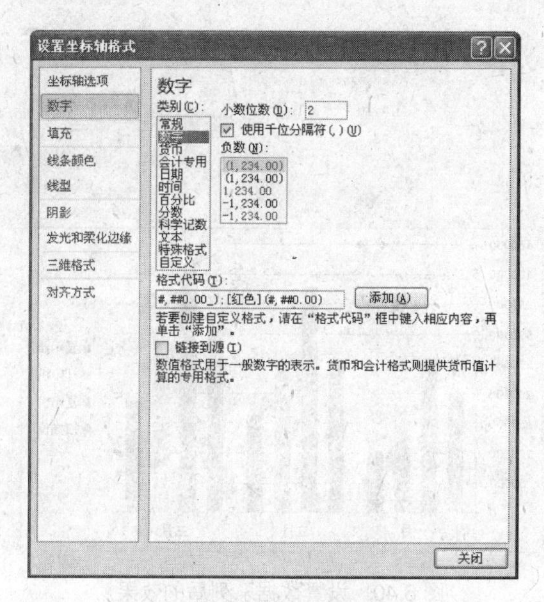

图 6.35 “设置坐标轴格式”对话框

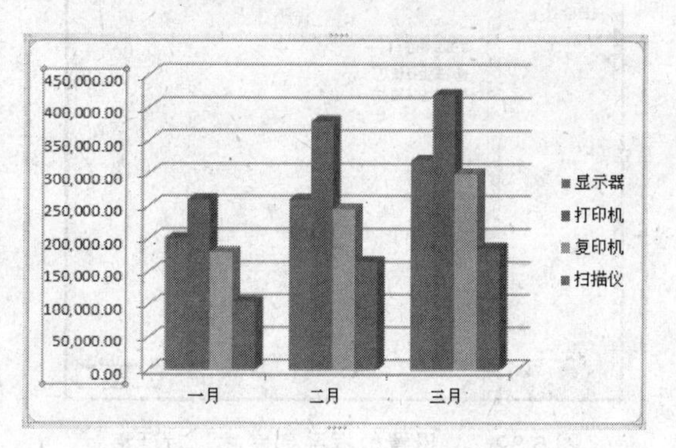

图 6.36 设置坐标轴数字格式后的效果

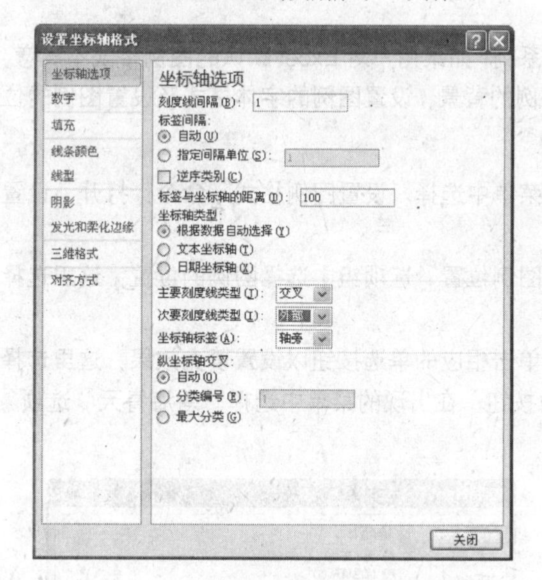

图 6.37 “设置坐标轴格式”对话框

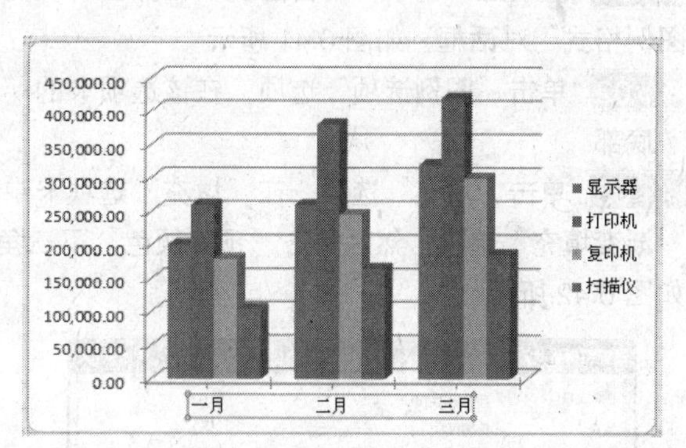

图 6.38 设置坐标轴刻度线后的效果

（3）设置图表数据系列的格式

图表创建好后，其数据系列的格式有时并不能很好地表现用户的意图，这时就需要对图表中数据系列的格式进行设置。这里以设置图表数据系列的重叠为例来介绍图表数据系列的格式的设置。其具体操作步骤如下。

Step 01 打开“素材和源文件\素材\cha06\第一季度销售统计 2.xlsx”，并另存为一份。将图表类型更改为“柱形图”中的“簇状柱形图”，在图表中任意一个数据系列上右击，从弹出的快捷菜单中选择“设置数据系列格式”命令，打开“设置数据系列格式”对话框，如图 6.39 所示。

Step 02 单击“系列选项”选项，打开“系列选项”选项卡。

Step 03 在“系列重叠”选项组中，按住鼠标左键拖动滑块，设置分隔为“-70%”。

Step 04 设置后单击“关闭”按钮，图表效果如图 6.40 所示。

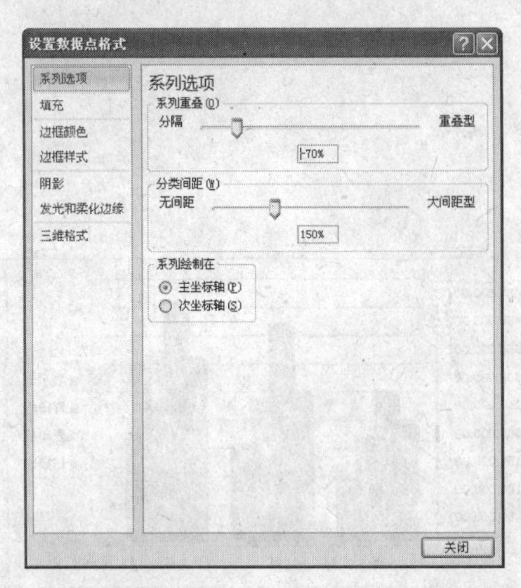

图 6.39 “设置数据系列格式”对话框

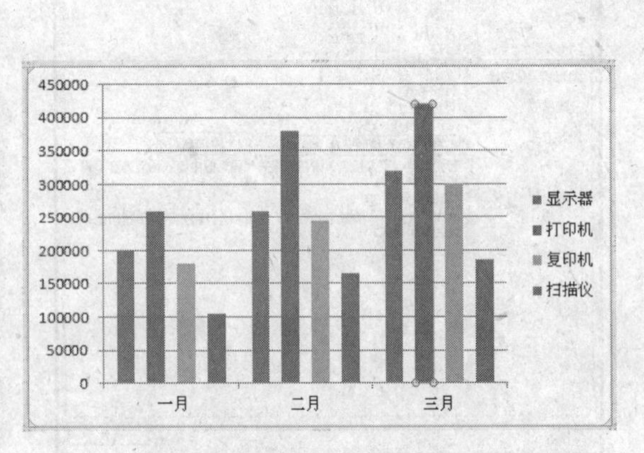

图 6.40 设置数据系列后的效果

（4）设置图例格式

通过图表中的图例，用户可以区分不同的数据系列，如果用户对 Excel 默认的图例格式不满意，可以对它进行重新设置。设置图例格式包括设置图例的背景、设置图例的字体格式及设置图例的位置等。其具体操作步骤如下。

Step 01 继续上一例子，右击图例，在弹出的快捷菜单中选择“设置图例格式”命令，打开“设置图例格式”对话框，如图 6.41 所示。

Step 02 单击“图例选项”选项，在该选项卡的“图例位置”选项组中选择图例的位置，这里选择“底部”。

Step 03 单击“填充”选项，在“填充”选项卡中单击相应的单选按钮以设置填充效果，这里选择“渐变填充”选项。然后单击“预设颜色”下三角按钮，在出现的菜单中选择“碧海青天”选项，如图 6.42 所示。

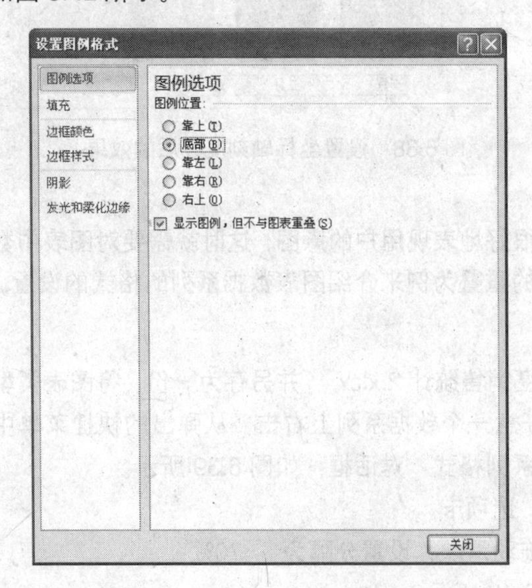

图 6.41 “设置图例格式”对话框

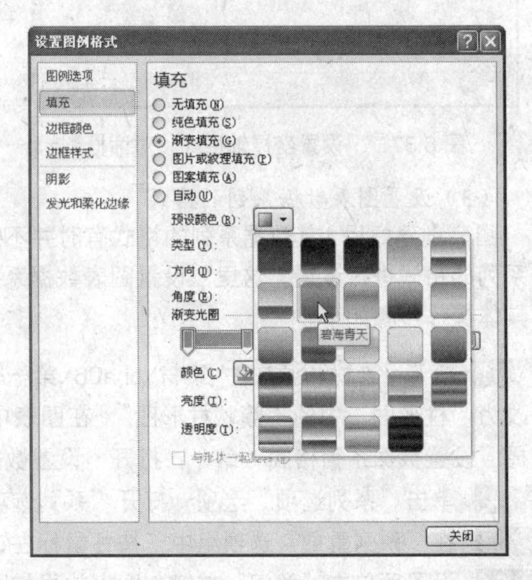

图 6.42 设置填充

Step 04 最后单击“关闭”按钮，图例效果如图 6.43 所示。

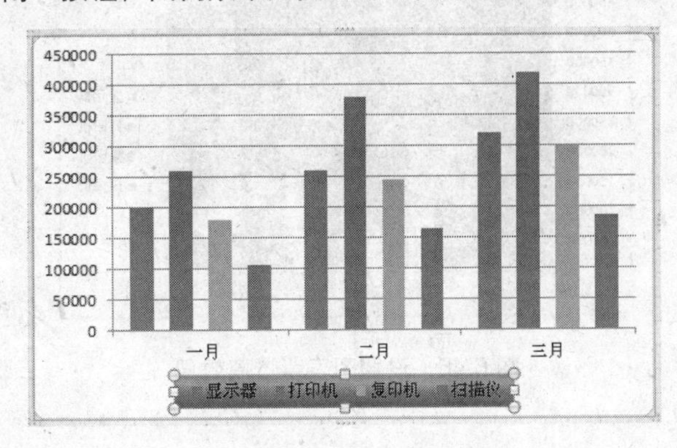

图 6.43 设置图例的效果

3. 设置背景墙和基底

以图表中的数据系列后的背景为背景墙，设置背景墙可以突出显示图表中数据系列的效果。

（1）设置背景墙效果

背景墙的设置步骤如下。

Step 01 打开“素材和源文件\素材\cha06\第一季度销售额 2.xlsx”，激活图表。

Step 02 在“图表工具”选项卡集中，单击“布局”选项卡“背景”组中的“图表背景墙”按钮，在打开的下拉列表中选择“其他背景墙选项”选项，打开“设置背景墙格式”对话框，如图 6.44 所示。

Step 03 在该对话框中的“填充”选项卡中选择“渐变填充”单选按钮，单击“预设颜色”选项后的下三角按钮，在打开的列表中选择“雨后初晴”选项，如图 6.45 所示。单击“关闭”按钮，图表效果如图 6.46 所示。

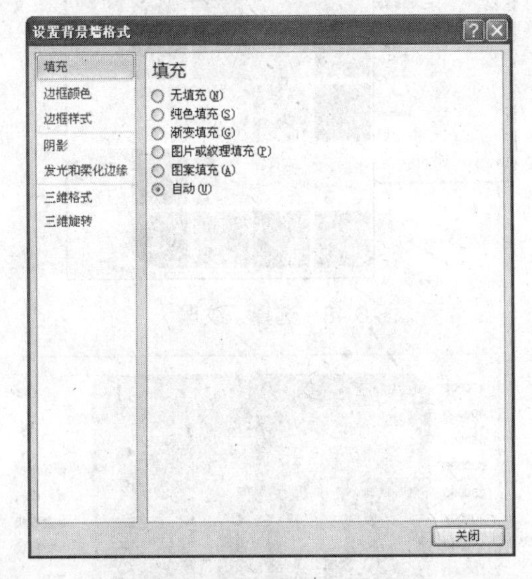

图 6.44 “设置背景墙格式”对话框

图 6.45 设置填充

提 示

如果要取消背景墙，只需在“图表背景墙”列表中选择“无”选项即可。

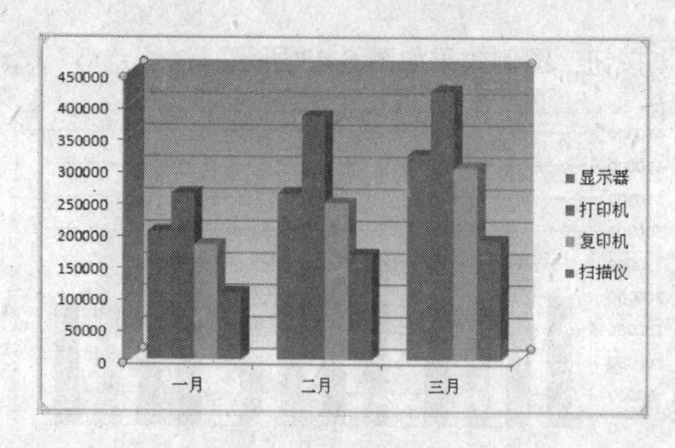

图 6.46　设置图表背景墙效果

（2）设置基底效果

继续上一例，基底的设置步骤如下。

Step 01 选中要设置基底的图表（见图 6.46），在"图表工具"选项卡集中，单击"布局"选项卡"背景"组中的"图表基底"按钮。

Step 02 在打开的下拉列表中选择"其他基底选项"选项，打开"设置基底格式"对话框，如图 6.47 所示。

Step 03 在该对话框中的"填充"选项卡中单击"图片或纹理填充"单选按钮，再单击"纹理"选项后的下三角按钮，从出现的下拉列表中选择"深色木质"选项，如图 6.48 所示。然后单击"关闭"按钮，图表效果如图 6.49 所示。

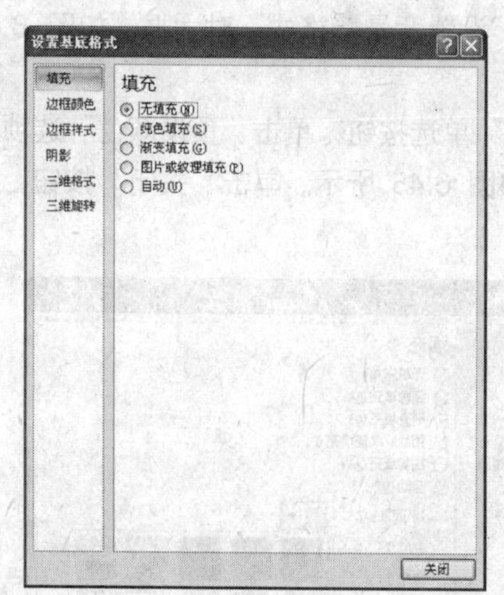

图 6.47　"设置基底格式"对话框

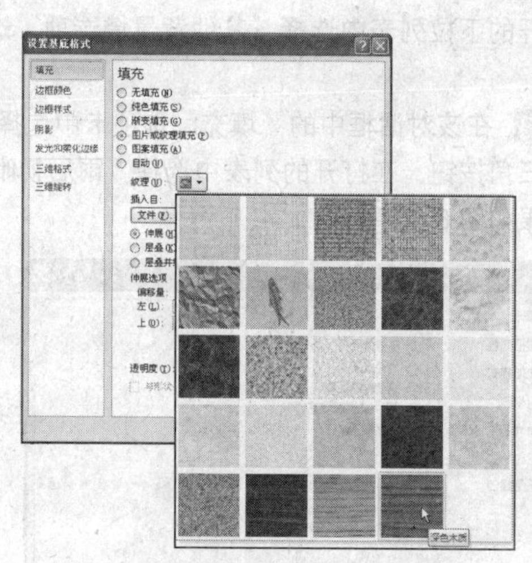

图 6.48　选择"纹理"

4. 设置三维图表格式

在实际工作中，用户创建的三维图表有时并不能有效地显示数据，这时就可以对三维图表的格式重新进行设置。

（1）设置三维图表的旋转效果

要设置三维图表的效果，其具体操作步骤如下。

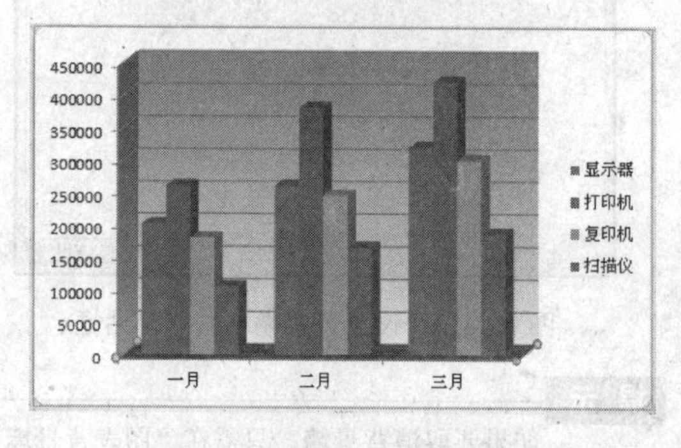

图 6.49　设置图表基底效果

Step 01 继续上一例，单击要进行设置的三维图表（见图 6.49）。

Step 02 在“图表工具”选项卡集中，单击“布局”选项卡“背景”组中的“三维旋转”按钮 三维旋转，打开“设置图表区格式”对话框，如图 6.50 所示。

Step 03 当取消“直角坐标轴”复选框时，可以设置“透视”选项；当取消“自动缩放”复选框时，可以设置“高度”选项。

Step 04 “旋转”选项组中的 X(X)和 Y(Y)文本框中的数值用来控制图表的旋转角度，这里设置 X(X)为 70，Y(Y)为 50，然后单击“关闭”按钮，效果如图 6.51 所示。

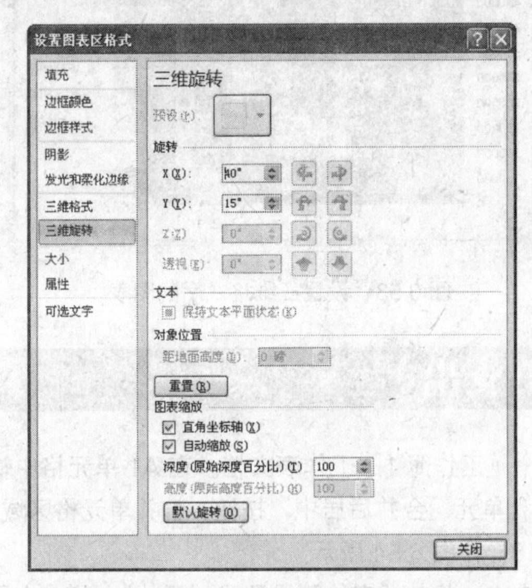

图 6.50 “设置图表区格式”对话框

450000 400000 350000 300000 250000 200000 150000 100000 50000 0
一月 二月 三月
显示器 打印机 复印机 扫描仪

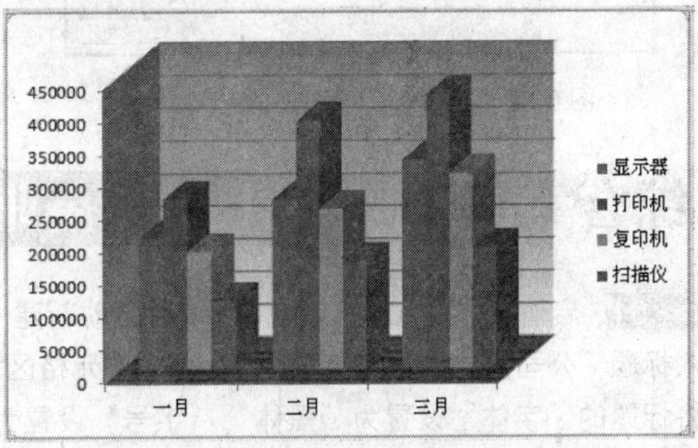

图 6.51 设置三维图表效果

（2）设置三维图表格式

对三维图表格式的设置步骤如下。

Step 01 继续上一例，单击需要设置格式的图表（见图 6.51）。

Step 02 在“图表工具”选项卡集中，单击“布局”选项卡“背景”组中的“三维旋转”按钮，打开“设置图表区格式”对话框。

Step 03 单击“三维格式”选项，切换到“三维格式”选项卡中，单击“棱台”组中的“顶端”按钮，在打开的下拉列表中选择“棱台”选项组中的“艺术装饰”选项。

Step 04 单击“底端”按钮，在打开的下拉列表中选择“棱台”组中的“棱纹”选项。

Step 05 单击“表面效果”选项组中的“材料”按钮，在打开的下拉列表中选择“特殊效果”组中的“硬边缘”选项，如图 6.52 所示，然后单击“关闭”按钮，图表效果如图 6.53 所示。

综合案例 1 Ctrl+*的功能

当处理一个有很多数据表格的工作表时，通过选中有数据表格中某个单元格，然后按 Ctrl+*组合键可选中整个表格。按 Ctrl+*组合键选定的区域是根据所选定的单元格向四周扩展所涉及的有数据单元格的最大区域。

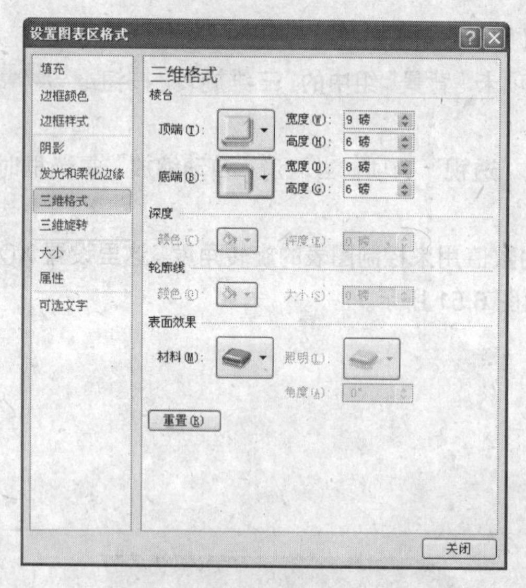

图 6.52 “设置图表区格式”对话框

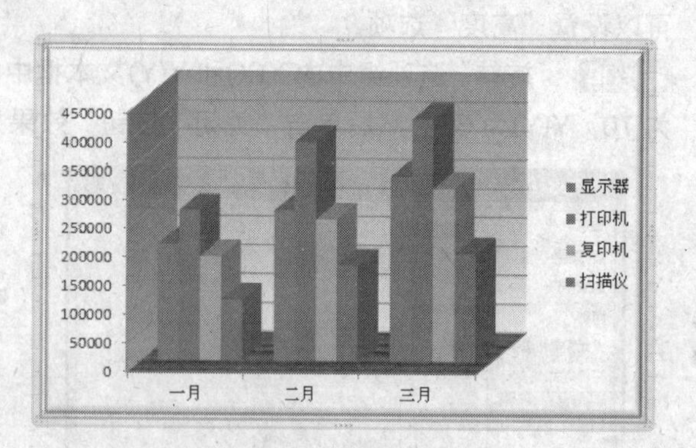

图 6.53 设置三维格式后的图表

综合案例 2 用饼图分析企业月支出

Step 01 启动 Excel 2010 软件，系统会自动新建一个“工作簿 1”工作表文档。在 A1 单元格中输入标题“公司月支出汇总”。选中 A1:E1 单元格区域，单元“合并后居中”按钮，合并单元格区域，将标题的“字体”设置为“黑体”，“字号”设置为 18，如图 6.54 所示。

Step 02 在 A2:E2 单元格中分别输入如图 6.55 所示文本，将其“字体”设置为“黑体”，将文本居中，并调整单元格的宽度。

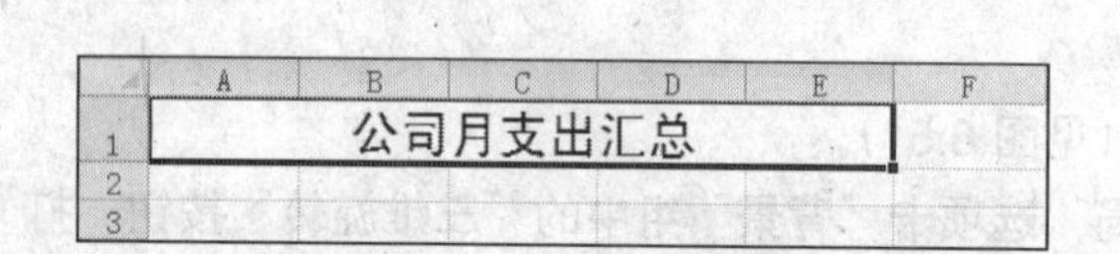

图 6.54 输入并设置标题

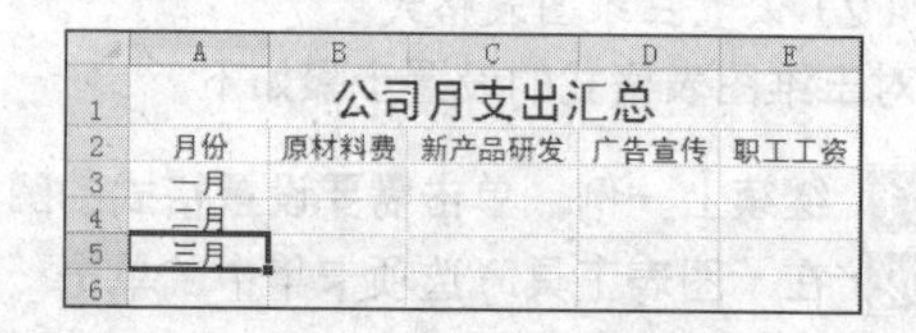

图 6.55 输入并设置文本

Step 03 向 B3:E5 单元格中输入数据。选择 A2:E5 单元格区域，单击“插入”选项卡“图表”组中的“饼图”按钮，在打开的列表中选择“三维饼图”区域中的“分离型三维饼图”，如图 6.56 所示。

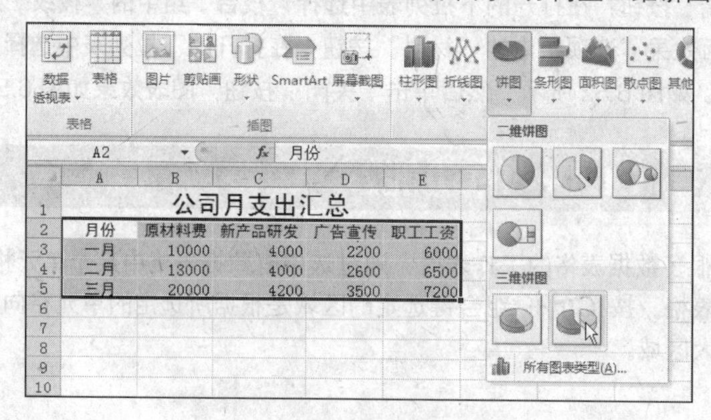

图 6.56 插入图表

Step 04 选中图表，在“图表工具”选项卡集中，单击“设计”选项卡中“图表布局”组中的▾按钮，在打开的列表中选择“布局 5”选项，如图 6.57 所示。

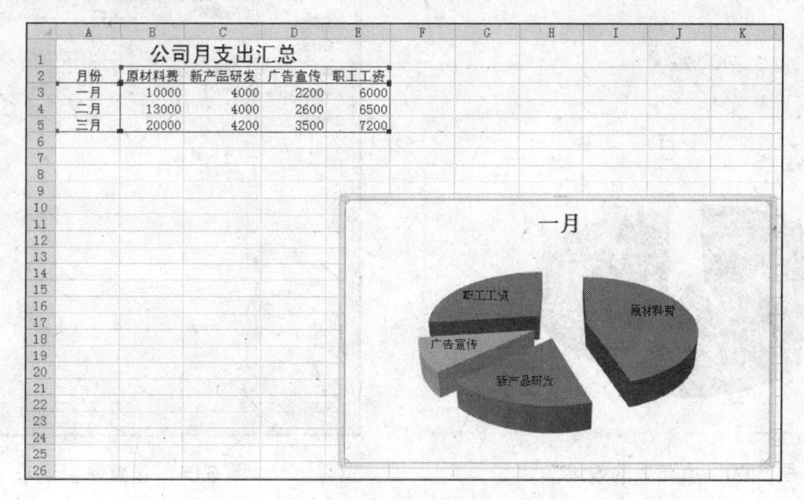

图 6.57 选择饼图布局

Step 05 在图表中选中“原材料费”三维块，右击鼠标，在弹出的快捷菜单中选择“设置数据点格式”选项，打开“设置数据点格式”对话框。在“系列选项”选项卡中，将“点爆炸型”下的百分比设置为 10%，如图 6.58 所示。在“填充”选项卡中，选中“纯色填充”单选按钮，将“填充颜色”设置为“标准色”中的“浅蓝”，如图 6.59 所示。单击“关闭”按钮，完成后的效果如图 6.60 所示。

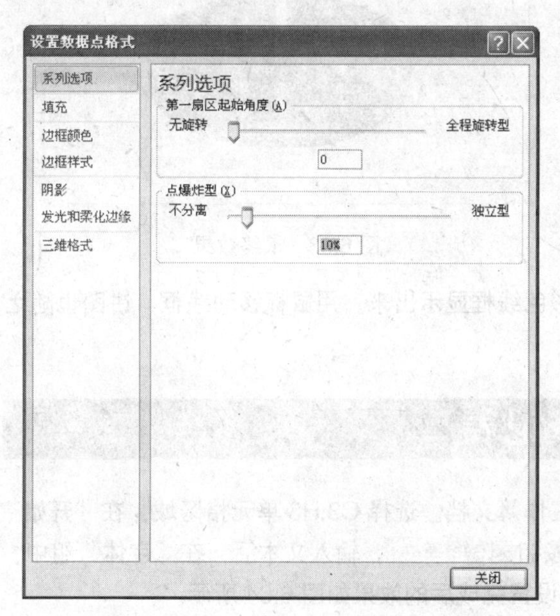

图 6.58 设置系列选项

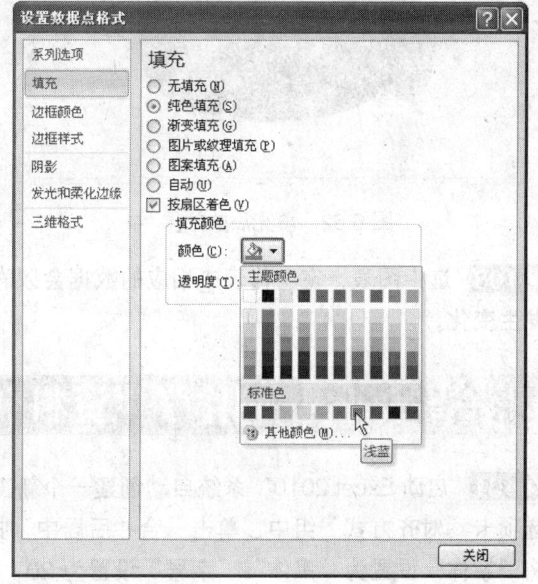

图 6.59 设置填充颜色

Step 06 选中“新产品研发”三维块，右击鼠标，在弹出的“快捷菜单中”选择“设置数据点格式”选项，打开“设置数据点格式”对话框。在“系列选项”选项卡中，将“点爆炸型”下的百分比设置为 0%，如图 6.61 所示。在“填充”选项卡中，选中“纯色填充”单选按钮，将“填充颜色”设置为“标准色”中的“绿”，单击“关闭”按钮，完成后的效果如图 6.62 所示

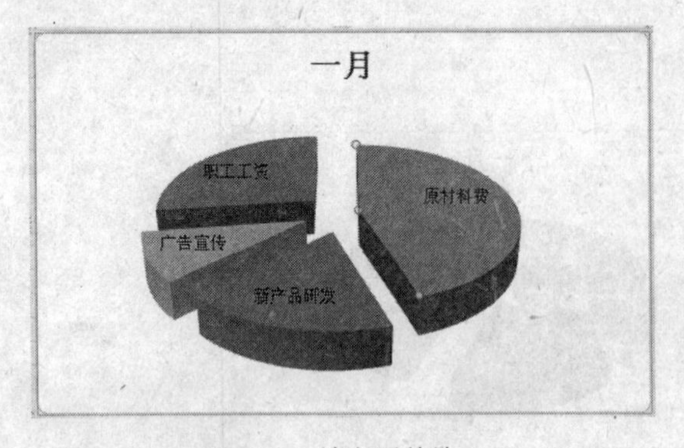

图 6.60　填充后的效果

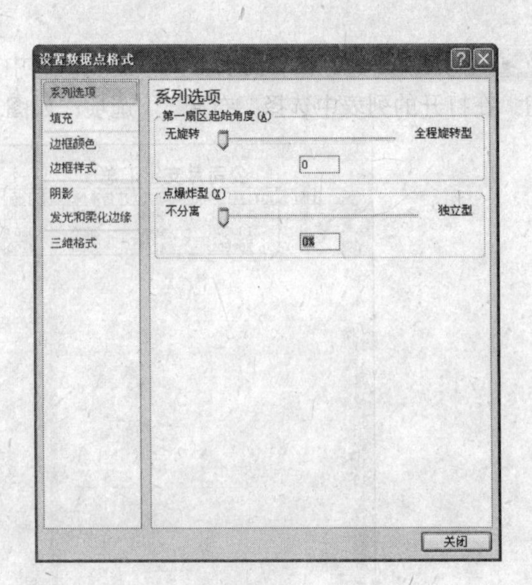

图 6.61　设置系列选项

Step 07　使用同样的方法，设置“广告宣传”和“职工工资”的“系列选项”下的“点爆炸型”为0，“填充”选项卡选择“纯色填充”，并将其颜色分别设置为“黄色”、“红色”，设置完成后的效果如图 6.63 所示。将文件保存。

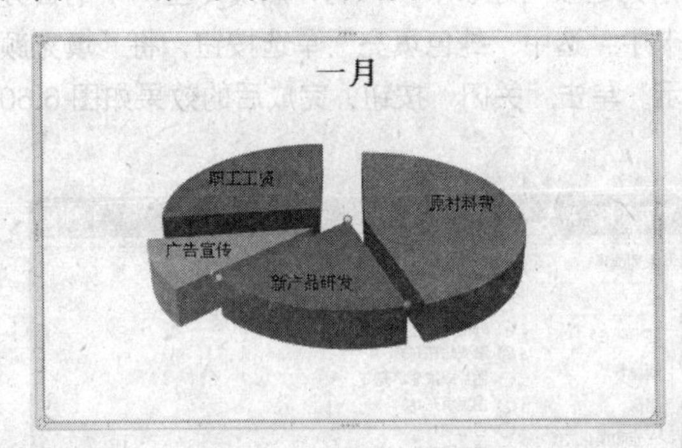

图 6.62　填充后的效果

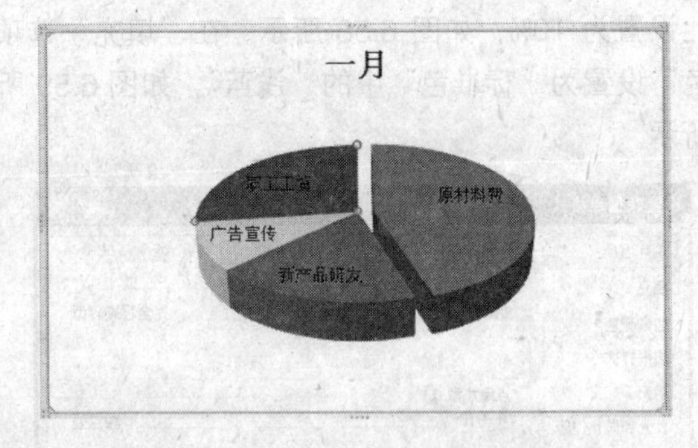

图 6.63　最终效果

Step 08　选中图表，在工作表中相应的数据会以彩色线框显示出来。用鼠标移动线框，饼图也随之发生变化。

综合案例 3　制作学生资料登记表

Step 01　启动 Excel 2010，系统自动创建一个新工作簿文档。选择 C3:H3 单元格区域，在“开始”选项卡“对齐方式”组中，单击“合并后居中”按钮 合并后居中。输入文本后，在“字体”组中，将“字体”设置为“黑体”，“字号”设置为 20，设置完成后的效果如图 6.64 所示。

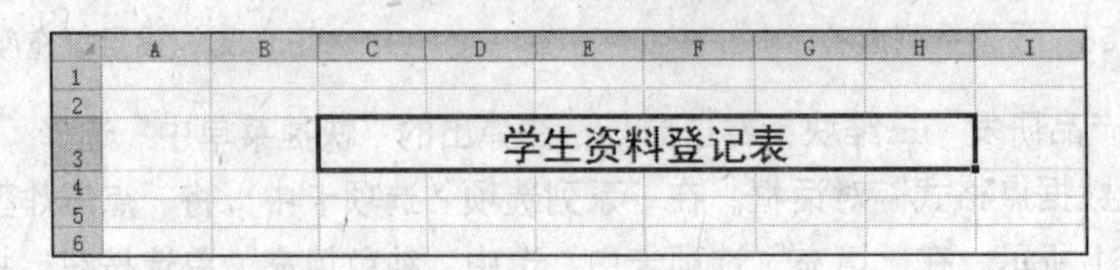

图 6.64　输入并设置文本

Step 02 在 C4:H8 单元格区域中分别输入方本，输入完成后选中所有文本，将“字体”设置为“黑体”，“对齐方式”设置为“居中”，合并 D7:E7、D8:G8 单元格，如图 6.65 所示。

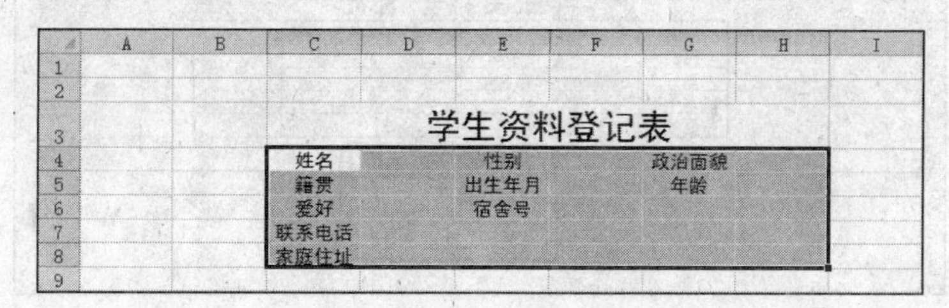

图 6.65　输入并设置文本

Step 03 选中 C4:H8 单元格区域，在单元格区域内右击鼠标，从弹出的快捷菜单中选择“设置单元格格式”选项，打开“设置单元格格式”对话框。打开“边框”选项卡，在“线条样式”列表框中选择细粗线，单击右侧“外边框”按钮；在“线条样式”列表框中选择细线，单击右侧“内部”按钮。单击“确定”按钮，如图 6.66 所示。

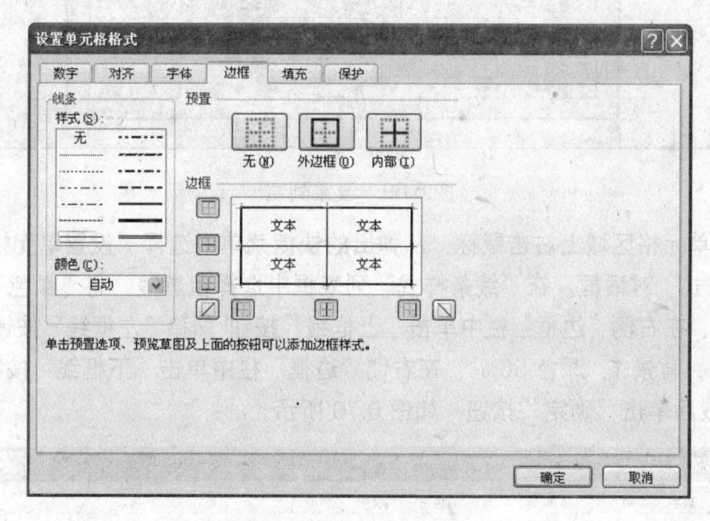

图 6.66　设置边框

Step 04 按 Ctrl+A 组合键选择整个工作表，在“开始”选项卡“字体”组中，单击“填充颜色”右侧的▾按钮，在打开的下拉列表中选择“深蓝，文字 2，淡色 80%”，对工作表填充颜色，如图 6.67 所示。

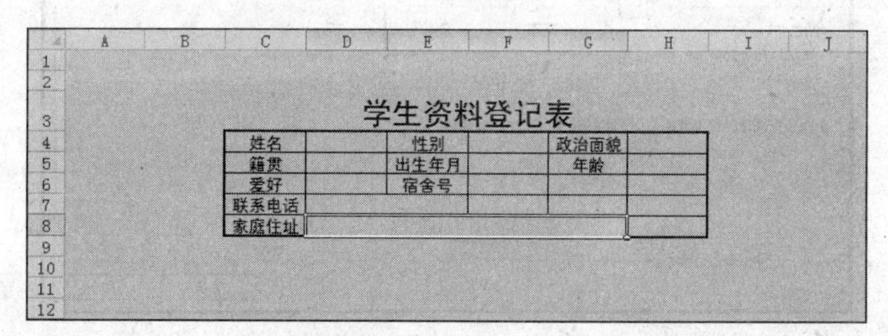

图 6.67　设置填充颜色

Step 05 选择 D 列、F 列和 H 列，在其中一列标题上右击鼠标，从弹出的快捷菜单中选择“列宽”选项，打开“列宽”对话框，将“列宽”值设置为 10，如图 6.68 所示。

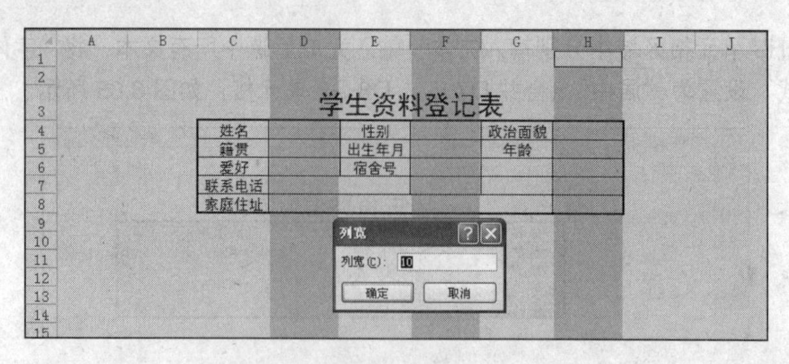

图 6.68 设置列宽

Step 06 使用同样的方法将 B 列和 I 列的列宽设置为 2，如图 6.69 所示。选中 B3:I9 单元格区域。

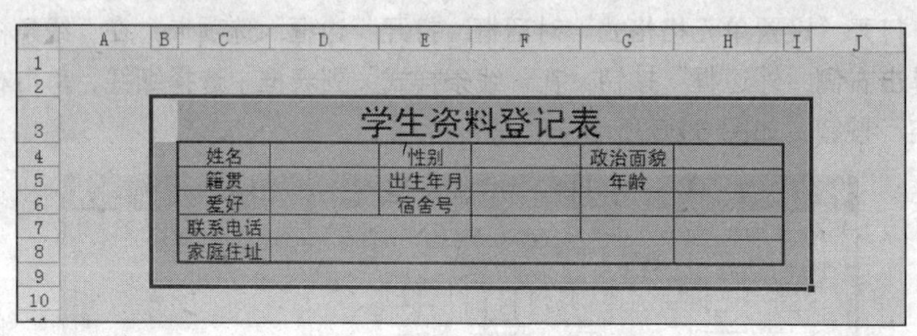

图 6.69 设置列宽

Step 07 在选择的单元格区域上右击鼠标，从弹出的快捷菜单中选择“设置单元格格式”选项，打开“设置单元格格式”对话框。在“线条样式”列表框中选择粗黑线，将“颜色”设置为“白色，背景 1，深色 5%”，在右侧“边框”栏中单击“上框线”按钮和“左框线”按钮。然后将“颜色”设置为“白色，背景 1，深色 50%”，在右侧“边框”栏中单击“下框线”按钮和“右框线”按钮。设置完成后单击“确定”按钮，如图 6.70 所示。

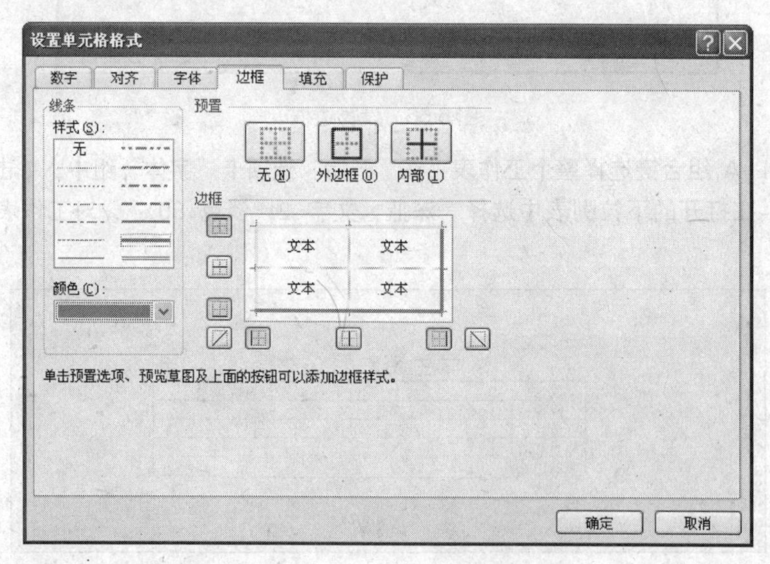

图 6.70 设置立体边框效果

Step 08 单击“Sheet2”工作表标签，切换到“Sheet2”工作表。在 A1:A3 单元格区域中分别输入文本，如图 6.71 所示。

Step 09 选择 A1:A3 单元格区域，然后在“开始”选项卡“字体”组中设置“字体”为“楷体_GB2312”，“字号”设置为 12。设置完成后单击“下框线”右侧的 按钮，在打开的下拉列表中选择“所有框线”选项，如图 6.72 所示。

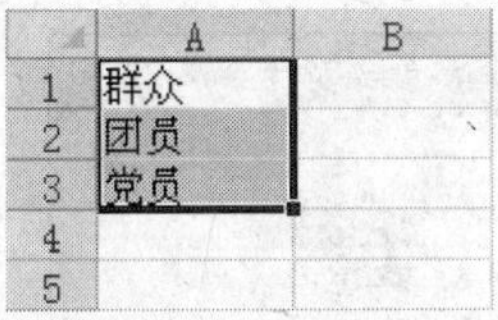

	A	B
1	群众	
2	团员	
3	党员	
4		
5		

图 6.71　输入文本

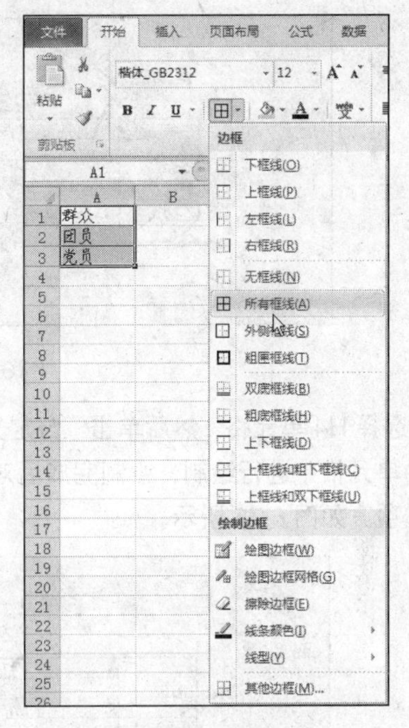

图 6.72　设置文本

Step 10 单击“文件”按钮，在弹出的菜单中选择“选项”命令，打开“Excel 选项”对话框。在左侧选择“快速访问工具栏”选项，在右侧“从下列位置选择命令”下拉列表中选择“所有命令”，在其下方列表框中选择“选项按钮（窗体控件）”选项和“组合框（窗体控件）”选项，并将它们添加到“自定义快速访问工具栏”下面的列表框中，然后单击“确定”按钮，如图 6.73 所示。

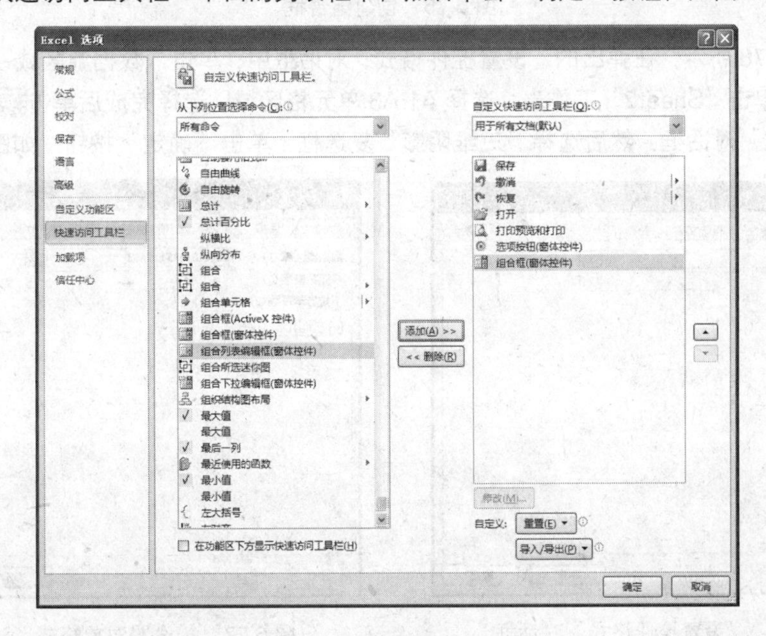

图 6.73　“Excel 选项”对话框

Step 11 返回“Sheet1”工作表，然后单击“自定义快速访问工具栏”中的“选项按钮（窗体控件）”按钮，在 F4 单元格中绘制选项控件。绘制后单击文字对其编辑。使用同样的方法在该单元格中创建并编辑另一个选项按钮，编辑后的效果如图 6.74 所示。

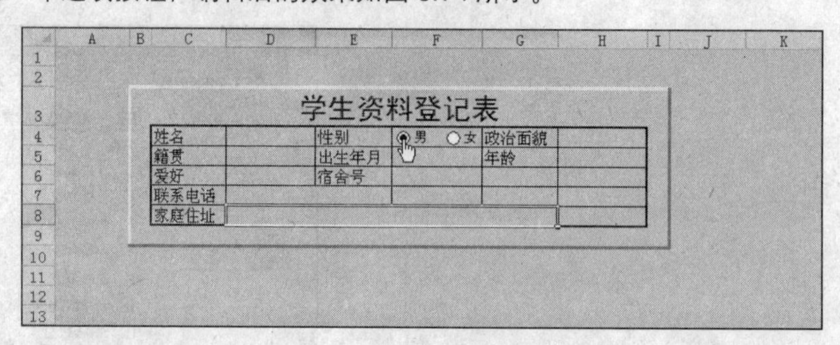

图 6.74 创建选项按钮

Step 12 选择 H4 单元格，然后单击“自定义快速访问工具栏”中的“组合框（窗体控件）”按钮，在选定的单元格中进行绘制。绘制完成后对其单击鼠标右键，在弹出的快捷菜单中选择“设置控件格式”选项，如图 6.75 所示。

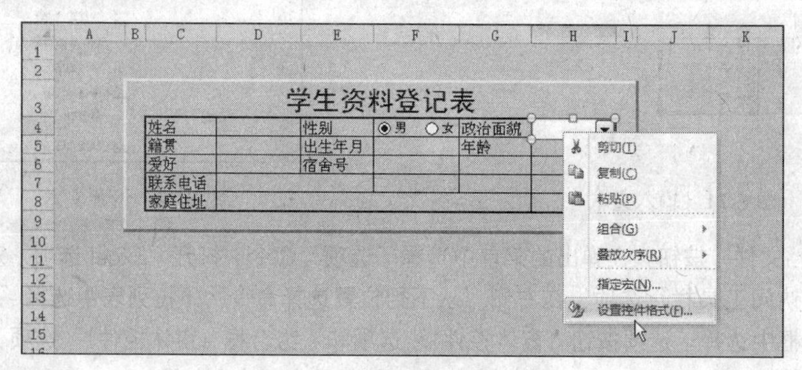

图 6.75 创建组合框

Step 13 如图 6.76 所示，在弹出的“设置控件格式”对话框中，单击“数据源区域”文本框右侧的按钮，然后单击“Sheet2”工作表，选择 A1:A3 单元格区域。选择完成后单击按钮，返回到“设置对象格式”对话框，然后选择“三维阴影”复选框，单击“确定”按钮，如图 6.77 所示。

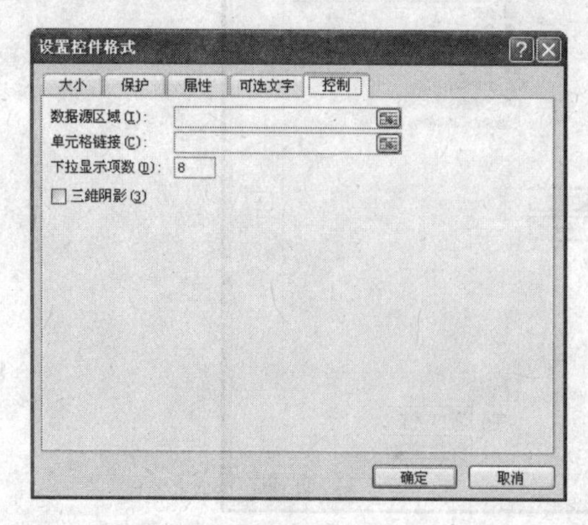

图 6.76 “设置控件格式”对话框

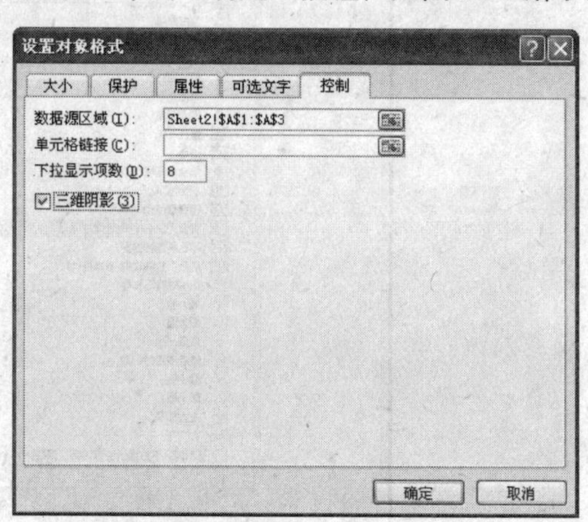

图 6.77 “设置对象格式”对话框

Step 14 选择 C4:C8、E4:E6 和 G4:G5 单元格区域，在选择的单元格上右击鼠标，从弹出的快捷菜单中选择“设置单元格格式”选项，打开“设置单元格格式”对话框。打开“填充”选项卡，在“背景色”区域中选择一种浅蓝色，如图 6.78 所示。

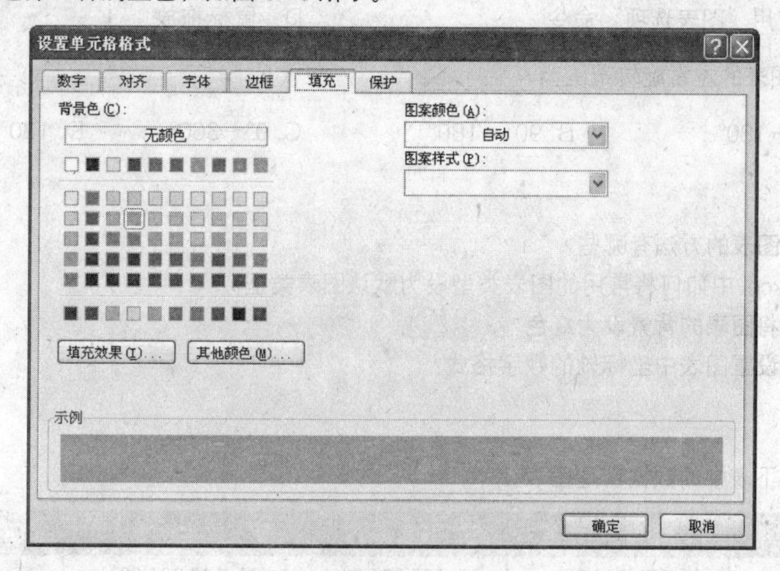

图 6.78 设置填充颜色

Step 15 单击“确定”按钮，填充后的效果如图 6.79 所示。至此学生资料登记表就制作完成，将文件进行保存。

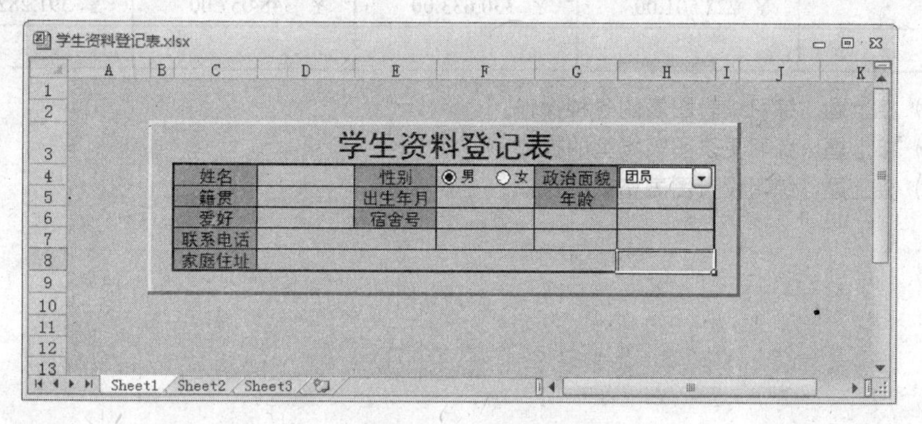

图 6.79 最终效果

课后习题与上机操作

1. 选择题

(1) 按________键创建的图表类型是 Excel 默认的柱形图。

A. F9　　B. F10　　C. F11　　D. F12

(2) 数据表通常显示在图表的________。

A. 左侧　　B. 右侧　　C. 顶部　　D. 底部

（3）不能向图表中添加新数据的方法是________。

A．使用“源数据”命令　　B．直接复制

C．使用“图表选项”命令　　D．鼠标拖放

（4）三维图表的左右旋转范围为________。

A. 0°～180°　　B. 90°～180°　　C. 0°～360°　　D. 180°～360°

2. 简答题

（1）创建图表的方法有哪些？

（2）在 Excel 中如何将常用的图表类型设为默认图表类型？

（3）如何将图表的背景设为红色？

（4）如何设置图表中坐标轴的数字格式？

3. 操作题

（1）根据下表中的数据创建图表。

	第一季度	第二季度	第三季度	第四季度
东部	￥ 100,999.00	￥ 115,036.00	￥ 140,306.00	￥ 150,108.00
南部	￥ 70,569.00	￥ 65,032.00	￥ 90,251.00	￥ 80,306.00
北部	￥ 50,933.00	￥ 150,565.00	￥ 117,500.00	￥ 160,868.00
合计	￥ 222,501.00	￥ 330,633.00	￥ 348,057.00	￥ 391,282.00

（2）接上题，练习编辑图表的各种操作。

（3）接上题，练习更改图表类型的操作。

（4）接上题，练习设置图表格式的操作。

项目7

打印工作表

项目导读

本章介绍对于编辑完成后的工作表进行打印输出，并对页面、页眉和页脚进行设置。通过本章学习，使读者掌握对打印工作表的基本操作。

知识要点

- 页面设置
- 打印预览
- 打印工作表
- 使用分页符
- 设置打印范围

任务1 页面设置

页面设置的好坏直接关系到工作表的打印效果。打开“素材和源文件\素材\cha07\硬件销售表.xlsx”，单击“页面布局”选项卡“页面设置”组中的按钮，打开“页面设置”对话框，即可在其中进行页面设置，如图7.1所示。

在该对话框中有4个标签，即“页面”、“页边距”、“页眉/页脚”及“工作表”，用户可在相应的选项卡中进行不同的设置，以此来控制工作表的外观和版面。

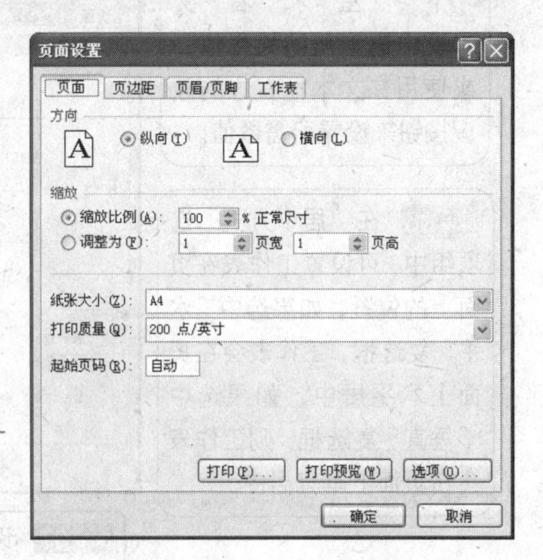

图7.1 “页面设置”对话框

实训1 设置页面

页面的打印方式包括打印方向、缩放比例、纸张大小、打印质量及起始页码等。用户可根据自己的需要对页面进行设置。其具体操作步骤如下。

Step 01 选定需要设置页面打印方式的工作表。

Step 02 单击“页面布局”选项卡“页面设置”组中的按钮，打开“页面设置”对话框，单击“页面”标签，打开“页面”选项卡（见图7.1）。

Step 03 在“方向”选项组中，用户可根据需要设置工作表的打印方向。单击“纵向”单选按钮，可纵向打印工作表；单击“横向”单选按钮，则可横向打印工作表。

Step 04 在“缩放”选项组中，如果要按比例缩放工作表，可以单击“缩放比例”单选按钮，然后在其右侧的文本框中输入目标百分比，或使用文本框右边的微调按钮来设置比例值；如果要设置页宽和页高，则单击“调整为”单选按钮，然后在“页宽”和“页高”文本框中输入相应的数值，或使用文本框右边的微调按钮来设置相应的数值。

Step 05 在“纸张大小”下拉列表框中选择所需的纸张大小。

Step 06 在“打印质量”下拉列表框中选择打印的质量。

Step 07 在“起始页码”文本框中，默认值是“自动”。如果用户要根据自身需要来设置工作表的起始页码，则在“起始页码”文本框中输入相应的数值。

Step 08 完成各选项的设置后，单击“确定”按钮。

实训 2　设置页边距

正文与页面边缘的距离称为页边距。设置页边距的具体操作步骤如下。

Step 01 选定需要设置页边距的工作表。

Step 02 单击“页面布局”选项卡“页面设置”组中的按钮，打开“页面设置”对话框，单击“页边距”标签，切换到页边距选项，如图 7.2 所示。

Step 04 在“页眉”文本框中，可以直接设置页眉与纸张上边缘之间的距离，此距离必须小于上页边距的距离，否则页眉会与正文数据重叠。

Step 03 分别在“上”、“下”、“左”和“右”文本框中输入所需的数值，或使用其文本框右边的微调按钮来设置所需数值。

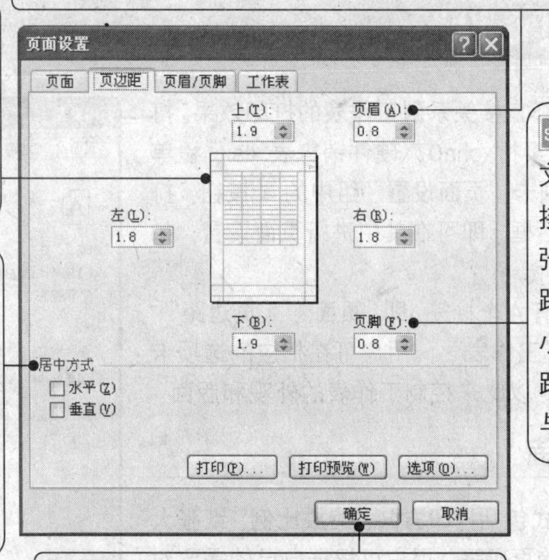

Step 05 在“页脚”文本框中，可以直接设置页脚与纸张下边缘之间的距离，此距离必须小于下页边距的距离，否则页脚会与正文数据重叠。

Step 06 在“居中方式”选项组中，可设置工作表在页面上的位置。如果选中“水平”复选框，工作表会在页面上水平居中；如果选中“垂直”复选框，则工作表会在页面上垂直居中。

Step 07 设置完成后，单击“确定”按钮。

图 7.2　“页边距”选项卡

注 意

页边距的设置值不能小于打印机所要求的最小页边距值。

实训 3　设置页眉和页脚

页眉位于页面的顶端，页脚则位于页面的底端，它们都不占用正常的文本空间，并且都用于信息的重复显示，例如书名、章节名、文件名、公司的名称或标志等，均可在每页的页眉或页脚重复显示。

用户可以将页眉和页脚的内容设置为奇数页和偶数页不同，从而使工作表的版面美观大方，避免过分单调，并便于装订。

在设置页眉和页脚时，可直接利用 Excel 的内置页眉和页脚，也可根据需要自定义页眉和页脚。下面详细加以介绍。

1. 使用内置页眉和页脚格式

在 Excel 中，有一些内置的页眉和页脚格式。通常情况下，可以应用这些格式对整个页面进行修饰，其具体操作步骤如下。

Step 01 选定要设置页眉和页脚的工作表。

Step 02 单击“页面布局”选项卡“页面设置”组中的按钮，打开“页面设置”对话框。

Step 03 单击“页眉/页脚”标签，打开“页眉/页脚”选项卡，如图 7.3 所示。

Step 04 单击“页眉”下拉列表框右侧的下三角按钮，在打开的下拉列表中选择内置的页眉格式，如图 7.4 所示。

Step 05 单击“页脚”下拉列表框右侧的下三角按钮，在打开的下拉列表中选择内置的页脚格式，如图 7.5 所示。

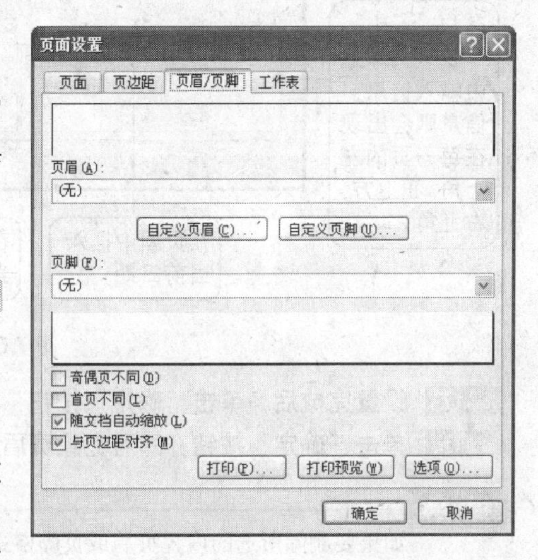

图 7.3　“页眉/页脚”选项卡

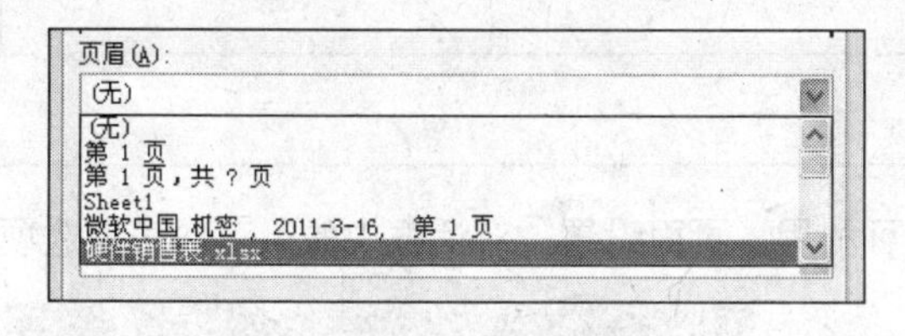

图 7.4　选择内置的页眉格式

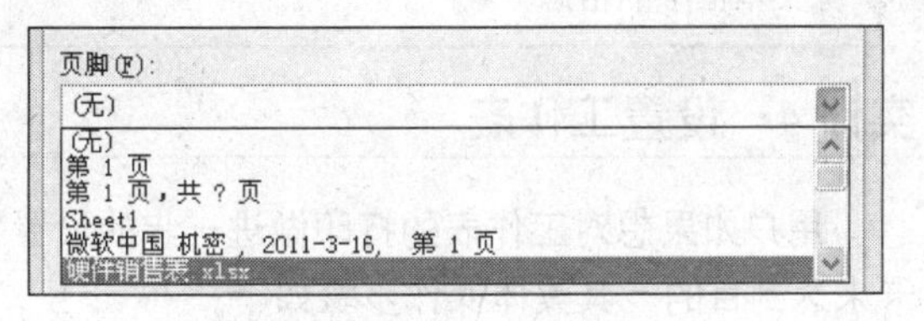

图 7.5　选择内置的页脚格式

Step 06 设置完成后，单击“确定”按钮。

2. 自定义页眉和页脚

当 Excel 内置的页眉和页脚不符合要求时，用户完全可以设置个性化的页眉和页脚，这可以通过“自定义页眉”按钮和“自定义页脚”按钮来实现。

由于页脚和页眉除位置不同外，其自定义的方法相同，因此下面仅以设置个性化的页眉为例，其具体操作步骤如下。

Step 01 选定要设置页眉的工作表，单击“页面布局”选项卡“页面设置”组中的按钮，打开“页面设置”对话框。

Step 02 在“页面设置”对话框中单击“页眉/页脚”标签，打开“页眉/页脚”选项卡，然后单击“自定义页眉”按钮自定义页眉(C)...，打开“页眉”对话框，如图 7.6 所示。

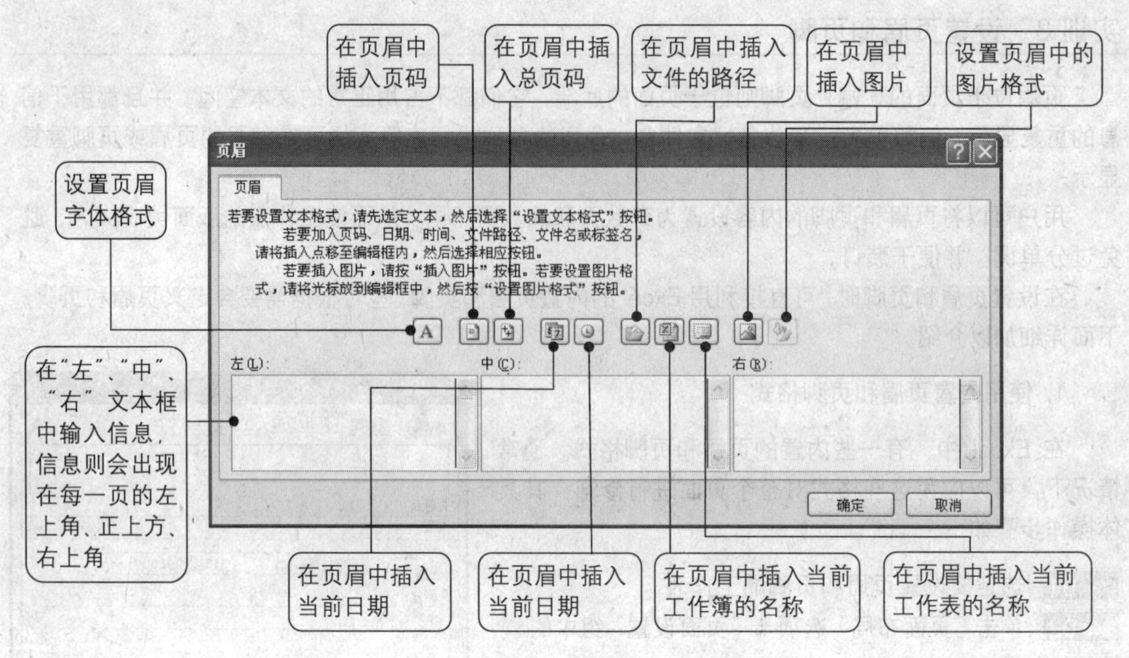

图 7.6 "页眉"对话框

Step 03 设置完成后，单击"确定"按钮，返回"页面设置"对话框。

Step 04 单击"确定"按钮，即可完成页眉的个性化设置。

提 示

如果要删除所选的内置页眉或页脚格式，在"页眉"或"页脚"下拉列表框中选择"（无）"选项即可；如果要删除自定义的页眉或页脚，可以单击"自定义页眉"或"自定义页脚"按钮，然后删除文本框中的信息。

实训 4 设置工作表

用户如果想对工作表的打印做进一步的设置，可利用"页面设置"对话框中的"工作表"选项卡来达到目的，其具体操作步骤如下。

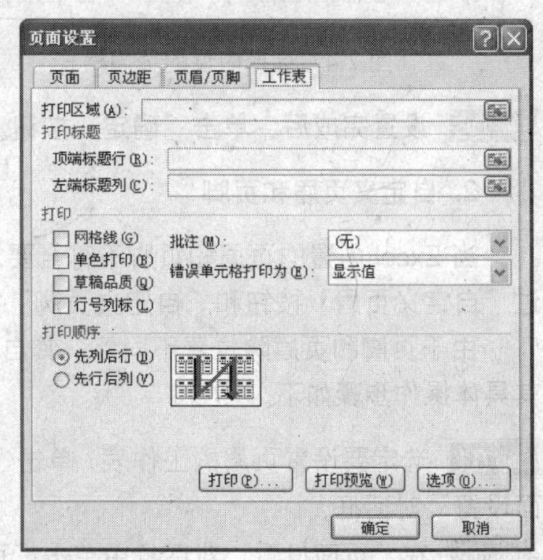

图 7.7 "工作表"选项卡

Step 01 选定要设置打印格式的工作表。

Step 02 打开"页面设置"对话框，单击"工作表"标签，打开"工作表"选项卡，如图 7.7 所示。

Step 03 在"工作表"选项卡中，用户可根据需要对各选项进行设置。其中，各选项的功能说明如下。

- **"打印区域"文本框**：如果用户要对工作表定义一个特定的打印区域，可以单击"打印区域"文本框右边的折叠按钮，打开"页面设置 - 打印区域"对话框。此时可在工作表中按住鼠标左键选取打印区域，则会出现如图 7.8 所示的画面。选定打印区域后，单击折叠按钮，可返回"页面设置"对话框。

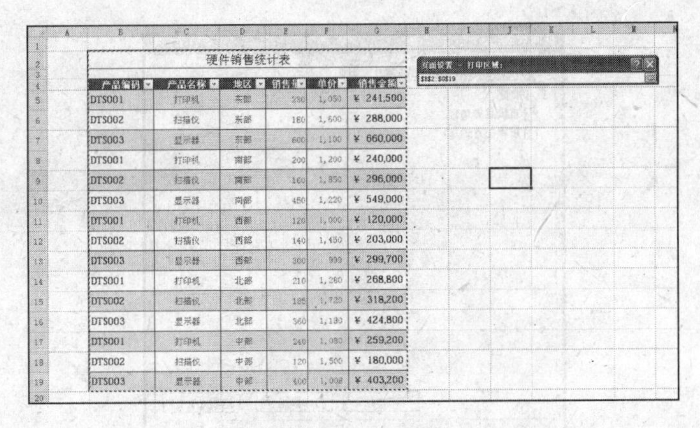

硬件销售统计表

产品编码	产品名称	地区	销售量	单价	销售金额
DTS001	打印机	东部	230	1,050	¥ 241,500
DTS002	扫描仪	东部	180	1,600	¥ 288,000
DTS003	显示器	东部	600	1,100	¥ 660,000
DTS001	打印机	南部	200	1,200	¥ 240,000
DTS002	扫描仪	南部	160	1,850	¥ 296,000
DTS003	显示器	南部	450	1,220	¥ 549,000
DTS001	打印机	西部	120	1,000	¥ 120,000
DTS002	扫描仪	西部	140	1,450	¥ 203,000
DTS003	显示器	西部	300	999	¥ 299,700
DTS001	打印机	北部	210	1,280	¥ 268,800
DTS002	扫描仪	北部	185	1,720	¥ 318,200
DTS003	显示器	北部	360	1,180	¥ 424,800
DTS001	打印机	中部	240	1,080	¥ 259,200
DTS002	扫描仪	中部	120	1,500	¥ 180,000
DTS003	显示器	中部	400	1,008	¥ 403,200

图 7.8　选取打印区域

- **“打印标题”选项组：**当一个工作表中的内容很多、数据很长时，为了能看懂以后各页内各列或各行所表示的意义，往往需要在每一页上打印出行或列的标题，这时“打印标题”选项组就显得尤为重要了。这里包括两个选项，即“顶端标题行”和“左端标题列”选项。单击“顶端标题行”文本框右边的折叠按钮，即可确定工作表中哪一行作为行标题使用；而单击“左端标题列”文本框右边的折叠按钮，则可确定工作表中哪一列作为列标题使用。如图 7.9 所示便是确定“顶端标题行”的屏幕显示情况。

图 7.9　确定“顶端标题行”

- **“打印”选项组：**在此选项组中，选中“网格线”复选框，即可在工作表上打印垂直或水平网格线；选中“单色打印”复选框，在打印时将不会考虑工作表背景的颜色与图案，这适合于那些使用单色打印机的用户；选中“草稿品质”复选框，则不会打印网格线或大部分图形，因而可减少打印时间；选中“行号列标”复选框，可在打印的工作表中加上行号和列标；如果用户想打印单元格注释，可在“批注”下拉列表框中选择打印的方式；当工作表中有错误的单元格时，可在“错误单元格打印为”下拉列表框中选择打印的方式。
- **“打印顺序”选项组：**当工作表中的数据不能在一页中完整打印时，可用此选项组来控制页码的编排和打印顺序。单击“先列后行”单选按钮后，可先由上向下再由左至右打印；单击“先行后列”单选按钮后，可先由左向右再由上至下打印。

提 示

如果用户处理的是图表，那么“页面设置”对话框中的“工作表”选项卡会变为“图表”选项卡，如图 7.10 所示。

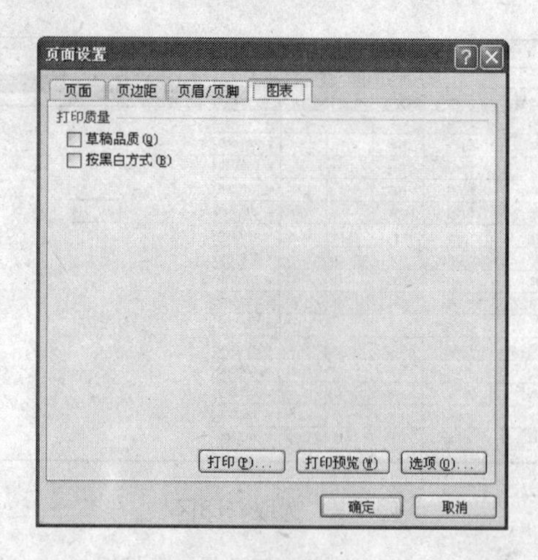

图 7.10 “图表”选项卡

Step 04 设置完成后，单击“确定”按钮。

实训 5 使用分页符

分页符是用来分页的。如果要打印一个多页的工作表，Excel 会自动插入分页符。这些分页符以设置的纸张大小、页边距和缩放比例为基础，用户可通过插入水平分页符或垂直分页符来改变页面上要打印的列或行。在分页预览视图中，用户可以移动分页符，还可以删除分页符。

1. 插入水平分页符和垂直分页符

（1）水平分页符

在一个工作表中插入水平分页符的具体操作步骤如下。

Step 01 打开“素材和源文件\素材\cha07\硬件销售表.xlsx”，并另存为一份。

Step 02 单击要在某一行上面插入分页符的行号，或选定该行最左边的单元格，例如这里选定 A10 单元格。

Step 03 单击“页面布局”选项卡“页面设置”组中的“分隔符”按钮，在打开的列表中选择“插入分页符”选项，此时会在该行的上方出现一条水平虚线，这便是水平分页符，如图 7.11 所示。

硬件销售统计表

产品编码	产品名称	地区	销售量	单价	销售金额
DTS001	打印机	东部	230	1,050	¥ 241,500
DTS002	扫描仪	东部	180	1,600	¥ 288,000
DTS003	显示器	东部	600	1,100	¥ 660,000
DTS001	打印机	南部	200	1,200	¥ 240,000
DTS002	扫描仪	南部	160	1,850	¥ 296,000
DTS003	显示器	南部	450	1,220	¥ 549,000
DTS001	打印机	西部	120	1,000	¥ 120,000
DTS002	扫描仪	西部	140	1,450	¥ 203,000
DTS003	显示器	西部	300	999	¥ 299,700
DTS001	打印机	北部	210	1,280	¥ 268,800
DTS002	扫描仪	北部	185	1,720	¥ 318,200
DTS003	显示器	北部	360	1,180	¥ 424,800
DTS001	打印机	中部	240	1,080	¥ 259,200
DTS002	扫描仪	中部	120	1,500	¥ 180,000
DTS003	显示器	中部	400	1,008	¥ 403,200

图 7.11 插入水平分页符

（2）垂直分页符

在一个工作表中插入垂直分页符的具体操作步骤如下。

Step 01 单击要在某一列左边插入分页符的列标，或选定该列最顶端的单元格，例如这里选定 D5 单元格。

Step 02 单击“页面布局”选项卡“页面设置”组中的“分隔符”按钮，在打开的列表中选择“插入分页符”选项，此时会在该单元格的左侧和上方各出现一条虚线，垂直的虚线便是垂直分页符，如图 7.12 所示。

	A	B	C	D	E	F	G	H
1								
2		硬件销售统计表						
3								
4		产品编码	产品名称	地区	销售量	单价	销售金额	
5		DTS001	打印机	东部	230	1,050	¥ 241,500	
6		DTS002	扫描仪	东部	180	1,600	¥ 288,000	
7		DTS003	显示器	东部	600	1,100	¥ 660,000	
8		DTS001	打印机	南部	200	1,200	¥ 240,000	
9		DTS002	扫描仪	南部	160	1,850	¥ 296,000	
10		DTS003	显示器	南部	450	1,220	¥ 549,000	
11		DTS001	打印机	西部	120	1,000	¥ 120,000	
12		DTS002	扫描仪	西部	140	1,450	¥ 203,000	
13		DTS003	显示器	西部	300	999	¥ 299,700	
14		DTS001	打印机	北部	210	1,280	¥ 268,800	
15		DTS002	扫描仪	北部	185	1,720	¥ 318,200	
16		DTS003	显示器	北部	360	1,180	¥ 424,800	
17		DTS001	打印机	中部	240	1,080	¥ 259,200	
18		DTS002	扫描仪	中部	120	1,500	¥ 180,000	
19		DTS003	显示器	中部	400	1,008	¥ 403,200	
20								

图 7.12　同时插入水平和垂直分页符

2. 移动和删除分页符

当在工作表中插入的分页符不符合要求时，用户可在分页预览视图中移动或删除分页符。

（1）移动分页符

在分页预览视图中移动分页符时，可按住鼠标左键拖动分页符和打印区域的边界，Excel 将自动调整打印区域的大小，使其适合打印页面。与此同时，用户可像往常一样在工作表中进行工作，例如移动或复制单元格及编辑单元格中的文本等。

移动分页符的具体操作步骤如下。

Step 01 继续上面的练习。单击“视图”选项卡“工作簿视图”组中“分页预览”按钮，切换到分页预览视图，此时分页符显示为蓝色的粗线，如图 7.13 所示。

Step 02 在弹出的对话框中单击“确定”按钮，移动鼠标到分页符附近，当鼠标指针变为双向箭头或时，按住鼠标左键，将分页符拖到新位置。

Step 03 完成操作之后，单击“视图”选项卡“工作簿视图”组中的“普通”按钮，即可退出分页预览视图。

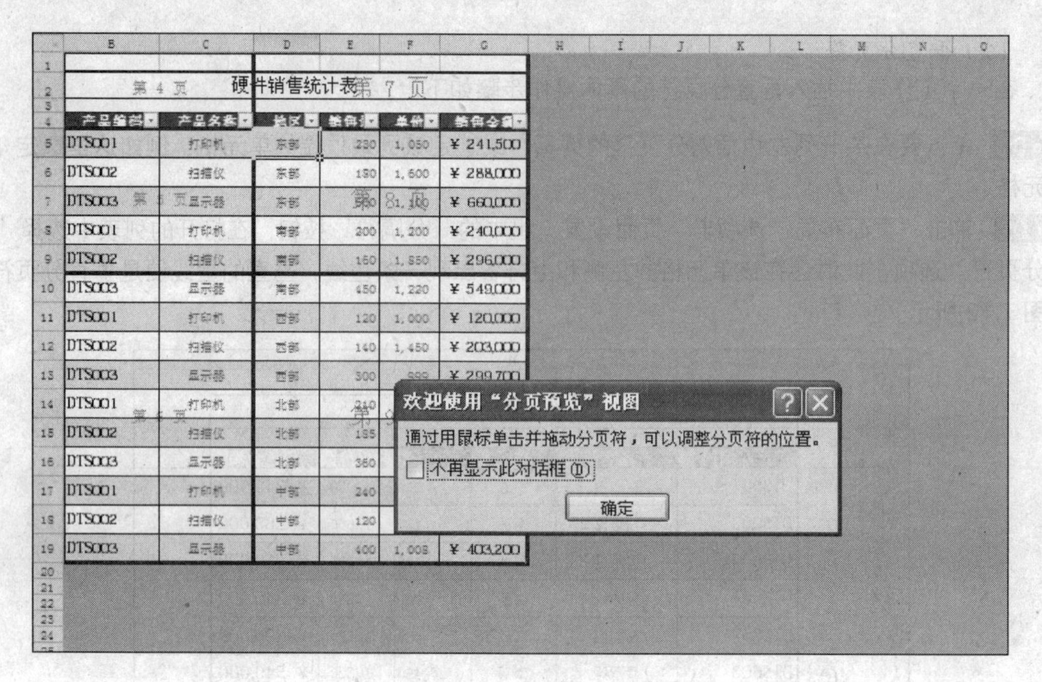

图 7.13　分页预览视图

（2）删除分页符

删除分页符的具体操作方法如下。

单击“页面布局”选项卡“页面设置”组中的“分隔符”按钮，在打开的列表中选择“删除分页符”选项即可。

任务 2　打印设置

实训　打印预览

如果要查看工作表的打印输出效果，可以切换到打印预览窗口中进行。通过打印预览，用户可以看到逼真的打印效果，其中包括页眉、页脚和打印标题等。在很多情况下，这有助于检查页面设置的效果，并能及时发现一些平常难以发现的问题，更可避免不必要的浪费。

启动打印预览的方法很简单，只需单击“文件”按钮，在弹出的菜单中选择“打印”命令，或单击“自定义快速访问工具栏”中的“打印预览和打印”按钮，即可打开打印预览窗口。

在打印预览状态下，用户可以使用其中的一系列工具按钮对错误或不满意的地方及时进行修改，而不必切换到相应的窗口中。主要工具按钮的功能说明如下。

- **“下一页”**：如果工作表的内容超过一页，单击该按钮会显示下一页的打印效果；如果当前页为最后一页，则此按钮为灰色。
- **“上一页”**：如果工作表的内容超过一页，单击该按钮会显示上一页的打印效果；如果当前页为第一页，则此按钮为灰色。
- **“打印机”**：选择打印机设备，设置“打印机属性”、“输出格式”及“存储路径”等。
- **“设置”选项组**：可以对“打印区域”、“方向”、“纸张大小”、“边距”及“缩放”等进行设置。
- **“页面设置”**：单击该按钮，进入“页面设置”对话框。

- **“显示边距”**：该按钮位于打印预览窗口右下方，单击该按钮，可以显示或隐藏页边距、页眉边距、页脚边距，以及列宽的控制柄。此时可在窗口中直接拖动各虚线，以调整页边距或列宽，如图 7.14 所示。

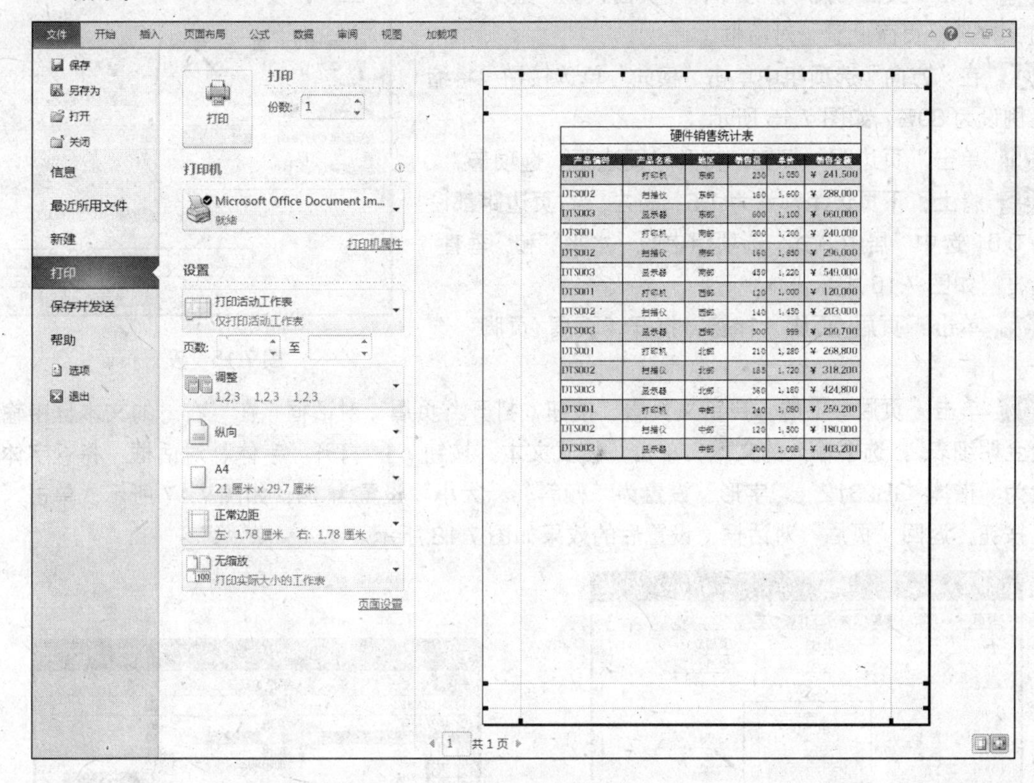

图 7.14 显示边距

技巧案例 如何取消显示或打印出来的表格中包含的 0 值

通常情况下，我们不希望显示或打印出来的表格中包含有 0 数值，而是将其内容置为空。例如，在合计列 F2 中如果使用“=A2+B2+C2”公式，将可能出现 0 值的情况，如何让 0 值不显示出来呢？

方法 1：使用加上 IF 函数公式，即在合计 F2 中输入公式：“=IF(SUM(A2+B2+C2)=0，"",SUM(A2+B2+C2))”。

方法 2：单击“文件”按钮，在打开的菜单中选择“选项”命令，打开“Excel 选项”对话框，选择“高级”选项，取消选择“显示”选项组中的“此工作表的显示选项”下的“在具有零值的单元格中显示零”复选框。

方法 3：使用自定义格式。例如选中合计列 F，打开“设置单元格格式”对话框，打开“数字”选项卡，在“分类”列表框中选择“自定义”项，在“类型”文本框中输入“G/通用格式；G/通用格式；；”，单击“确定”按钮即可。

综合案例 打印资金来源与运用表

本案例主要练习对工作表的页面设置和打印操作。其具体操作步骤如下。

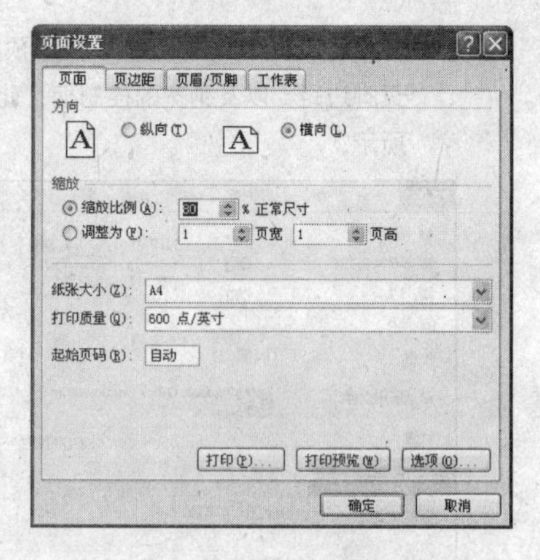
图 7.15　设置页面

Step 01　打开“素材和源文件\素材\cha07\资金来源与运用表.xlsx”，将其另存为一份。

Step 02　单击“页面布局”选项卡中“页面设置”组中的按钮，打开“页面设置”对话框。

Step 03　在“方向”选项组中单击“横向”单选按钮，将缩放比例设为 80%，如图 7.15 所示。

Step 04　单击“页边距”标签，打开“页边距”选项卡。

Step 05　将上、下页边距都设为 1.5，将左、右页边距都设置为 0.8；选中“居中方式”选项组中的“水平”和“垂直”复选框，如图 7.16 所示。

Step 06　单击“页眉/页脚”标签，打开“页眉/页脚”选项卡。

Step 07　单击“页眉”下的“自定义页眉”按钮，打开“页眉”对话框，在“右”的文本框中输入“资金明细表”，选中输入的文本，单击“格式文本”按钮，打开“字体”对话框，将“字体”设置为“楷体_GB2312”，“字形”设置为“倾斜”，“大小”设置为 14，如图 7.17 所示。单击“确定”按钮，返回“页眉”对话框，设置后的效果如图 7.18 所示。

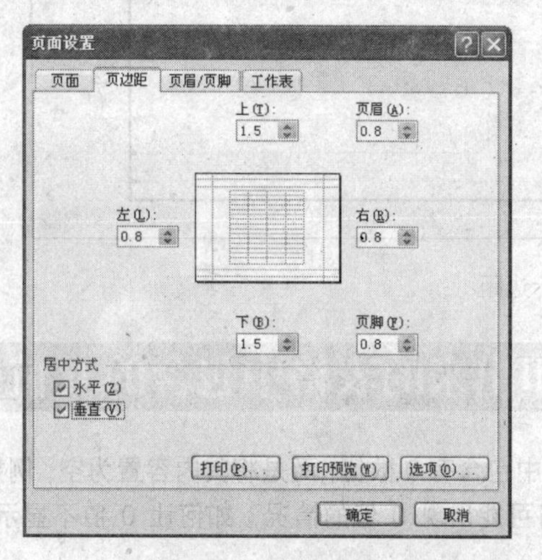
图 7.16　设置页边距

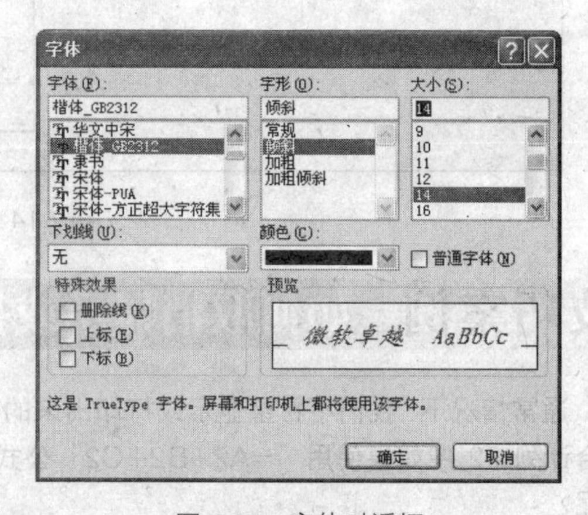
图 7.17　字体对话框

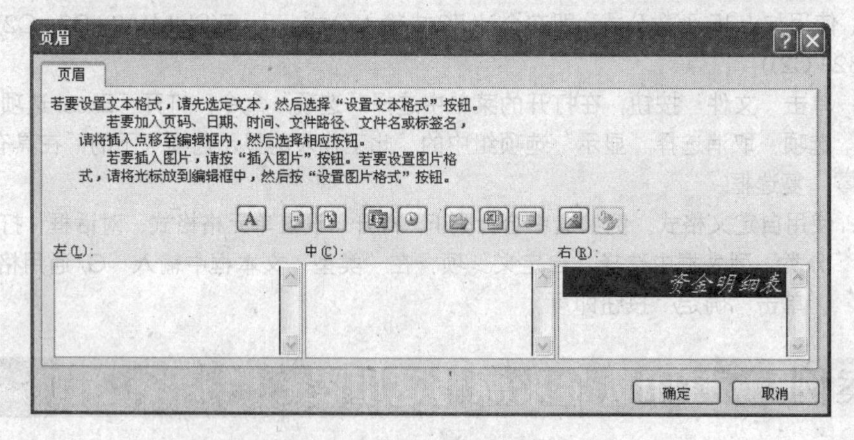
图 7.18　字体设置后效果

Step 08 单击“确定”按钮，返回“页面设置”对话框。单击“页脚”文本框的右侧下三角按钮，在打开的下拉列表框中选择“第 1 页”。

Step 09 单击“打印预览”按钮，查看设置效果。如果不满意以上的设置，可以重复前面的步骤更改设置，我们也可以单击“显示边距”按钮，调整相应控制柄，调整后的效果如图 7.19 所示。

资金来源与运用表

单位：　万元

序号	年份 项目	改建期	投产期			达到设计能力生产期								合计
			2	3	4	5	6	7	8	9	10	11	12	
	生产负荷(%)													
1	资金来源	0	0	0	0	0	0	0	0	0	0	0	0	0
1.1	利润总额													0
1.2	新增长期借款													0
1.3	新增流动资金借款													0
1.4	新增短期借款													0
1.5	自有资金（企业原有赢余资金）													0
1.6	其他													0
1.7	回收固定资产余额													0
1.8	回收流动资金													0
2	资金运用	0	0	0	0	0	0	0	0	0	0	0	0	0
2.1	固定资产投资													0
2.2	建设期利息													0
2.3	流动资金													0
2.4	所得税													0
2.5	特种基金													0
2.6	应付利润													0
2.7	长期借款本金偿还													0
2.8	流动资金借款本金偿还													0
2.9	短期借款本金偿还													0
3	盈利资金	0	0	0	0	0	0	0	0	0	0	0	0	0
4	累计盈利资金													0

图 7.19　调整后的预览效果

Step 10 若要开始打印，可单击“打印”按钮；若要退出预览状态，可单击“文件”按钮，返回工作表。

课后习题与上机操作

1. 选择题

（1）在以下 4 个标签中，不属于“页面设置”对话框的是________。

A. 页面　　B. 页边距　　C. 字体　　D. 工作表

（2）在“页眉”对话框中，如果要在页眉中插入图片，可单击________按钮。

A.　　B.　　C.　　D.

（3）要退出分页预览视图，可单击“视图”选项卡“工作簿视图”组中的________按钮。

A. 分页预览　　B. 普通　　C. 任务窗格　　D. 视图管理器

（4）用户可通过插入________或________分页符来改变页面上要打印的列或行。

A. 横向　　B. 纵向　　C. 水平　　D. 垂直

2. 简答题

（1）怎样设置工作表打印纸张的大小，如何使其在打印时适应纸张的大小？
（2）如何设置页眉和页脚，怎样删除它们？
（3）如果要在工作表的每一页上都打印相同的列标题和行标题，应该如何设置？
（4）怎样插入水平分页符和垂直分页符，如何移动和删除分页符？

3. 操作题

（1）根据“新建工作簿”对话框“已安装的模板”选项卡中的类型，新建一个工作簿，并练习页面设置的各种操作。
（2）接上题，练习插入、移动和删除分页符的操作。
（3）接上题，练习插入页眉和页脚的操作。
（4）接上题，练习打印预览的操作。

项目8

综合实训——学生成绩管理系统

项目导读

本章以制作一个学生成绩管理系统来对前面所学知识进行一个总结。

知识要点

- ✪ 创建表格
- ✪ 公式与函数的使用
- ✪ 设置生僻字

本例使用 Excel 制作学生成绩系统，其中包含有成绩查询、自动排名，以及如何设置成绩单中的生僻字，具体步骤如下。

Step 01 启动 Excel 2010，新建一个工作簿，并为工作表命名。在 A1 单元格中输入标题“学生成绩单”，选择 A1:G1 单元格区域，单击“开始”选项卡“对齐方式”组中的“合并后居中”按钮 合并后居中，在“字体”组中，将“字体”设置为“隶书”，将“字号”设置为 26，如图 8.1 所示。

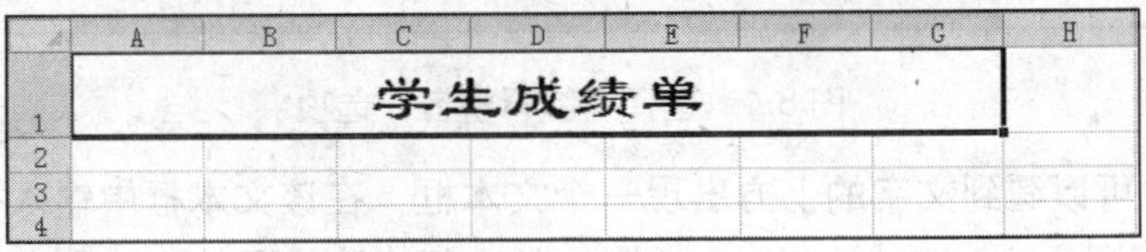

	A	B	C	D	E	F	G	H
1	学生成绩单							
2								
3								
4								

图 8.1　输入并设置标题

Step 02 在 A2:I2、A3:A11 单元格中分别输入如图 8.2 所示的文本，将“对齐方式”设置为居中，“字体”设置为“黑体”，“字号”设置为 12。

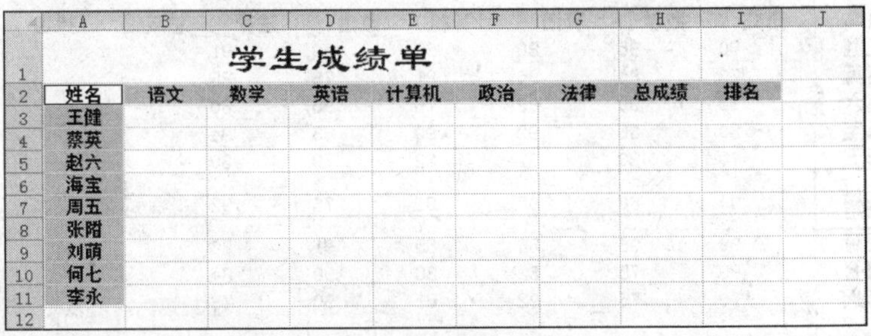

	A	B	C	D	E	F	G	H	I	J
1	学生成绩单									
2	姓名	语文	数学	英语	计算机	政治	法律	总成绩	排名	
3	王健									
4	蔡英									
5	赵六									
6	海宝									
7	周五									
8	张阳									
9	刘萌									
10	何七									
11	李永									
12										

图 8.2　输入并设置文本

Step 03 在 B3:G11 单元格区域中输入数据，如图 8.3 所示。

学生成绩单

姓名	语文	数学	英语	计算机	政治	法律	总成绩	排名
王健	80	95	80	92	90	91		
蔡英	70	86	95	81	78	86		
赵六	90	90	85	76	95	80		
海宝	80	86	92	90	83	94		
周五	70	80	91	82	79	80		
张附	90	80	95	82	76	92		
刘萌	99	98	86	85	91	86		
何七	90	75	82	80	90	84		
李永	70	75	92	81	90	78		

图 8.3　输入并设置数据

Step 04 选择 A8 单元格中要输入拼音的文字，然后在“开始”选项卡“字体”组中单击“显示或隐藏拼音字段”按钮，然后在打开的列表中选择“编辑拼音”选项，如图 8.4 所示。

显示拼音字段(S)
编辑拼音(E)
拼音设置(T)...

A8　张附

学生成绩单

姓名	语文	数学	英语	计算机	政治	法律	总成绩	排名
王健	80	95	80	92	90	91		
蔡英	70	86	95	81	78	86		
赵六	90	90	85	76	95	80		
海宝	80	86	92	90	83	94		
周五	70	80	91	82	79	80		
张附	90	80	95	82	76	92		
刘萌	99	98	86	85	91	86		
何七	90	75	82	80	90	84		
李永	70	75	92	81	90	78		

图 8.4　选择“编辑拼音”选项

Step 05 在单元格中可以看到文字的上方出现一个文本框，在该文本框中输入拼音“Sheng1”，其中最后的数字代表声调。输入完成后按 Enter 键对其进行确认，调整该单元格的行高，使其显示出来，如图 8.5 所示（输入时可以在前面加空格，让其与生僻字对齐）。

学生成绩单

姓名	语文	数学	英语	计算机	政治	法律	总成绩	排名
王健	80	95	80	92	90	91		
蔡英	70	86	95	81	78	86		
赵六	90	90	85	76	95	80		
海宝	80	86	92	90	83	94		
周五	70	80	91	82	79	80		
sheng1 张附	90	80	95	82	76	92		
刘萌	99	98	86	85	91	86		
何七	90	75	82	80	90	84		
李永	70	75	92	81	90	78		

图 8.5　输入拼音

Step 06 输入完成后，如果对拼音字段设置的字体不满意，可以选择该单元格，然后在“开始”选项卡“字体”组中单击“显示或隐藏拼音字段”按钮后的下三角按钮，在打开的下拉列表中选择“拼音设置”选项，打开“拼音属性”对话框，如图 8.6 所示。

Step 07 在“拼音属性”对话框中，单击“字体”标签，在“字体”列表框中选择“楷体”字体，在“字形”列表框中选择“倾斜”，“字号”使用默认值，然后单击“颜色”组合框右侧的下三角按钮，在打开的列表中选择“红色”，设置完成后单击“确定”按钮，如图 8.7 所示。

图 8.6 “拼音属性”对话框

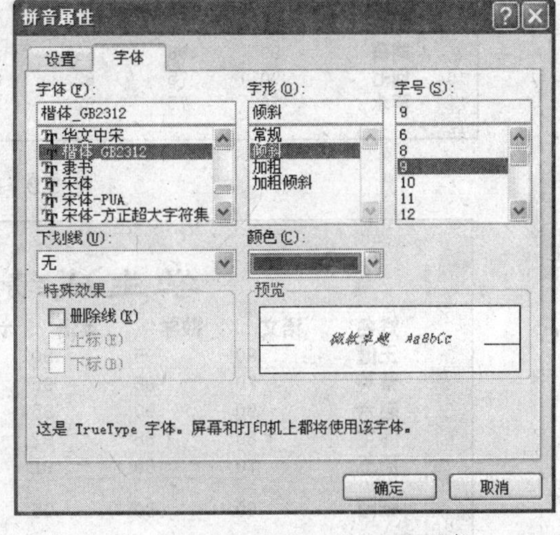

图 8.7 设置拼音字体

Step 08 设置完成后可以看到拼音字段的效果。为了表格的美观，再次选择该单元格，在“字体”组中单击“显示或隐藏拼音字段”按钮，将拼音字段隐藏，如图 8.8 所示，当再次单击该按钮时，该单元格中的拼音字段就会自动显现出来。

	A	B	C	D	E	F	G	H	I	J
1			学生成绩单							
2	姓名	语文	数学	英语	计算机	政治	法律	总成绩	排名	
3	王健	80	95	80	92	90	91			
4	蔡英	70	86	95	81	78	86			
5	赵六	90	90	85	76	95	80			
6	海宝	80	86	92	90	83	94			
7	周五	70	80	91	82	79	80			
8	张附	90	80	95	82	76	92			
9	刘萌	99	98	86	85	91	86			
10	何七	90	75	82	80	90	84			
11	李永	70	75	92	81	90	78			
12										

图 8.8 隐藏拼音字段

Step 09 在 H3 单元格中输入公式“=SUM(B3+C3+D3+E3+F3+G3)”，按 Enter 键确认，如图 8.9 所示。

Step 10 选中 H3 单元格，将鼠标移至黑框右下角，当鼠标变成✚形状时，按住鼠标左键向下拖动，填充后的效果如图 8.10 所示。

Step 11 选中 I3 单元格，输入公式“=RANK(H3,$H$3:$H$11)+COUNTIF(H$3:H3,H3)-1”，按 Enter 键确认。将鼠标移至该单元格黑框右下角，按住鼠标向下拖动，如图 8.11 所示。

H3 =SUM(B3+C3+D3+E3+F3+G3)

	A	B	C	D	E	F	G	H	I	J
1	学生成绩单									
2	姓名	语文	数学	英语	计算机	政治	法律	总成绩	排名	
3	王健	80	95	80	92	90	91	528		
4	蔡英	70	86	95	81	78	86			
5	赵六	90	90	85	76	95	80			
6	海宝	80	86	92	90	83	94			
7	周五	70	80	91	82	79	80			
8	张附	90	80	95	82	76	92			
9	刘萌	99	98	86	85	91	86			
10	何七	90	75	82	80	90	84			
11	李永	70	75	92	81	90	78			
12										

图 8.9 输入公式

	A	B	C	D	E	F	G	H	I
1	学生成绩单								
2	姓名	语文	数学	英语	计算机	政治	法律	总成绩	排名
3	王健	80	95	80	92	90	91	528	
4	蔡英	70	86	95	81	78	86	496	
5	赵六	90	90	85	76	95	80	516	
6	海宝	80	86	92	90	83	94	525	
7	周五	70	80	91	82	79	80	482	
8	张附	90	80	95	82	76	92	515	
9	刘萌	99	98	86	85	91	86	545	
10	何七	90	75	82	80	90	84	501	
11	李永	70	75	92	81	90	78	486	
12									
13									

图 8.10 填充数据

I3 =RANK(H3,$H$3:$H$11)+COUNTIF(H$3:H3,H3)-1

	A	B	C	D	E	F	G	H	I	J
1	学生成绩单									
2	姓名	语文	数学	英语	计算机	政治	法律	总成绩	排名	
3	王健	80	95	80	92	90	91	528	2	
4	蔡英	70	86	95	81	78	86	496	7	
5	赵六	90	90	85	76	95	80	516	4	
6	海宝	80	86	92	90	83	94	525	3	
7	周五	70	80	91	82	79	80	482	9	
8	张附	90	80	95	82	76	92	515	5	
9	刘萌	99	98	86	85	91	86	545	1	
10	何七	90	75	82	80	90	84	501	6	
11	李永	70	75	92	81	90	78	486	8	
12										
13										

图 8.11 输入公式并填充数据

Step 12 选择 A2:I11 单元格区域，对其设置边框，如图 8.12 所示。

学生成绩单

姓名	语文	数学	英语	计算机	政治	法律	总成绩	排名
王健	80	95	80	92	90	91	528	2
蔡英	70	86	95	81	78	86	496	7
赵六	90	90	85	76	95	80	516	4
海宝	80	86	92	90	83	94	525	3
周五	70	80	91	82	79	80	482	9
张附	90	80	95	82	76	92	515	5
刘萌	99	98	86	85	91	86	545	1
何七	90	75	82	80	90	84	501	6
李永	70	75	92	81	90	78	486	8

图 8.12　设置边框

Step 13 在单元格中输入文本，设置文本的“字体”为黑体，“对齐方式”为居中，效果如图 8.13 所示。

学生成绩单

姓名	语文	数学	英语	计算机	政治	法律	总成绩	排名
王健	80	95	80	92	90	91	528	2
蔡英	70	86	95	81	78	86	496	7
赵六	90	90	85	76	95	80	516	4
海宝	80	86	92	90	83	94	525	3
周五	70	80	91	82	79	80	482	9
张附	90	80	95	82	76	92	515	5
刘萌	99	98	86	85	91	86	545	1
何七	90	75	82	80	90	84	501	6
李永	70	75	92	81	90	78	486	8

输入要查找的姓名：
语文
数学
英语
计算机
政治
法律

图 8.13　输入并设置文本

Step 14 选中 C15 单元格，在该单元格中输入相应的文字，例如输入姓名“王健”。然后选择单元格 C16，选择“公式”选项卡“函数库”组中的“插入函数”按钮，打开“插入函数”对话框。单击“或选择类别”文本框右侧下三角按钮，在打开的下拉列表中选择“查找与引用”，在“选择函数”列表框中选择“VLOOKUP”函数，如图 8.14 所示。

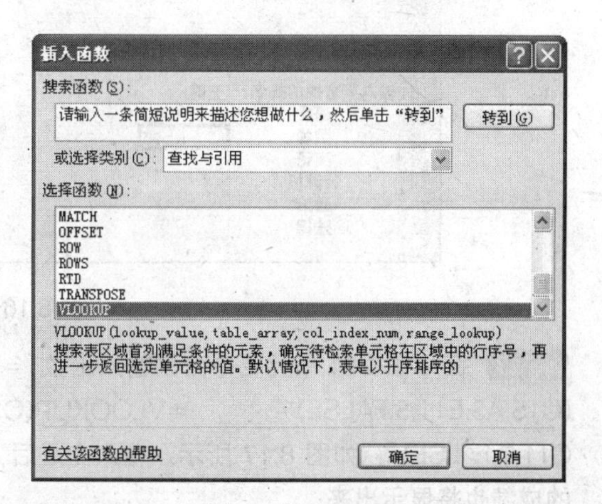

图 8.14　选择函数

Step 15 单击“确定”按钮，打开“函数参数”对话框，在“Lookup_value”单元格引用框中选择单元格“C15”，在“Table_array”单元格引用框中选择“A3:B11”单元格区域，在“Col_index_num”单元格引用框中输入 2，在“Range_lookup”单元格引用框中输入“FALSE”，单击“确定”按钮，如图 8.15 所示。

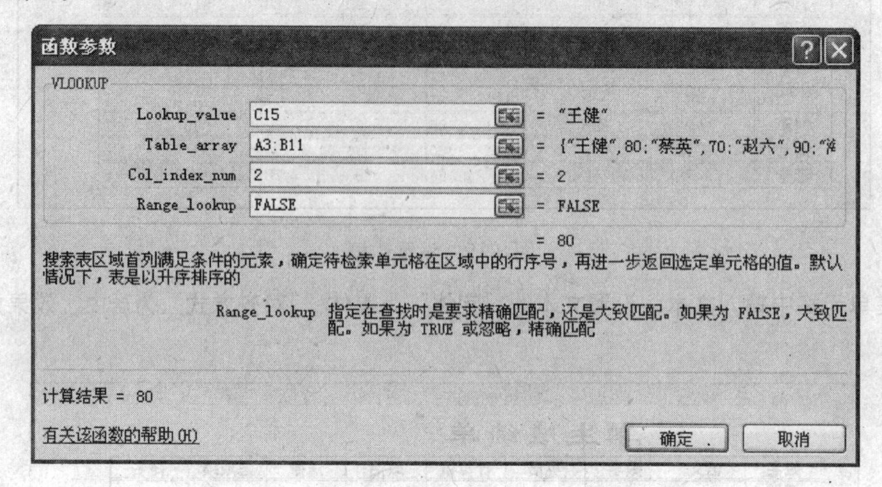

图 8.15 “函数参数”对话框

Step 16 在 C17 单元格中输入函数“=VLOOKUP(C15,A3:C11,3,FALSE)”，按 Enter 键确认，如图 8.16 所示。

C17 fx =VLOOKUP(C15,A3:C11,3,FALSE)

	A	B	C	D	E	F	G	H	I	J
1	学生成绩单									
2	姓名	语文	数学	英语	计算机	政治	法律	总成绩	排名	
3	王健	80	95	80	92	90	91	528	2	
4	蔡英	70	86	95	81	78	86	496	7	
5	赵六	90	90	85	76	95	80	516	4	
6	海宝	80	86	92	90	83	94	525	3	
7	周五	70	80	91	82	79	80	482	9	
8	张附	90	80	95	82	76	92	515	5	
9	刘萌	99	98	86	85	91	86	545	1	
10	何七	90	75	82	80	90	84	501	6	
11	李永	70	75	92	81	90	78	486	8	
12										
13										
14										
15	输入要查找的姓名：		王健							
16		语文	80							
17		数学	95							
18		英语								
19		计算机								
20		政治								
21		法律								
22										

图 8.16 输入函数

Step 17 在 C18:C21 单元格中分别输入函数“=VLOOKUP(C15,A3:D11,4,FALSE)”、“=VLOOKUP(C15,A3:E11,5,FALSE)”、“=VLOOKUP(C15,A3:F11,6,FALSE)”、“=VLOOKUP(C15,A3:G11,7,FALSE)”，如图 8.17 所示。输入完成后，将文件保存。在 C15 单元格中输入姓名，其对应的成绩也将显示出来。

C21 =VLOOKUP(C15,A3:G11,7,FALSE)

	A	B	C	D	E	F	G	H	I	J
1	学生成绩单									
2	姓名	语文	数学	英语	计算机	政治	法律	总成绩	排名	
3	王健	80	95	80	92	90	91	528	2	
4	蔡英	70	86	95	81	78	86	496	7	
5	赵六	90	90	85	76	95	80	516	4	
6	海宝	80	86	92	90	83	94	525	3	
7	周五	70	80	91	82	79	80	482	9	
8	张附	90	80	95	82	76	92	515	5	
9	刘萌	99	98	86	85	91	86	545	1	
10	何七	90	75	82	80	90	84	501	6	
11	李永	70	75	92	81	90	78	486	8	
12										
13										
14										
15	输入要查找的姓名：		王健							
16	语文		80							
17	数学		95							
18	英语		80							
19	计算机		92							
20	政治		90							
21	法律		91							
22										

图 8.17　输入后的效果

项目9

课程设计

项目导读

本章提供了四个课程设计，并针对这四个课程设计，为读者提供了场景文件，从而指导读者完成课程设计，巩固所学知识。

知识要点

- ✪ 制作销售报表
- ✪ POISSON 函数的应用
- ✪ 制作组织结构图
- ✪ 学生档案管理

课程设计 1 制作销售报表

销售报表效果如图 9.1 所示。主要知识点为表格的制作、单元格格式的设置、折线图的创建。

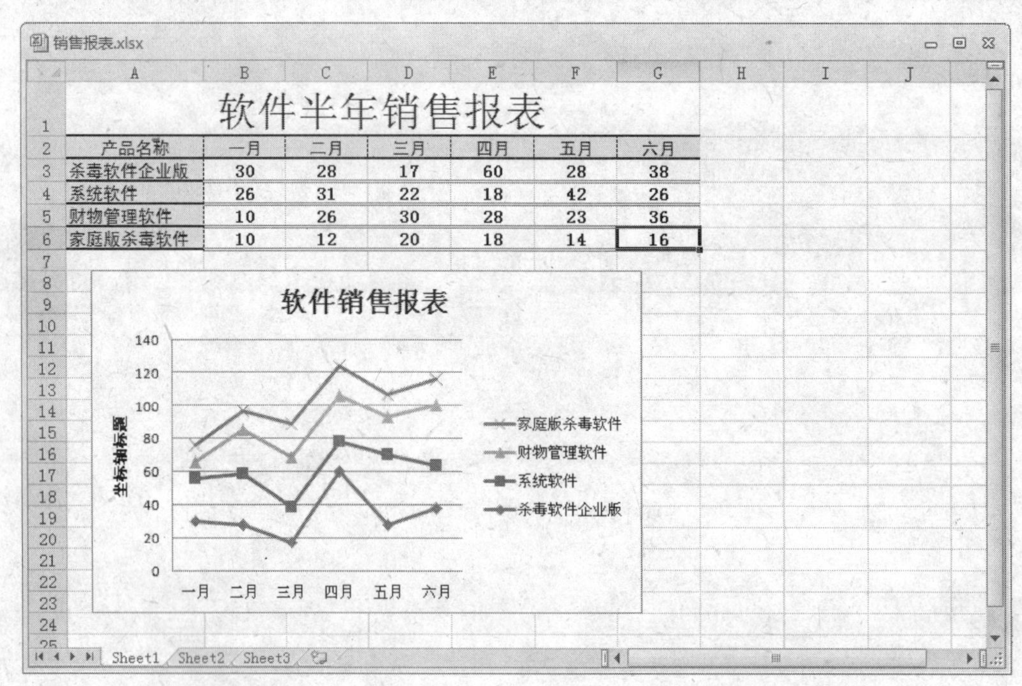

产品名称	一月	二月	三月	四月	五月	六月
杀毒软件企业版	30	28	17	60	28	38
系统软件	26	31	22	18	42	26
财物管理软件	10	26	30	28	23	36
家庭版杀毒软件	10	12	20	18	14	16

图 9.1 销售报表效果

课程设计 2 POISSON 函数的应用

POISSON 函数的应用效果如图 9.2 所示。主要是使用 POISSON 函数来分析某时间段内车流量的概率。

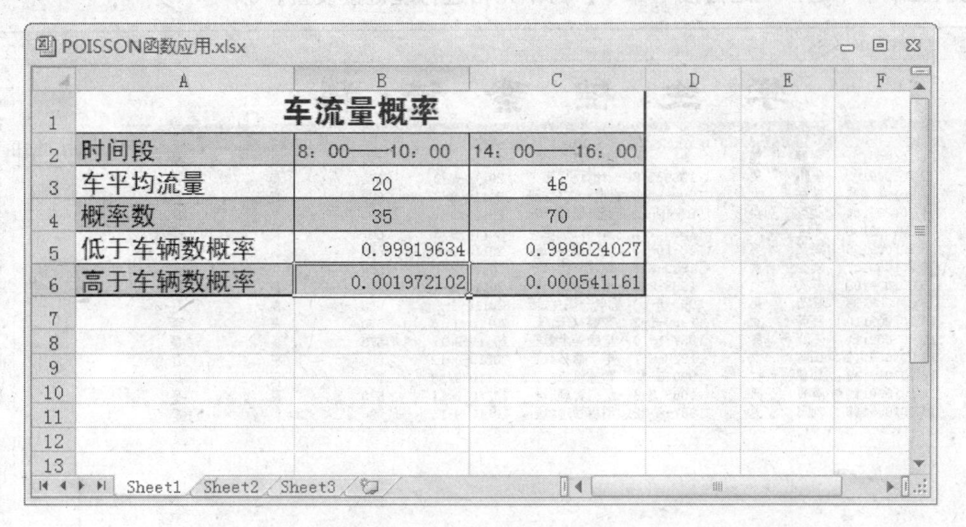

图 9.2　POISSON 函数应用

课程设计 3 制作组织结构图

组织结构图效果如图 9.3 所示。主要是使用"插入"选项卡"插图"组中"SmartArt"图形中的"层次结构"来制作的。

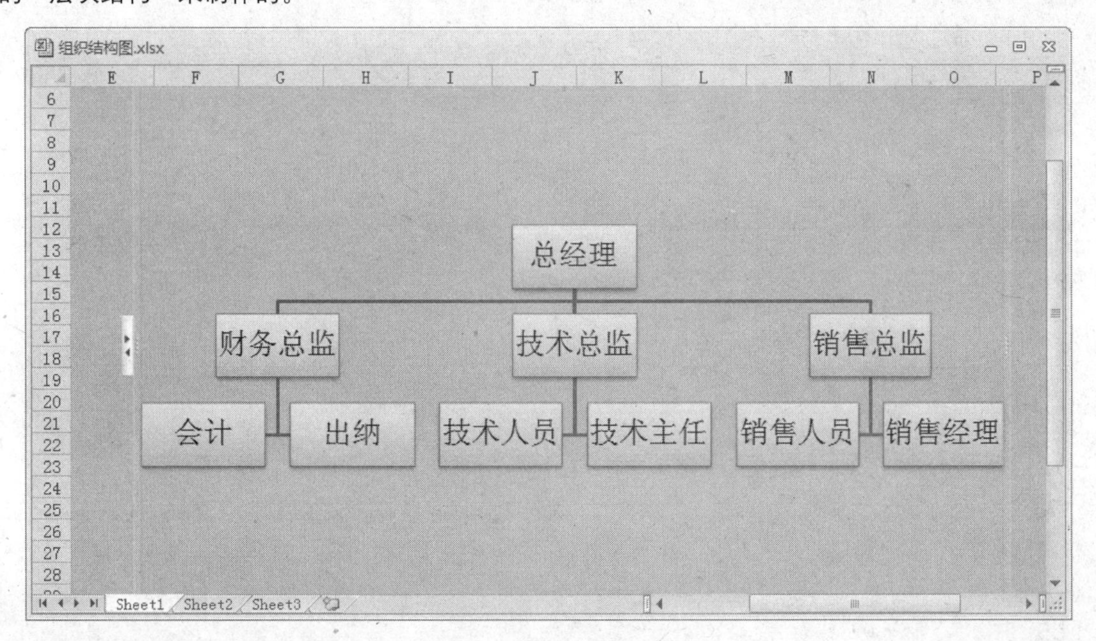

图 9.3　组织结构图效果

课程设计 4 学生档案管理

学生档案管理效果如图 9.4 所示。重点在于为单元格添加超链接。选中单元格，右击鼠标，在弹出的快捷菜单中选择“超链接”命令，为单元格进行超链接设置。

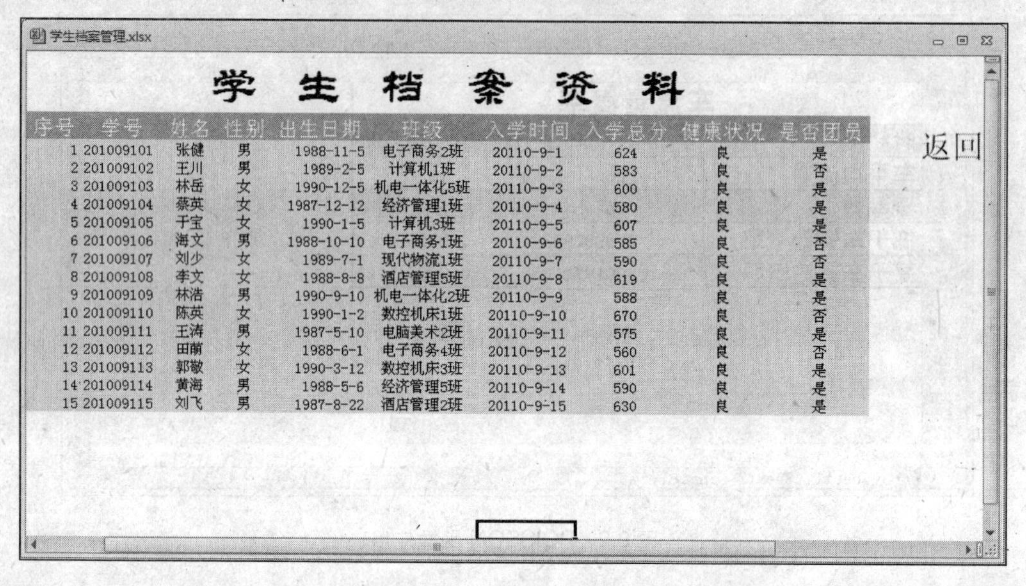

学生档案管理.xlsx

学 生 档 案 资 料

序号	学号	姓名	性别	出生日期	班级	入学时间	入学总分	健康状况	是否团员
1	201009101	张健	男	1988-11-5	电子商务2班	20110-9-1	624	良	是
2	201009102	王川	男	1989-2-5	计算机1班	20110-9-2	583	良	否
3	201009103	林岳	女	1990-12-5	机电一体化5班	20110-9-3	600	良	是
4	201009104	蔡英	女	1987-12-12	经济管理1班	20110-9-4	580	良	是
5	201009105	于宝	女	1990-1-5	计算机3班	20110-9-5	607	良	是
6	201009106	海文	男	1988-10-10	电子商务1班	20110-9-6	585	良	否
7	201009107	刘少	女	1989-7-1	现代物流1班	20110-9-7	590	良	否
8	201009108	李文	女	1988-8-8	酒店管理5班	20110-9-8	619	良	是
9	201009109	林浩	男	1990-9-10	机电一体化2班	20110-9-9	588	良	是
10	201009110	陈英	女	1990-1-2	数控机床1班	20110-9-10	670	良	否
11	201009111	王涛	男	1987-5-10	电脑美术2班	20110-9-11	575	良	是
12	201009112	田萌	女	1988-6-1	电子商务4班	20110-9-12	560	良	否
13	201009113	郭敬	女	1990-3-12	数控机床3班	20110-9-13	601	良	是
14	201009114	黄海	男	1988-5-6	经济管理5班	20110-9-14	590	良	是
15	201009115	刘飞	男	1987-8-22	酒店管理2班	20110-9-15	630	良	是

返回

图 9.4 学生档案管理效果

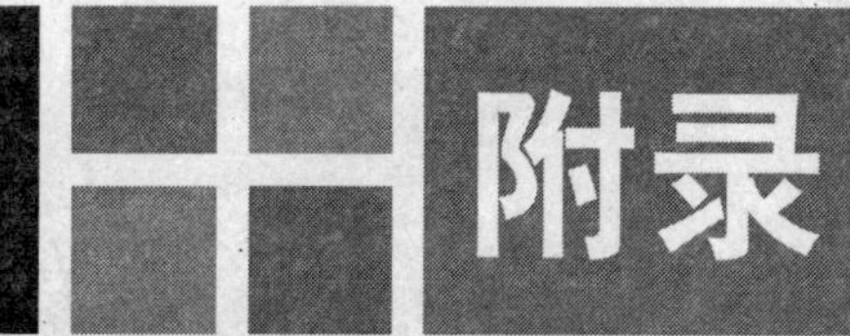

附录

课后习题参考答案

项目 1

1. 选择题

（1）C （2）D （3）B （4）B （5）C （6）D （7）A （8）A

2. 简答题

（1）提示：见任务 1 中实训 4 第 2 节
（2）提示：见任务 1 中实训 6
（3）提示：见任务 2 中实训 2 第 3 节
（4）提示：见任务 2 中实训 3 第 5 节

项目 2

1. 选择题

（1）B （2）B （3）B （4）A （5）D

2. 简答题

（1）提示：见任务 1 中实训 1
（2）提示：见任务 1 中实训 4
（3）提示：见任务 2 中实训 1
（4）提示：见任务 2 中实训 4
（5）提示：见任务 3 中实训 1 第 2 节
（6）提示：见任务 3 中实训 4 第 2 节
（7）提示：见任务 3 中实训 5 第 1 节
（8）提示：见任务 3 中实训 6 第 3 节

项目 3

1. 选择题

（1）A （2）C （3）A C D

2. 简答题

（1）提示：见任务 1 中实训 1 第 1 节
（2）提示：见任务 1 中实训 1 第 3 节
（3）提示：见任务 1 中实训 2

（4）提示：见任务1中实训4
（5）提示：见任务2中实训2
（6）提示：见任务3中实训3

项目4

1. 选择题

（1）D （2）B （3）A （4）C （5）D

2. 简答题

（1）提示：见任务1中实训3
（2）提示：见任务2

项目5

1. 选择题

（1）C （2）AC （3）A

2. 简答题

（1）提示：见任务3中实训1
（2）提示：见任务3中实训3

项目6

1. 选择题

（1）C （2）D （3）C （4）C

2. 简答题

（1）提示：见任务1中实训1
（2）提示：见任务3中实训2
（3）提示：见任务3中实训3第3节
（4）提示：见任务3中实训3第2节

项目7

1. 选择题

（1）C （2）A （3）B （4）CD

2. 简答题

（1）提示：见任务1中实训1
（2）提示：见任务1 中实训3
（3）提示：见任务1中实训4
（4）提示：见任务1中实训5